国家出版基金项目
NATIONAL PUBLICATION FOUNDATION

"十三五"国家重点出版物出版规划项目

海洋机器人科学与技术丛书
封锡盛　李　硕　主编

水下机器人建模
与仿真技术

刘开周　赵　洋等　著

科学出版社
龙門書局
北　京

内 容 简 介

水下机器人建模与仿真技术是水下机器人设计、研发和应用中的重要技术之一。本书系统地介绍水下机器人建模与仿真技术的原理、方法和应用。首先介绍水下机器人的现代建模基础理论与方法，包括机理建模法、插值/拟合建模法、随机建模法、相似建模法及综合建模法等；然后介绍数值仿真技术、半物理仿真技术和全物理仿真技术及其应用案例；最后介绍水下机器人建模与仿真技术在水下机器人状态、参数联合估计算法和控制算法研究方面的应用。

本书可供水下机器人、海洋工程、自动控制、水下导航等相关领域的科研人员、高校教师和研究生，以及从事水下机器人研究、设计、建造、使用与维护的技术人员参考。

图书在版编目（CIP）数据

水下机器人建模与仿真技术 / 刘开周等著. —北京：龙门书局，2020.11
（海洋机器人科学与技术丛书/封锡盛，李硕主编）

"十三五"国家重点出版物出版规划项目　国家出版基金项目
ISBN 978-7-5088-5870-8

Ⅰ. ①水…　Ⅱ. ①刘…　Ⅲ. ①水下作业机器人-系统建模　②水下作业机器人-系统仿真　Ⅳ. ①TP242.2

中国版本图书馆 CIP 数据核字(2020)第 225913 号

责任编辑：姜 红 张 震 狄源硕 / 责任校对：樊雅琼
责任印制：师艳茹 / 封面设计：无极书装

科学出版社 出版
龙门书局
北京东黄城根北街 16 号
邮政编码：100717
http://www.sciencep.com
中国科学院印刷厂 印刷
科学出版社发行　各地新华书店经销

*

2020 年 11 月第 一 版　开本：720 × 1000　1/16
2020 年 11 月第一次印刷　印张：15 3/4　插页：4
字数：318 000

定价：118.00 元
（如有印装质量问题，我社负责调换）

本书作者名单

刘开周　　赵　洋　　张凯欣

徐高飞　　程大军　　郝以阁

林昌龙　　周焕银　　崔　健

赵宝德　　刘　健

丛书前言一

　　浩瀚的海洋蕴藏着人类社会发展所需的各种资源，向海洋拓展是我们的必然选择。海洋作为地球上最大的生态系统不仅调节着全球气候变化，而且为人类提供蛋白质、水和能源等生产资料支撑全球的经济发展。我们曾经认为海洋在维持地球生态系统平衡方面具备无限的潜力，能够修复人类发展对环境造成的伤害。但是，近年来的研究表明，人类社会的生产和生活会造成海洋健康状况的退化。因此，我们需要更多地了解和认识海洋，评估海洋的健康状况，避免对海洋的再生能力造成破坏性影响。

　　我国既是幅员辽阔的陆地国家，也是广袤的海洋国家，大陆海岸线约 1.8 万千米，内海和边海水域面积约 470 万平方千米。深邃宽阔的海域内潜含着的丰富资源为中华民族的生存和发展提供了必要的物质基础。我国的洪涝、干旱、台风等灾害天气的发生与海洋密切相关，海洋与我国的生存和发展密不可分。党的十八大报告明确提出："提高海洋资源开发能力，发展海洋经济，保护海洋生态环境，坚决维护国家海洋权益，建设海洋强国。"①党的十九大报告明确提出："坚持陆海统筹，加快建设海洋强国。"②认识海洋、开发海洋需要包括海洋机器人在内的各种高新技术和装备，海洋机器人一直为世界各海洋强国所关注。

　　关于机器人，蒋新松院士有一段精彩的诠释：机器人不是人，是机器，它能代替人完成很多需要人类完成的工作。机器人是拟人的机械电子装置，具有机器和拟人的双重属性。海洋机器人是机器人的分支，它还多了一重海洋属性，是人类进入海洋空间的替身。

　　海洋机器人可定义为在水面和水下移动，具有视觉等感知系统，通过遥控或自主操作方式，使用机械手或其他工具，代替或辅助人去完成某些水面和水下作业的装置。海洋机器人分为水面和水下两大类，在机器人学领域属于服务机器人中的特种机器人类别。根据作业载体上有无操作人员可分为载人和无人两大类，其中无人类又包含遥控、自主和混合三种作业模式，对应的水下机器人分别称为无人遥控水下机器人、无人自主水下机器人和无人混合水下机器人。

---

① 胡锦涛在中国共产党第十八次全国代表大会上的报告. 人民网，http://cpc.people.com.cn/n/2012/1118/c64094-19612151.html

② 习近平在中国共产党第十九次全国代表大会上的报告. 人民网，http://cpc.people.com.cn/n1/2017/1028/c64094-29613660.html

无人水下机器人也称无人潜水器，相应有无人遥控潜水器、无人自主潜水器和无人混合潜水器。通常在不产生混淆的情况下省略"无人"二字，如无人遥控潜水器可以称为遥控水下机器人或遥控潜水器等。

世界海洋机器人发展的历史大约有 70 年，经历了从载人到无人，从直接操作、遥控、自主到混合的主要阶段。加拿大国际潜艇工程公司创始人麦克法兰，将水下机器人的发展历史总结为四次革命：第一次革命出现在 20 世纪 60 年代，以潜水员潜水和载人潜水器的应用为主要标志；第二次革命出现在 70 年代，以遥控水下机器人迅速发展成为一个产业为标志；第三次革命发生在 90 年代，以自主水下机器人走向成熟为标志；第四次革命发生在 21 世纪，进入了各种类型水下机器人混合的发展阶段。

我国海洋机器人发展的历程也大致如此，但是我国的科研人员走过上述历程只用了一半多一点的时间。20 世纪 70 年代，中国船舶重工集团公司第七〇一研究所研制了用于打捞水下沉物的"鱼鹰"号载人潜水器，这是我国载人潜水器的开端。1986 年，中国科学院沈阳自动化研究所和上海交通大学合作，研制成功我国第一台遥控水下机器人"海人一号"。90 年代我国开始研制自主水下机器人，"探索者"、CR-01、CR-02、"智水"系列等先后完成研制任务。目前，上海交通大学研制的"海马"号遥控水下机器人工作水深已经达到 4500 米，中国科学院沈阳自动化研究所联合中国科学院海洋研究所共同研制的深海科考型 ROV 系统最大下潜深度达到 5611 米。近年来，我国海洋机器人更是经历了跨越式的发展。其中，"海翼"号深海滑翔机完成深海观测；有标志意义的"蛟龙"号载人潜水器将进入业务化运行；"海斗"号混合型水下机器人已经多次成功到达万米水深；"十三五"国家重点研发计划中全海深载人潜水器及全海深无人潜水器已陆续立项研制。海洋机器人的蓬勃发展正推动中国海洋研究进入"万米时代"。

水下机器人的作业模式各有长短。遥控模式需要操作者与水下载体之间存在脐带电缆，电缆可以源源不断地提供能源动力，但也限制了遥控水下机器人的活动范围；由计算机操作的自主水下机器人代替人工操作的遥控水下机器人虽然解决了作业范围受限的缺陷，但是计算机的自主感知和决策能力还无法与人相比。在这种情形下，综合了遥控和自主两种作业模式的混合型水下机器人应运而生。另外，水面机器人的引入还促成了水面与水下混合作业的新模式，水面机器人成为沟通水下机器人与空中、地面机器人的通信中继，操作者可以在更远的地方对水下机器人实施监控。

与水下机器人和潜水器对应的英文分别为 underwater robot 和 underwater vehicle，前者强调仿人行为，后者意在水下运载或潜水，分别视为"人"和"器"，海洋机器人是在海洋环境中运载功能与仿人功能的结合体。应用需求的多样性使得运载与仿人功能的体现程度不尽相同，由此产生了各种功能型的海洋机器人，如观察型、作业型、巡航型和海底型等。如今，在海洋机器人领域 robot 和 vehicle 两词的内涵逐渐趋同。

信息技术、人工智能技术特别是其分支机器智能技术的快速发展，正在推动海洋机器人以新技术革命的形式进入"智能海洋机器人"时代。严格地说，前述自主水下机器人的"自主"行为已具备某种智能的基本内涵。但是，其"自主"行为泛化能力非常低，属弱智能；新一代人工智能相关技术，如互联网、物联网、云计算、大数据、深度学习、迁移学习、边缘计算、自主计算和水下传感网等技术将大幅度提升海洋机器人的智能化水平。而且，新理念、新材料、新部件、新动力源、新工艺、新型仪器仪表和传感器还会使智能海洋机器人以各种形态呈现，如海陆空一体化、全海深、超长航程、超高速度、核动力、跨介质、集群作业等。

海洋机器人的理念正在使大型有人平台向大型无人平台转化，推动少人化和无人化的浪潮滚滚向前，无人商船、无人游艇、无人渔船、无人潜艇、无人战舰以及与此关联的无人码头、无人港口、无人商船队的出现已不是遥远的神话，有些已经成为现实。无人化的势头将冲破现有行业、领域和部门的界限，其影响深远。需要说明的是，这里"无人"的含义是人干预的程度、时机和方式与有人模式不同。无人系统绝非无人监管、独立自由运行的系统，仍是有人监管或操控的系统。

研发海洋机器人装备属于工程科学范畴。由于技术体系的复杂性、海洋环境的不确定性和用户需求的多样性，目前海洋机器人装备尚未被打造成大规模的产业和产业链，也还没有形成规范的通用设计程序。科研人员在海洋机器人相关研究开发中主要采用先验模型法和试错法，通过多次试验和改进才能达到预期设计目标。因此，研究经验就显得尤为重要。总结经验、利于来者是本丛书作者的共同愿望，他们都是在海洋机器人领域拥有长时间研究工作经历的专家，他们奉献的知识和经验成为本丛书的一个特色。

海洋机器人涉及的学科领域很宽，内容十分丰富，我国学者和工程师已经撰写了大量的著作，但是仍不能覆盖全部领域。"海洋机器人科学与技术丛书"集合了我国海洋机器人领域的有关研究团队，阐述我国在海洋机器人基础理论、工程技术和应用技术方面取得的最新研究成果，是对现有著作的系统补充。

"海洋机器人科学与技术丛书"内容主要涵盖基础理论研究、工程设计、产品开发和应用等，囊括多种类型的海洋机器人，如水面、水下、浮游以及用于深水、极地等特殊环境的各类机器人，涉及机械、液压、控制、导航、电气、动力、能源、流体动力学、声学工程、材料和部件等多学科，对于正在发展的新技术以及有关海洋机器人的伦理道德社会属性等内容也有专门阐述。

海洋是生命的摇篮、资源的宝库、风雨的温床、贸易的通道以及国防的屏障，海洋机器人是摇篮中的新生命、资源开发者、新领域开拓者、奥秘探索者和国门守卫者。为它"著书立传",让它为我们实现海洋强国梦的夙愿服务,意义重大。

本丛书全体作者奉献了他们的学识和经验,编委会成员为本丛书出版做了组织和审校工作,在此一并表示深深的谢意。

本丛书的作者承担着多项重大的科研任务和繁重的教学任务,精力和学识所限,书中难免会存在疏漏之处,敬请广大读者批评指正。

中国工程院院士 封锡盛

2018 年 6 月 28 日

丛书前言二

改革开放以来，我国海洋机器人事业发展迅速，在国家有关部门的支持下，一批标志性的平台诞生，取得了一系列具有世界级水平的科研成果，海洋机器人已经在海洋经济、海洋资源开发和利用、海洋科学研究和国家安全等方面发挥重要作用。众多科研机构和高等院校从不同层面及角度共同参与该领域，其研究成果推动了海洋机器人的健康、可持续发展。我们注意到一批相关企业正迅速成长，这意味着我国的海洋机器人产业正在形成，与此同时一批记载这些研究成果的中文著作诞生，呈现了一派繁荣景象。

在此背景下"海洋机器人科学与技术丛书"出版，共有数十分册，是目前本领域中规模最大的一套丛书。这套丛书是对现有海洋机器人著作的补充，基本覆盖海洋机器人科学、技术与应用工程的各个领域。

"海洋机器人科学与技术丛书"内容包括海洋机器人的科学原理、研究方法、系统技术、工程实践和应用技术，涵盖水面、水下、遥控、自主和混合等类型海洋机器人及由它们构成的复杂系统，反映了本领域的最新技术成果。中国科学院沈阳自动化研究所、哈尔滨工程大学、中国科学院声学研究所、中国科学院深海科学与工程研究所、浙江大学、华侨大学、东华理工大学等十余家科研机构和高等院校的教学与科研人员参加了丛书的撰写，他们理论水平高且科研经验丰富，还有一批有影响力的学者组成了编辑委员会负责书稿审校。相信丛书出版后将对本领域的教师、科研人员、工程师、管理人员、学生和爱好者有所裨益，为海洋机器人知识的传播和传承贡献一份力量。

本丛书得到 2018 年度国家出版基金的资助，丛书编辑委员会和全体作者对此表示衷心的感谢。

"海洋机器人科学与技术丛书"编辑委员会

2018 年 6 月 27 日

前　言

随着海洋科学研究和海洋开发技术的发展与进步，水下机器人作为海洋探索与开发的重要工具，其理论研究和研发技术迅猛发展，并在海洋物理、海洋化学、海洋生物、海洋地质、海洋工程、资源勘探和援潜救生等研究领域得到关注与应用。由于水下机器人工作环境的特殊性，水下机器人的软硬件研发和测试十分困难。研发人员不能像干预地面机器人(UGV)那样干预处于密封状态下的水下机器人软硬件，对其进行测量和调试。而对于未经充分水下调试和运行的水下机器人，内部故障或不可预见的非结构化海洋环境因素导致其丢失的风险很大，其性能也无法保证。这样就形成了水下机器人不下水就无法调试验证，下水后调试难度很大的矛盾。这种矛盾会随船舶类型、气象和海况等因素的影响而加剧。

由于仿真技术在安全性和经济性方面具有无可比拟的优势，系统仿真技术不但在航空、航天、航海、原子能、电力等领域的应用水平得以提高，且被逐步应用于社会、经济、交通、生态系统等各个领域，已成为高科技产品从论证、设计、生产、试验、训练到更新等全生命周期各阶段不可或缺的技术手段，为研究和解决复杂系统乃至巨系统问题提供了有效的工具。基于现代数学建模与仿真技术，本书系统性地介绍水下机器人系统的建模基础理论与方法，数值仿真技术、半物理仿真技术和全物理仿真技术，以及水下机器人状态估计算法、控制算法等应用性仿真研究案例。本书是作者十多年来从事相关研究工作的总结，特别注重建模与仿真理论方法与具体水下机器人平台相结合。书中列举了大量的系统建模、仿真以及应用实例，不仅可以加深读者对理论方法的理解，而且对于这些方法应用于水下机器人工程实际研发也具有一定的指导意义。

本书的结构安排如下：第 1 章绪论，主要介绍水下机器人建模与仿真技术研究背景、意义、现状及发展趋势；第 2 章水下机器人建模基础理论与方法，主要介绍机理建模法、插值/拟合建模法、随机建模法、相似建模法和综合建模法等现代建模理论与方法；第 3 章水下机器人数值仿真基础理论与方法，主要介绍数值仿真基础概念和原理、数值仿真算法、优化方法，以及基于 MATLAB、Simulink等专业软件的数值仿真及其应用案例；第 4 章水下机器人半物理仿真技术及应用，介绍硬件在回路仿真系统原理及构成、自主水下机器人和 7000 米载人潜水器蛟龙号硬件在回路仿真技术与应用，以及取得的经济效益；第 5 章水下机器人全物理仿真技术及应用，分别介绍全物理仿真系统组成及原理、水下机器人全物理仿真系统传感器负载模拟、执行机构负载模拟及全物理仿真应用案例；第 6 章水下机器人状态估计算法仿真研究，分别阐述 UKF、自适应 UKF 和平方根 UKF 算法理论及其在仿真系统中的应用等内容；第 7 章水下机器人控制算法仿真研究，分别阐述 MLQG、H_∞ 混合灵敏度和结构奇异值鲁棒控制算法理论及其在仿真系统中的应用等内容。

本书相关研究工作和出版工作得到了国家重点研发计划项目(2016YFC0301600, 2016YFC0300604)、国家自然科学基金项目(61821005, 61273334)、中国科学院战略先导专项项目(XDA13030203)、中国科学院科研装备研制项目(YZ201441)、中国科学院青年创新促进会基金项目(Y201547, 2011161)、辽宁省兴辽英才计划项目(XLYC1902032)、国家出版基金项目(2018T-11)等资助。感谢参考文献中所列出的国内外著作和论文的作者，是他们的出色工作丰富了本书的内容。

感谢王晓辉研究员、郭威研究员，感谢他们在科研过程中给予的建议和帮助；感谢"海洋机器人科学与技术丛书"编辑委员会成员和科学出版社东北分社的编辑，感谢他们在本书出版过程中给予的指导和帮助。

水下机器人建模与仿真技术目前仍处于发展阶段，许多理论与技术仍在不断地发展和完善，加之作者水平有限，书中难免存在疏漏之处，恳请读者给予批评并指正。

作　者

2020 年 5 月 27 日

目　　录

丛书前言一

丛书前言二

前言

1　绪论 ………………………………………………………………………… 1

　　1.1　水下机器人建模与仿真技术研究背景及意义 …………………………… 1

　　1.2　水下机器人建模与仿真技术基础 ………………………………………… 4

　　　　1.2.1　水下机器人建模技术基础 ………………………………………… 4

　　　　1.2.2　水下机器人系统仿真技术基础 …………………………………… 6

　　1.3　建模与仿真技术发展概况与发展趋势 …………………………………… 9

　　　　1.3.1　建模与仿真技术发展概况 ………………………………………… 9

　　　　1.3.2　建模与仿真技术发展趋势 ……………………………………… 13

　　1.4　水下机器人建模与仿真技术的研究现状和发展趋势 ………………… 14

　　　　1.4.1　自主水下机器人建模与仿真技术国内外研究现状 …………… 14

　　　　1.4.2　载人潜水器建模与仿真技术国内外研究现状 ………………… 18

　　　　1.4.3　水下机器人建模与仿真技术发展趋势 ………………………… 21

　　参考文献 …………………………………………………………………… 21

2　水下机器人建模基础理论与方法 ……………………………………… 24

　　2.1　水下机器人机理建模法 ………………………………………………… 24

　　　　2.1.1　推进系统分立件模型 …………………………………………… 24

　　　　2.1.2　水下机器人动力学模型 ………………………………………… 28

　　2.2　水下机器人插值/拟合建模法 ………………………………………… 37

　　　　2.2.1　海流建模方法 …………………………………………………… 37

　　　　2.2.2　海底地形建模方法 ……………………………………………… 38

　　2.3　水下机器人随机建模法 ………………………………………………… 41

　　　　2.3.1　传感器随机建模法 ……………………………………………… 42

　　　　2.3.2　海浪随机建模法 ………………………………………………… 43

　　2.4　水下机器人相似建模法 ………………………………………………… 44

　　　　2.4.1　基于势流理论的海流建模法 …………………………………… 44

　　　　2.4.2　基于线性波理论的海流建模法 ………………………………… 47

2.4.3 基于水动力软件的海流建模法 ·· 50

2.4.4 视觉传感器的建模 ·· 51

2.5 水下机器人综合建模法 ··· 52

2.5.1 图像处理 ·· 53

2.5.2 曲线拟合 ·· 53

2.5.3 曲面拟合 ·· 54

2.6 水下机器人系统建模技术的集成 ·· 55

2.7 本章小结 ·· 55

参考文献 ·· 56

3 水下机器人数值仿真基础理论与方法 ····································· 58

3.1 数值仿真算法的稳定性与仿真精度 ······································ 58

3.1.1 数值仿真算法的稳定性 ·· 58

3.1.2 数值仿真过程的误差 ·· 59

3.1.3 数值仿真步长的选择 ·· 60

3.2 连续系统的数值仿真算法 ·· 60

3.2.1 数值积分法 ·· 61

3.2.2 离散相似法 ·· 63

3.3 离散事件系统的数值仿真算法 ··· 63

3.4 智能优化算法 ··· 64

3.4.1 遗传算法 ·· 65

3.4.2 人工神经网络算法 ··· 65

3.4.3 模拟退火算法 ·· 66

3.4.4 蚁群算法 ·· 67

3.5 基于专业软件的数值仿真 ·· 67

3.5.1 基于 MATLAB 的数值仿真 ··· 67

3.5.2 基于 Simulink 的数值仿真 ·· 71

3.5.3 基于 Visual C++的数值仿真 ·· 74

3.5.4 基于 Google Earth 的数值仿真 ·· 76

3.5.5 基于 Vega Prime 虚拟现实的数值仿真 ······························· 78

3.5.6 基于多种软件的水下机器人联合数值仿真 ··························· 82

3.6 水下机器人数值仿真应用案例 ··· 86

3.6.1 水下机器人 MATLAB 仿真应用案例 ··································· 86

3.6.2 水下机器人 Simulink 仿真应用案例 ····································· 87

3.6.3 水下机器人 Google Earth 与 Visual C++联合仿真应用案例 ········· 88

3.6.4 水下机器人 MATLAB 与 Visual C++联合仿真应用案例 ·········· 89

3.7　本章小结 ·· 91
参考文献 ··· 91

4　水下机器人半物理仿真技术及应用 ···················· 93
4.1　水下机器人硬件在回路仿真技术 ························ 93
4.1.1　水下机器人系统及相关参数 ······················ 94
4.1.2　水下机器人控制器在回路半物理仿真技术 ·········· 96
4.2　自主水下机器人控制器在回路仿真案例 ················ 100
4.2.1　控制策略及参数调试 ······························ 100
4.2.2　辅助自主水下机器人实验室调试 ·················· 106
4.2.3　辅助自主水下机器人湖试和海试 ·················· 107
4.3　7000 米载人潜水器控制器在回路仿真案例 ············ 112
4.3.1　控制策略及参数调试 ······························ 112
4.3.2　辅助 7000 米载人潜水器的实验室调试 ············ 118
4.3.3　辅助 7000 米载人潜水器水池试验及海试 ·········· 120
4.3.4　下潜人员培训和训练 ······························ 121
4.4　水下机器人半物理仿真系统经济效益 ·················· 121
4.5　本章小结 ·· 122
参考文献 ··· 122

5　水下机器人全物理仿真技术及应用 ···················· 125
5.1　水下机器人全物理仿真技术 ···························· 126
5.1.1　便携式水下机器人及其相关参数 ·················· 126
5.1.2　水下机器人运动特性全物理仿真技术 ·············· 127
5.2　传感器负载的模拟技术 ································ 130
5.2.1　姿态信号模拟技术 ································ 130
5.2.2　深度信号模拟技术 ································ 132
5.2.3　卫星定位信号模拟技术 ···························· 133
5.2.4　DVL 信号模拟技术 ································ 134
5.3　执行机构负载的模拟技术 ······························ 136
5.3.1　推进器负载模拟技术 ······························ 136
5.3.2　舵机负载模拟技术 ································ 137
5.4　便携式水下机器人运动特性全物理仿真案例 ············ 140
5.5　本章小结 ·· 141
参考文献 ··· 141

6　水下机器人状态估计算法仿真研究 ···················· 143
6.1　基于 UKF 的 AUV 状态和参数联合估计算法 ··········· 143

   6.1.1 UKF 算法 ……………………………………………… 143

   6.1.2 基于 UKF 的 AUV 状态和参数联合估计 ……………… 147

   6.1.3 仿真验证 ………………………………………………… 148

  6.2 基于自适应 UKF 的 AUV 状态和参数联合估计算法 … 152

   6.2.1 自适应 UKF 算法 ……………………………………… 152

   6.2.2 仿真验证 ………………………………………………… 157

  6.3 基于平方根 UKF 的 AUV 状态和参数联合估计算法 … 162

   6.3.1 平方根 UKF 算法 ……………………………………… 163

   6.3.2 仿真验证 ………………………………………………… 164

  6.4 UKF 及其相关算法的比较 …………………………… 166

  6.5 本章小结 ………………………………………………… 167

  参考文献 …………………………………………………… 168

7 水下机器人控制算法仿真研究 …………………………… 170

  7.1 基于 MLQG 控制算法的仿真研究 …………………… 172

   7.1.1 HOV 系统数学模型 …………………………………… 172

   7.1.2 MLQG 控制器设计 …………………………………… 173

   7.1.3 仿真验证 ………………………………………………… 176

  7.2 基于 H_∞ 混合灵敏度的水下机器人鲁棒控制仿真研究 … 180

   7.2.1 H_∞ 鲁棒控制基础理论 ……………………………… 180

   7.2.2 基于 H_∞ 混合灵敏度的 HOV 控制器设计 ………… 185

   7.2.3 系统鲁棒性分析 ………………………………………… 192

   7.2.4 半物理仿真系统试验验证 ……………………………… 196

  7.3 基于结构奇异值 μ 的水下机器人鲁棒控制 ………… 201

   7.3.1 结构奇异值 μ 鲁棒控制基础理论 …………………… 201

   7.3.2 基于结构奇异值 μ 的 HOV 控制器设计 …………… 205

   7.3.3 控制系统性能分析 ……………………………………… 208

   7.3.4 半物理仿真系统试验验证 ……………………………… 212

  7.4 本章小结 ………………………………………………… 217

  参考文献 …………………………………………………… 218

附录 …………………………………………………………… 220

 附录Ⅰ 符号表 …………………………………………… 220

 附录Ⅱ 中英文缩写对照表 ……………………………… 225

索引 …………………………………………………………… 229

彩图

1

绪　　论

　　浩瀚的海洋中蕴藏着人类社会发展所需的各种资源。海洋与人类的生存和发展密不可分，海洋中丰富的资源为人类的生存和发展提供了必要的物质基础。同时，世界各地的洪涝、干旱、台风等极端灾害性天气的发生也与海洋密切相关。从 21 世纪起人类已经进入了大规模开发利用海洋的时期，海洋在我国经济发展格局和对外开放中的作用更加重要，在维护国家主权、安全、发展利益中的地位更加突出，在国际政治、经济、科技、军事竞争中的战略地位也明显上升。

　　随着人类对海洋科学研究的深入和水下机器人研发技术的发展与进步，世界各海洋强国相继开展了水下机器人的研究与开发，包括载人潜水器、遥控水下机器人、自主水下机器人和混合水下机器人等各种类型。各类水下机器人的基础理论、关键技术和装备研发迅猛发展，并在海洋物理、海洋化学、海洋生物、海洋地质、海洋工程、资源勘探和援潜救生等研究领域得到广泛应用。面对国家对海洋经济、海洋科学、海洋国防等方面日益迫切的需求，面对日新月异的智能、无人、自主、长期、立体化海洋科学考察和资源探测装备技术发展，如何利用现代建模与仿真技术手段对这些高新技术海洋装备的各项功能和性能进行验证成为水下机器人技术及装备研发中的一项重大难题和挑战。

1.1　水下机器人建模与仿真技术研究背景及意义

　　由于工作环境的特殊性，水下机器人硬件及软件的研发和试验十分困难。主要原因是研究人员不能像干预陆地机器人那样直接干预处于水下密封状态的硬件及软件，对其运行状态进行测量和调试。对于未经充分水下调试和试验的水下机器人，内部故障或不可预见的外部因素导致其丢失的风险很大，其各项性能也无法保证。这就形成了不下水装备无法调试验证，下了水调试难度增加的矛盾。这种矛盾会由于使用支持母船、气象和海况等因素的影响而加剧[1]。

　　一般水下机器人的研究开发过程包括方案初步设计、详细设计、加工建造、总装联调、湖试、海试、出厂等阶段，如果系统某些性能指标无法满足要求，则需要进行修改，并重新装配和进行各阶段试验，如图 1.1 所示。在总装联调、湖试和海试阶段，重点在于调试控制系统的软件和硬件。根据历史经验估计，控制系统软件和硬件的调试几乎占用整个研制周期的 60%～70%。若能减少控制系统软硬件的调试时间，则可以大幅缩短水下机器人的研制周期，减少试验成本。

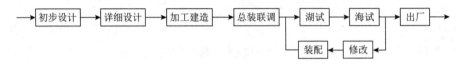

图 1.1　水下机器人的主要研发流程图

　　另外，控制系统的核心软件系统必须能够实时应对非结构和复杂多变的海洋环境才能最终完成给定的使命。这样一套软件系统，必须在各种各样的单变量环境甚至多变量耦合环境下进行大量的试验，这样就会产生以下几个问题[2-4]。

　　(1)试验所需的海洋环境不易获得。例如对避碰算法进行试验，在实际海洋环境中找到适合验证避碰算法的海域不易获得，但若不进行实际海上避碰试验就无法保证水下机器人避碰算法的能力，这是相互矛盾的。

　　(2)外场试验需要花费大量的人力、物力。

　　(3)水下机器人的外场试验需冒很大的风险。为了减少试验中的风险，试验的次数应尽可能少，但若不进行大量的试验则无法验证控制系统的各项功能和性能，以及水下机器人的可行性和可靠性，这也是相互矛盾的。

　　鉴于以上问题，建立一个可以辅助水下机器人进行全过程研究、自主控制(包括体系结构、自主学习、智能决策、路径规划、避碰策略、行为控制)、智能控制(包括系统辨识、神经网络、模糊控制、鲁棒控制等)、状态与参数估计(包括滤波算法、健康诊断、水下高精度导航技术、目标运动要素分析等)策略选择、参数调试、辅助现场湖试和海试等的水下机器人仿真系统就显得尤为必要。

　　系统建模与仿真是迅速发展起来的一门新兴学科。随着系统建模与仿真理论方法的完善和应用技术研究的深入以及计算机技术的发展，应用数字计算机对实际系统或假想系统进行仿真的技术越来越受到人们的重视。总结和回顾系统仿真技术发展的特点，不难给出下述结论[5]：分布式交互仿真、虚拟现实仿真、离散事件系统仿真、控制器在回路半物理仿真、面向对象仿真和建模与仿真的校核、验证和确认(VVA)技术等现代仿真技术及应用取得了引人瞩目的进展。系统建模与仿真技术不但在航空、航天、航海、原子能、电力等领域的应用水平得以提高，而且被逐步应用于社会、经济、交通、生态系统等各个领域，已成为高科技产品从论证、设计、生产、试验、训练到更新等全生命周期各个阶段不可缺少的技术手段[6]。

由于建模与仿真技术在安全性和经济性方面的特殊功效，其获得了十分广泛的应用，特别是在军用领域，仿真技术已成为装备系统研制与试验中的先导技术、校验技术和分析技术[7]。因为该种装备都是多模式复合系统，为了测试其多种功能，需在一个受控环境中输入各种模式情况下所要求的各种激励信号，并确定系统对激励信号的响应灵敏度。首先，由于受到实际飞行和航行试验条件的限制，多功能测试是难以实现的，而仿真试验可以比较方便地取得统计性数据。其次，建模与仿真技术在应用上的经济性，也是其被广泛采用的十分重要的因素。世界各国几乎所有大型的发展项目，如阿波罗登月计划、战略防御系统、计算机集成制造等，投资极大，又有相当大的风险，而建模与仿真技术的应用可以用较小的投资换取风险上的大幅度降低[8]。据统计，由于采用系统建模与仿真技术，装备实际试验次数减少了 30%～60%，研制费用节省了 10%～40%，研制周期缩短了 30%～40%，从而使型号研制得到很高的效费比。一般来说，系统建模与仿真技术的主要作用有[1,9]：

(1)优化系统设计。在复杂的系统建立以前，能够通过改变仿真模型结构和调整参数来优化系统设计。

(2)节省经费。仿真试验只需在可重复使用的模型上进行，所花费的成本比在实际产品上做试验低。

(3)重现系统故障，以便判断故障产生的原因。

(4)可以规避实际试验的风险，降低试验的危险。

(5)进行系统抗干扰性能的分析研究。

(6)相关人员的操作训练。

(7)对系统的运行状态进行监视。

(8)对试验数据后处理，重现水下机器人水下试验状况。

(9)对系统或系统的某模块进行性能评价。

(10)系统仿真能为管理决策和技术决策提供依据。

正因为系统建模与仿真技术对国防建设、工农业生产及科学研究均具有极大的应用价值，该技术被美国国家关键技术委员会于 1991 年确定为影响美国国家安全及繁荣的 22 项关键技术之一[10]。军事仿真需求一直是推动仿真技术发展的主要动力之一，军事仿真技术往往体现出仿真技术的最新成就[11]。

随着水下机器人技术的进步，功能强大、应用领域广阔的各种新型水下机器人有待于进一步研究和开发。为了加速新型水下机器人的研究和开发步伐，迫切需要利用水下机器人建模与仿真技术辅助水下机器人的设计、研发、调试、试验和应用。

1.2 水下机器人建模与仿真技术基础

1.2.1 水下机器人建模技术基础

1. 水下机器人系统模型

建立水下机器人仿真系统首先要研究水下机器人及相关系统的模型。水下机器人系统模型包括水下机器人运动学模型、动力学模型等；相关系统模型包括推进器模型、传感器模型，以及外界海流模型、海底地形模型、波浪模型等。

2. 水下机器人系统模型的分类

数学模型的分类与所讨论系统的特性有关，一般说来，系统有线性与非线性、静态与动态、确定性与随机性、微观与宏观、定常(时不变)与非定常(时变)、集中参数与分布参数之分，故描述系统特性的数学模型必然也有这几种类型的区别。此外，数学模型还与研究系统的方法有关，比如有连续模型与离散模型、时域模型与频域模型、传递函数模型与状态空间模型等。

水下机器人系统模型按照虚实可分为数学模型、概念模型和物理模型[2]。

1) 数学模型

用来描述系统要素之间以及系统与环境之间关系的数学表达式称为数学模型。数学模型包括正规数学模型和仿真系统数学模型。

正规数学模型是用符号和数学方程式来表示系统的模型，其中系统的属性用变量表示，系统的活动则用相互关联的变量之间的数学函数关系式来表示，例如水下机器人深度控制的传递函数模型、零极点模型或状态空间模型。

仿真系统数学模型是一种适合在计算机上进行运算和试验的模型，主要根据计算机运算特点、仿真方式、计算方法和精度要求，将原始系统数学模型转换为计算机的程序。仿真试验是在计算机上对水下机器人动力学模型计算，根据试验结果情况，进一步修正系统模型。在水下机器人半物理仿真系统上需采用水下机器人仿真系统数学模型。

飞速发展的现代数学和系统科学为我们提供了十分丰富的数学模型。微分方程模型、时间序列模型、回归分析模型、生长曲线模型、马尔可夫模型、模糊数学模型、灰色系统模型、粗糙集模型、人工神经网络(ANN)模型、遗传规划模型、层次分析模型、蒙特卡罗模型、线性规划模型、非线性规划模型、动态规划模型、分形模型、混沌模型、系统动力学模型、有限状态机模型等[12]，都是常用的数学模型。水下机器人系统常用微分方程组模型、模糊数学模型、人工神经网络模型、有限状态机模型等。

2) 概念模型

对现实世界及其活动进行概念抽象与描述的结果称为概念模型。

概念模型是基于人们的经验、知识背景和思维直觉形成的，是人的大脑活动的产物。基于对所研究系统相关概念的抽象并通过对抽象概念相互关系的概括和描述得到概念模型，通常用语言、符号、框图等形式表达[13]。概念模型可以看成是现实世界到数学模型或计算机仿真系统的一个中间层次。在信息系统分析与设计领域，对系统信息定义进行规范描述的系统概念模型仅用于抽象和常规设计，而不用于具体和专门的执行设计。基于描述的内容，可将概念模型分为面向领域的概念模型和面向设计的概念模型两类。

3) 物理模型

以实物或图形直观地表达对象特征所得的模型称为物理模型。

物理模型是根据一定的规则对系统进行简化、描绘或按照一定比例缩小、放大而得到的仿制品。通常要求物理模型与实物高度相似，能够逼真地描述实物原型。如用于风洞试验以及试验水槽中的水下机器人缩比模型、人工模拟太空环境、人工制作的脱氧核糖核酸(DNA)分子双螺旋结构模型、真核细胞三维结构模型等都是用来描述实物原型的物理模型。在大型水利工程、土木工程项目设计施工或水下机器人、飞行器研制过程中常运用缩比的物理模型。

3. 水下机器人系统数学建模的方法

从传统意义上来说，数学建模的方法主要分为三类，分别为机理建模法、实验测试法和统计分析法[14]。

(1) 机理建模法(演绎法/理论建模/机理模型)是根据系统的工作原理，运用一些已知的物理定理、定律、原理推导出系统的数学模型。机理建模法主要针对内部结构和特性已经清楚的系统，即所谓的"白箱"系统。使用该方法的前提是对系统的运行机理完全清楚。

(2) 实验测试法(归纳法/实验建模/系统辨识)是通过实验方法，选择各种典型的输入量，并测试其相应的输出量，然后按照一定的辨识方法得到系统模型。实验测试法主要针对内部结构和特性不清楚或者难以弄清楚的系统，即所谓的"黑箱"或"灰箱"系统，通常只用于建立输入/输出模型。实验测试法又可分为经典辨识法和系统辨识法两大类。①经典辨识法。该方法不考虑测试数据中偶然误差的影响，只需对少量的测试数据进行比较简单的数学处理，其计算工作量一般较小。经典辨识法包括时域法、频域法和相关分析法等。②系统辨识法。该方法是在输入和输出数据的基础上，从一组给定的模型类中确定一个与所测系统等价的模式。其特点是可以清除测试数据中的偶然误差即噪声的影响，为此需要处理大量的测试数据，计算机是不可缺少的工具[15]。

(3)统计分析法。对于那些属于"黑箱",但又不允许直接进行实验观察的系统,可以采用数据收集和统计分析的方法来建造系统模型。统计分析法使用的前提是必须有足够正确的数据,所建的模型也只能保证在这个范围内有效。足够的数据不仅是指数据量充足,而且数据的内容要丰富(频带要宽),能够充分激励要建模系统的高、中、低频特性。

通过对建模方法的不断探究,近年的建模方法又有了长足的进步,比较常见的建模方法包括直接相似法、量纲分析法、Petri 网建模法、概率统计法、回归分析法、集合分析法、层次分析法、蒙特卡罗法、模糊集理论法、人工神经网络建模法等[16]。

在数学建模的过程当中,如何恰当地选择一种建模方法一直没有统一的定论,通常都需要根据系统的实际情况、建模时的目标条件、建模的实际要求以及背景条件来综合确定。如果一个复杂系统有多个子系统,则多个子系统可能会用不同的方法进行建模,最后整合成一个总体模型。如水下机器人模型包括水下机器人动力学模型、推进系统模型、海流模型等;水下机器人动力学模型采用机理建模法,推进系统既可采用各个子系统机理建模法,也可采用综合建模法;海流模型则采用相似建模法等。

4. 水下机器人系统数学建模的步骤

本节我们通过剖析回归分析模型的建模过程说明建立数学模型的基本方法和步骤。回归分析模型建模与应用可按以下步骤进行:①明确任务,建立概念模型;②模型设计,包含三个方面的内容:一是确定模型变量,二是设定模型的数学形式,三是分析模型参数的符号和大致的变化范围;③确定统计指标,收集、整理数据;④估计模型参数,回归模型通常用最小二乘法估计模型参数;⑤模型检验,其实质是对已得到的参数估计值进行评价,研究其在理论上是否有意义,统计上是否显著,进而研究模型是否正确反映系统诸要素之间的关系;⑥模型应用。水下机器人系统动力学模型等一般采用上述建模步骤构建。

1.2.2　水下机器人系统仿真技术基础

系统建模与仿真技术在航空、航天、航海、原子能、电力、社会、经济、交通、生态系统等各个领域广泛运用,并发展成为高科技产品从论证、设计、生产、试验、训练到维护等全生命周期各个阶段不可缺少的技术手段。它也为研究和验证水下机器人相关关键技术提供了有效的工具,为水下机器人半物理仿真系统的构建做好了技术上的准备。

1. 水下机器人系统仿真

基于水下机器人半物理仿真系统的系统建模与仿真技术是以相似原理、系统技术、信息技术及其应用领域有关专业技术为基础，以计算机和各种专用物理效应设备为工具，利用系统模型对真实的或设想的系统进行动态研究的一门多学科的综合性技术[17]。所谓相似，是指各类事物间某些共性的客观存在。不同领域中的相似有各自特点，归纳起来，大致有如下基本类型[11]：

(1)几何相似。结构尺寸按比例缩小得到的模型，称为缩比模型，如水下机器人风洞试验和旋臂水池试验中所用的模型。

(2)离散相似。采用差分法、离散相似法等把连续系统离散化为等价的离散系统。

(3)等效。保证数学描述相同或者频率特性相同，用于构造各类仿真器的相似原则。

(4)感觉相似。感觉相似涉及耳、眼、鼻、舌、身等感官和经验，人在回路中的仿真把感觉相似转化为感觉信息源相似，例如虚拟现实就利用了这种相似原则。

(5)思维相似。包括逻辑思维相似和形象思维相似，用数理逻辑表示知识，建立知识的逻辑符号系统，对符号公式进行判断和推理，如早期专家系统的基于逻辑的心理模型。形象思维相似是人大脑右半球的功能。人工神经网络是以脑神经为原形所构造的简化模型，用来实现对刺激的适应性反应。

2. 水下机器人系统仿真的分类

系统仿真的分类根据不同标准[2,9,18,19]有以下几种。

(1)按系统模型的特性分类，系统仿真可分为连续系统仿真、离散事件系统仿真和混杂系统(既包括连续系统又包括离散事件系统)仿真。

(2)根据计算机分类，系统仿真可分为模拟计算机仿真、数字计算机仿真和模拟-数字混合仿真。

(3)根据仿真时钟与实际时钟的比例关系分类，系统仿真可分为实时仿真(仿真时钟与实际时钟是完全一致的)、欠实时仿真(仿真时钟比实际时钟慢)、超实时仿真(仿真时钟比实际时钟快)。

(4)根据仿真系统的结构和实现手段不同分类，系统仿真可分为数值仿真、半物理仿真[又称部分硬件在回路(HIL)仿真]、全物理仿真、人在回路仿真(包括视觉、听觉、动感、力反馈等仿真环境)、软件在回路仿真(软件指的是实物上的专用软件，例如无人系统中的自主决策、信息处理、控制软件)等。

本书中水下机器人数值仿真技术为数字计算机仿真技术。半物理仿真和全物理仿真技术根据上述不同分类标准属于混杂系统仿真、数字计算机仿真、实时仿真、半物理仿真和软件在回路仿真技术。

3. 水下机器人系统仿真的工作流程

水下机器人系统数值仿真和半物理仿真的工作流程可用图 1.2 所示的系统仿真关系图来表示。数值仿真和半物理仿真的三项基本要素是：系统、系统模型和计算机(包括自动驾驶单元和负载模拟器等)。联系三项要素的三项基本活动是：系统建模、仿真建模和仿真试验[11]。水下机器人系统数值仿真一般采用计算机进行仿真试验，半物理仿真可在计算机仿真基础上增加自动驾驶单元进行仿真试验，全物理仿真还可增加传感器/执行机构负载模拟器进行仿真试验。

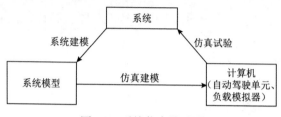

图 1.2　系统仿真关系图

水下机器人系统仿真试验的工作流程如图 1.3 所示，其主要步骤[9,11,20]如下：

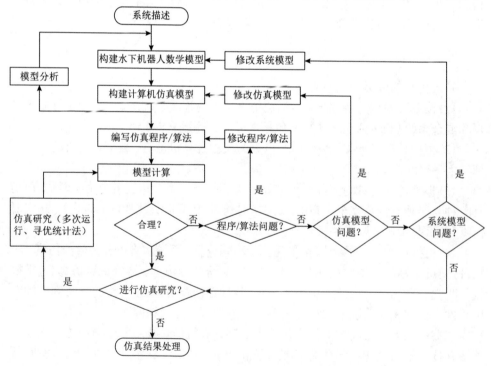

图 1.3　水下机器人系统仿真试验的工作流程

(1)水下机器人系统定义。根据水下机器人仿真的目的，规定所仿真系统的边界、约束条件等。

（2）水下机器人系统建模。根据水下机器人系统仿真目的、试验知识和试验资料来确定水下机器人系统模型的框架、结构和参数。水下机器人系统模型的繁简程度应与仿真目的相匹配，如六自由度动力学模型、水平面/垂直面三自由度动力学模型、单自由度动力学模型或仅为运动学模型。要确保模型的有效性和仿真的经济性。

（3）水下机器人计算机仿真建模。根据数学模型的形式、计算机的类型以及仿真目的将水下机器人数学模型、推进器模型、传感器模型和载荷模型转变成计算机仿真模型，建立仿真试验框架。应进行模型变换正确性校核。

（4）装载。利用水下机器人计算机仿真软件将仿真模型输入计算机。设定试验初值和约束条件并记录水下机器人仿真中间变量。

（5）试验。根据仿真目的在水下机器人模型、负载模拟器或系统上进行试验。

（6）结果分析。根据试验要求对水下机器人仿真结果进行分析、整理及文档化。根据分析的结果修正水下机器人动力学模型、传感器模型、自主控制算法及参数、智能控制、计算机仿真模型、仿真程序等，以进行新的试验。

1.3　建模与仿真技术发展概况与发展趋势

1.3.1　建模与仿真技术发展概况

根据仿真过程中所采用计算机类型的不同，计算机仿真大致经历了模拟计算机仿真、模拟-数字混合仿真和数字计算机仿真三大阶段。20 世纪 50 年代，计算机仿真主要采用模拟计算机；60 年代，串行处理数字计算机逐渐应用到仿真之中，但难以满足航天、化工等大规模复杂系统对仿真时限的要求；70 年代，模拟-数字混合机曾一度应用于飞行器仿真、卫星仿真和核反应堆仿真等众多高技术研究领域；80 年代，由于并行处理技术的发展，数字计算机才最终成为计算机仿真的主流[21]。近年来，计算机技术、网络技术、图形图像技术、多媒体技术、软件工程技术、信息处理技术、自动控制技术等多项高新技术的发展，加快了仿真技术研究的步伐，使其应用范围不断扩大。当前系统仿真技术的发展概况[2]包括以下方面。

1. 分布式交互仿真技术

分布式交互仿真（DIS）是以网络为基础，通过联网技术将分散在各地的人在回路仿真器、计算机生成兵力及其他仿真设备连接为一个整体，形成一个在时间和空间上一致的综合环境，实现平台（水下机器人、作业目标）与环境（地形、海流）

之间、平台与平台之间、环境与环境之间的交互和相互影响。IEEE 在 DIS 的体系结构、数据通信方面提出一系列标准[22]。DIS 应具有的主要功能包括：分布仿真功能、交互仿真功能、实时并发功能、信息功能和界面功能。这些功能的实现涉及广泛的支撑技术，如网络技术、信息集成平台、面向对象的建模工具、动态场景实时生成与显示、虚拟技术的应用、指挥控制的建模、模型的可信性研究及 DIS 的组织与管理[8]。

DIS 技术主要用在军事训练上，尤其是大规模、多兵种、协同作战训练。随着研究的深入，DIS 又被用于事后再现(AAR)，或叫做任务回顾(MR)。AAR 的最大意义在于通过对 DIS 训练的再现，发现、弥补在作战指挥、控制以及通信结构方面的缺陷和漏洞，对提高部队的总体作战能力、指挥水平起到重要作用。作战仿真训练与战后任务回顾相结合可实现对作战规则的开发、评价，以便对今后的实战方案作细致修订。1992 年 5 月，美国国防高级研究计划局(DARPA)在美国参议院军事委员会的大厅里，利用 DIS 技术成功地再现了海湾战争中代号为 "73 Easting" 的坦克战役。DIS 在工程开发、系统研制等方面同样有着广泛的应用前景。DIS 可以为系统在真正制造之前提供一个逼真的虚拟试验、验证环境，使基于 DIS 的虚拟试飞、虚拟打靶等一系列新的试验技术手段逐步成为现实。在非军事领域，DIS 同样也有着十分广泛的应用，如民用航空系统中的空中交通管制(ATC)、城市交通管理仿真、灾难救援仿真训练和教育等[8,11]。

在水下机器人的 DIS 方面，哈尔滨工程大学、西北工业大学等已经将其成功应用并获得一定的研究成果。

2. 可视化、多媒体与视景仿真技术

可视化技术一直是仿真技术研究的目标之一。对于水下机器人系统仿真等多自由度运动体以及多个物体之间的相互关系，若采用先前的查看仿真过程历史数据曲线方式很难获得直观的印象。采用可视化技术后，则可以直观地显示出仿真环境中的态势、各对象的位置和姿态及相互关系。面向对象的仿真方法，提供了更为自然、直观的系统仿真框架，实施框架则要进一步探讨创建逼真感觉的信息环境，使真实环境、模型的物理环境与用户融为一体，使研究主体——人产生身临其境的感觉。这种人机和谐的仿真环境的探索已广泛展开，诸如可视仿真(VS)、多媒体仿真(MS)、视景仿真(SS)等[23,24]。

(1)可视仿真：VS 必须为参试人员提供高效、灵活的仿真分析环境。数据和它形成的信息通过可视化处理创建仿真分析环境或仿真虚拟环境，可使参试人员通过视觉信息掌握系统中变量之间、变量与参数之间、变量与外部作用之间的变化关系，直接了解系统的静态和动态特性。通过信息系统展示的动态变化规律，深化对系统模型概念化和形象化的理解，而且可能从中获得启发和灵感，发现数

据信息不能展示的现象[8]。

(2) 多媒体仿真：MS 是对传统意义上数字仿真概念内涵的扩展，它利用系统分析的原理和信息技术，以更加接近自然的多媒体形式建立描述系统内在变化规律的模型，并在计算机上以多媒体的形式再现系统动态演变过程[25]，从而获取有关系统的感性和理性认识。

(3) 视景仿真：SS 从一般意义上说就是指对人们眼中世界的仿真。在认识世界这个复杂系统的过程中，视景仿真技术不仅因其有效、经济、安全和直观等特点受到广泛的重视，更因其能够帮助人们建立一个具有身临其境的沉浸感、能与复杂系统进行交互并能促进构想与创造的环境，而成为社会各个应用领域发展中不可或缺的高科技手段。

对传统的仿真技术人们主要是针对数学模型和物理模型进行研究，从对一个模型的数学描述和建模着手进行分析。从 20 世纪 50 年代起，人们开始利用计算机进行仿真研究，起初是使用能与实物相连的模拟计算机，后来改为数字和模拟的混合系统，最后演变为纯数字的模拟系统。之后，仿真人员不再满足于实验数据处理，从而开发出了配合仿真逻辑的简单二维动画仿真，将仿真技术推进到了可视化仿真阶段[26]。

视景仿真是虚拟现实技术的重要表现形式，它能产生用户身临其境的交互式仿真环境，实现用户与该环境直接进行自然交互。视景仿真采用计算机图形图像技术，根据仿真的目的，构造仿真对象的三维模型并再现真实的环境，达到非常逼真的仿真效果[27]。视景仿真可分为仿真环境制作和仿真驱动。仿真环境制作主要包括模型设计、场景构造、纹理设计制作、特效设计等，它要求构造逼真的三维模型和构建逼真的场景等；仿真驱动主要包括场景驱动、模型调度处理、分布交互、地形处理等，它要求快速逼真地再现仿真环境，实时响应交互操作[28]。视景仿真技术是计算机技术、图形处理技术与图像生成技术、立体影像和音响技术、信息合成技术、显示技术等诸多高新技术的综合运用。视景仿真有利于缩短试验和研制周期，提高试验和研制质量[29]，节省试验和研制成本，并已经在许多领域得到了广泛应用，如城市规划仿真、大型工程漫游、名胜古迹虚拟旅游、虚拟现实模拟培训、交互式娱乐仿真等[30]。

3. 半物理仿真技术

在半物理仿真系统中，应解决各种执行机构、传感器的探测、载荷和测量环境的仿真生成技术。人在回路的仿真系统，要着重解决人感觉环境的仿真生成技术，其中包括视觉、听觉、动感、力反馈等仿真环境[24]。对于多平台对抗仿真系统，作业环境的综合仿真更为复杂，它包括海底地形地貌、海流、海浪、温盐深、声场等环境的仿真，这种环境的变化将对能量的传播、图像的成形、载荷系统的性能、作业平台的性能、传感器/探测器的性能、指挥员的决策和行动等产生影响[31]。

对水下机器人建模与仿真技术，我们将着重研究水下机器人、执行机构、传感器及载荷与实际海洋环境的相互作用的数学模型，并将其融入仿真系统中。

4. 面向对象仿真技术

面向对象仿真(OOS)在理论上突破了传统仿真方法的观念，它根据组成系统的对象及其相互作用关系来构造仿真模型，模型的对象通常表示实际系统中相应的实体，从而弥补了模型与实际系统之间的差距，而且它分析、设计和实现系统的观点与人们认识客观世界的自然思维方式极为一致，因而增强了仿真研究的直观性和易理解性[32]。面向对象的仿真具有内在的可扩充性和可重用性，因而为仿真大规模的复杂系统提供了极为方便的手段。面向对象的仿真容易实现与计算机图形学、人工智能/专家系统和管理决策科学的结合，从而可以形成新一代的面向对象的仿真建模环境，更便于在决策支持和辅助管理中推广和普及仿真决策技术[24]。

5. 建模和仿真的 VVA 技术

仿真置信度评估是将仿真系统全生命周期中的校核、验证和验收工作、测试与评估工作、软件测试工作有效地统一到一个框架中，目的是提高仿真系统仿真结果的正确性、精度、可靠性和可用性，从而有利于对仿真对象的深入分析。该技术可降低仿真系统的总投资，扩大仿真系统的应用范围，促进仿真系统质量管理，促进仿真软件工程、系统测试与评估等工作深入开展[24]。建模和仿真的 VVA 技术是提高仿真精度和仿真置信的有效途径[33]。

美国计算机仿真学会(SCS)于 20 世纪 70 年代中期成立了"模型可信性技术委员会(TCMC)"，其任务是建立与模型可信性相关的概念、术语和规范。80 年代以来，许多重要学术会议中有了关于模型可信性和模型 VVA 的专题讨论。90 年代以来，许多政府、民间部门和学术机构都成立了相应的组织，以制定各自的建模和仿真及其对模型检验的规范[11]。建模和仿真的评估过程的一般形式如图 1.4 所示。

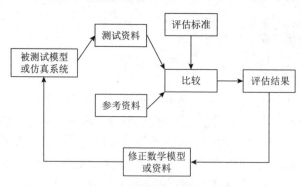

图 1.4　建模和仿真的评估过程

系统仿真技术的发展已经为水下机器人的仿真奠定了良好的技术基础。

1.3.2　建模与仿真技术发展趋势

系统仿真技术在国民经济建设和国防建设中的应用范围不断扩大。核反应过程、宇宙起源、生物工程、结构材料、社会经济和战争的仿真，是应用仿真技术要解决六大难题。现仅就产品的全数字化设计制造技术、面向系统全生命周期和多平台的仿真技术应用的前景作简单介绍[2]。

(1)向产品的全数字化设计制造方向发展。虚拟现实的技术在虚拟样机、虚拟测试以及虚拟制造中得到了广泛应用。通过水下机器人、飞机、汽车、鱼雷等数字样机进行设计分析和方案评估，易于实现优化设计，使产品设计满足高质量、低成本、周期短的要求。现在市场上已经有一些商业软件，如 ENVISION 虚拟样机设计工具、Vis Concept 数字样机评估工具。虚拟测试技术可以为检验虚拟样机的性能提供仿真测试环境。

(2)从局部阶段仿真向全生命周期仿真方向发展。早期的系统仿真大多以设计分析、试验验证为主，例如用数学仿真进行系统结构和参数选择，用半物理仿真检验软硬件性能。现代仿真技术的应用已扩展到系统全生命周期的各个阶段，即从制定发展规划、确定技术指标、可行性论证、方案论证、方案设计、样机制造、实航试验(设计定型试验)、技术鉴定和定型、批量生产、实航试验(含生产定型和产品验收试验)、训练和使用到更新换代等十多个阶段[34]。

随着水下机器人关键技术研究的深入以及仿真技术的不断进步，水下机器人系统仿真也必然从以局部的试验验证为主发展为全生命周期的仿真。

(3)从单平台仿真向多平台仿真方向发展。以前，在各种领域广泛使用的各类仿真系统都是面向相对独立的单个系统的，即面向单平台。然而，现代作业都是在高度协同和对抗条件下由多平台参与的立体化协同作业，以水下战为例，水下武器系统群包括各类作战舰艇和多种水中兵器及干扰器材、水下探测系统等，空投反潜鱼雷和火箭助飞鱼雷系统还包括飞机、火箭等空间武器。倘若进行实际对抗演练，尤其是多种作战模式的推演，无疑会受到诸种条件限制。因此，利用分布式交互仿真和虚拟现实技术生成多武器平台作战环境就成为新时期军事仿真技术应用的一项重要目标。采用虚拟战场的技术，可以将分布在各地的部队通过联网仿真，构成同一时间、同一地点的多武器作战环境，在这种虚拟战场环境中可以实现多兵种、多兵器的协调作战训练，并且通过反复演练可对综合作战效能做出评估。

上述建模与仿真技术的 DIS 技术、视景仿真技术、半物理仿真技术、面向对象技术等的发展为研究水下机器人的设计、研发、试验、定型等全生命周期的仿真奠定了坚实的基础。国内外已经在水下机器人建模与仿真技术方面取得了巨大进展。

1.4　水下机器人建模与仿真技术的研究现状和发展趋势

现代计算机硬件和软件技术的飞速发展，为水下机器人建模与仿真技术的发展奠定了坚实的基础。水下机器人建模与仿真已经成为水下机器人开发研制过程中研究的一个重点内容[35-55]，下面介绍自主水下机器人、载人潜水器建模与仿真技术取得的主要进展情况和发展趋势。

1.4.1　自主水下机器人建模与仿真技术国内外研究现状

1. 自主水下机器人建模与仿真技术国外研究现状

美国海军研究生院(NPS)在 20 世纪 90 年代初为水下机器人"Phoenix"创建了比较完整的系统仿真体系。其建立的三维水下虚拟视景可以实时模拟水下实际环境的一些显著特征，获得该型水下机器人性能方面的分析结果[35,36]。水下机器人"Phoenix"约长 2.4m、宽 0.46m、高 0.31m，该型机器人有两个艉推进器、两个艏垂直推进器和两个艏水平推进器，如图 1.5 所示。

图 1.5　美国海军研究生院的 Phoenix AUV[36]

NPS 在开始的研究过程中把重点放在水下机器人的探测、决策、控制等单方面仿真研究上，直到 1992 年才建立起了比较完整的仿真体系[37]。NPS 利用 C++语言、OpenGL 图形库和 Open Inventor 图形软件包开发了一个水下虚拟世界(UVW)集成仿真器[38]。该套集成仿真开发环境，用于集成研发 Phoenix 自主式水下机器人探测、决策、控制的综合性能。Phoenix 的集成仿真模型如图 1.6 所示。

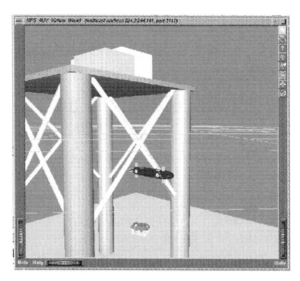

图 1.6　Phoenix AUV 集成仿真模型[38]

　　日本在水下机器人领域，从 1989 年的"PTEROA150"开始，到 1992 年研制的机器人"ALBAC"与"TWIN-BURGER"，期间做了大量的仿真研究工作[39,40]。近年来伴随水下机器人研究的深入，日本对水下机器人建模与仿真技术的研究也飞速发展[41]。东京大学在水下机器人虚拟仿真方面做了很多工作，他们构造了异构自主水下机器人（AUV）、障碍物等仿真模型（图 1.7），并且在该仿真环境下对异构 AUV 进行了仿真研究和调试。

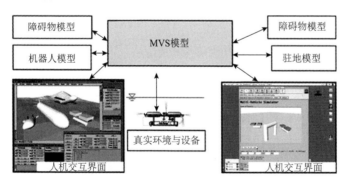

图 1.7　东京大学 AUV 仿真模型[41]

　　图 1.8 是东京大学多水下机器人协调完成任务的仿真图，图中圆锥代表目标点。用五个真实的水下机器人来做多套水下机器人的试验十分昂贵，但是在仿真环境下却很容易实现[38,42]。

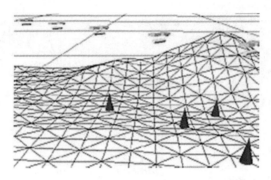

图 1.8　东京大学多水下机器人仿真试验[42]

俄罗斯科学院远东分院海洋技术问题研究所也开发了水下机器人的视景仿真系统，用于验证设计的新型矢量推进系统的控制算法研究[43,44]等，如图 1.9 所示。

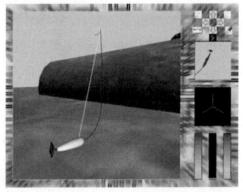

图 1.9　俄罗斯科学院远东分院海洋技术问题研究所 UUV 仿真试验[44]

夏威夷大学 Yuh 等 1994 年开发了全方位运行的 ODIN 水下机器人[45]，其仿真系统是一套包含软件与硬件的集成化仿真系统，设计的球形水下机器人可以进行六自由度的全方位运动，如图 1.10 所示。

图 1.10　ODIN AUV 仿真试验[45]

　　水下机器人的建模与仿真研究不仅在水下机器人科研院所开展，而且许多专业的软件公司也开发了面向行业的水下机器人仿真系统。如美国 5DT 公司和 EuroSim 公司、俄罗斯 PROGNOZ 公司等，如图 1.11 所示。PROGNOZ 公司构建的仿真系统可以实时解决以下问题：①目标动力学特性；②目标水动力特性；③AUV 信息与控制；④目标探测；⑤声呐信号处理；⑥拖体遥控算法等。

　　(a) 5DT 公司产品　　　　　　　　　(b) PROGNOZ 公司仿真系统

图 1.11　专业软件公司的 UUV 仿真系统

2. 自主水下机器人建模与仿真技术国内研究现状

　　目前，国内西北工业大学和哈尔滨工程大学等单位也开展了水下机器人建模与仿真技术研究。西北工业大学主要研究水下航行器运行过程中动力学与环境的精细建模，仿真系统精度和置信度评估，分布式交互仿真、多媒体仿真技术，数字化和一体化半物理仿真技术，动力系统的建模与仿真，舰船声、磁、水压场半物理仿真[46,47]等。

　　哈尔滨工程大学在 20 世纪 90 年代中期建立了比较完整的水下机器人仿真系统[48-50]，系统以美国硅图公司(SGI)图形工作站为中心，以六台 PC(个人计算机)为功能仿真机，组成了一个网络开发及运行环境。在该系统上可以实现实时的水下三维空间的虚拟视景仿真和机器人的运动仿真、实时的光视觉和声视觉仿真、水下作业工具和机器人姿态传感器仿真等。通过这一虚拟的仿真环境，研究人员可在实验室里对自主水下机器人的软硬件进行全面、充分的测试，还可以对各种使命如自主导航和雷场搜索并自动绘制雷区图、复杂环境下的自主作业、双机器人的协同作业控制等的执行情况进行研究，特别是对多个智能模块之间的交互及其突发行为可以做直观的研究[51]。图 1.12 是该仿真系统的一个画面。

图 1.12　哈尔滨工程大学某仿真系统[47]

1.4.2　载人潜水器建模与仿真技术国内外研究现状

1. 载人潜水器建模与仿真技术国外研究现状

载人潜水器操纵训练模拟器以控制系统为基础、虚拟现实技术为核心，在计算机上实现潜水器、水下环境、作业目标、作业工具、扰动及应急状况等的仿真，同时，还能对任务进行计划编制和演练，即这种模拟训练器能使驾驶操作员只需借助一种模拟潜水器及其作业环境的虚拟模型，而不需要操作真实的潜水器就可以获得实际操作经验。随着载人潜水器技术的发展以及驾驶操作越来越复杂，采用基于控制系统仿真的操纵训练模拟器进行驾驶操作员培训已经成为一种趋势。

美国伍兹霍尔海洋研究所(WHOI)研制了基于网络的分布式 ALVIN 模拟器[52]，可以让新的操作人员迅速熟悉面板布局和操作控制的位置，进而能给科学家提供一种有效的潜水培训和任务预演。WHOI 的经验表明当新手科学家能预先得到有效的培训并能熟悉 ALVIN 的能量消耗系统，那么他们就可以延长在海底的工作时间，从而更好地利用资源并且能提高潜水效率和产出率[53]。ALVIN 模拟训练软件的界面见图 1.13。

图 1.13　ALVIN 模拟训练软件界面[52]

日本海洋-地球科技研究所(JAMSTEC)研制了"深海 2000"载人潜水器的操

纵模拟训练器，该模拟器能够模拟潜水器的运动性能、设备操作、报警性能和海底视野及环境条件[54]，可用于潜水器驾驶员的一般操纵训练及海底附近的航行训练，还可以对乘坐潜水器参加下潜试验的科学家进行必要的最低限度的培训。"深海2000"操纵模拟训练器见图1.14。

图 1.14　日本 JAMSTEC 的"深海2000"操纵模拟训练器[54]

2. 载人潜水器建模与仿真技术国内研究现状

中国船舶重工集团公司第七〇二研究所开发的基于虚拟现实技术的载人潜水器运动虚拟仿真系统，是一套人在回路中的可视化仿真系统，可进行载人潜水器操纵运动性能综合可视化仿真，主要用于7000米载人潜水器操纵运动综合设计评估。其主要仿真内容包括进退、回转、上浮/下潜、纵倾/横倾控制、应急上浮等，并通过海底虚拟视景的三维移动复现载人潜水器的空间运动[27]。潜水器海底热液勘探虚拟仿真如图1.15所示。

图 1.15　潜水器海底热液勘探虚拟仿真[27]

文献[55]给出了国际上主要的水下机器人仿真系统的 11 项评价指标，表 1.1 列出了国内外各水下机器人仿真系统所具有的功能[35, 36,40,46,48,52-63]。本书建立的半物理仿真系统除了上述基本功能以外，还具有规划使命验证、规划路径验证、避碰算法验证、故障处理算法验证、辅助事故分析、控制算法研究等功能。

表 1.1 水下机器人仿真系统功能对照表

文献	世界模型	环境模型	模型					仿真	分布式	图形化	多UUV	实际UUV
			外部	传感器内部		UUV/HOV	推进器					
				声呐	视觉							
35,36	BO	N	Y	Gb	N	H	A	On；Hil；P	Y	3D	N	Phoenix
56	BO	N	Y	N	N	H	N	Off	N	N	Y	Phoenix
57	N	N	Y	N	N	H	A	Hil	Y	3D	N	ROMEO
58	O	N	Y	N	N	H	A	On；Hil	Y	3D	Y	PHANTOM
55	BO	N	Y	Gc	Y	H	A	On；Hil；Hs	Y	3D	Y	URIS；GARBI
59	B	SMTIC	Y	N	N	N	N	Hil	Y	3D	Y	EAVE；EST
60	N	C	Y	Gb	N	H	A	Hil；OM	Y	3D	Y	ODIN；SAUVIM
40	N	N	Y	Gb	Y	H	N	On；Hil；Hs；P	Y	3D	Y	TwinBurger；MANTA
61	N	N	N	Gc	Y	H	A	Off	N	3D	N	GARBI
62	B	CW	Y	N	N	H	Ss	On；Hil	Y	3D	Y	OEX
63	B	MCWTD	Y	N	N	H	N	N	Y	3D	Y	SeaSquirt
46	O	C	Y	N	Y	H	A	Hil	Y	3D	N	N
48	O	C	Y	N	Y	H	A	Hil	Y	3D	Y	智水X
52,53	BO	N	Y	N	Y	H	N	Off	Y	3D	N	ALVIN
54	BO	N	Y	N	Y	H	A	On；Hil；Hs	Y	3D	N	深海2000
本书仿真系统	BO	CW	Y	Gc	Y	H	A	On；Hil；FPS；P；OM；MV	Y	3D	Y	CR-02；远程AUV；蛟龙；探索100

注：B—海底地形(bathymetry)；O—三维物体模型(set of 3D object models)；H—流体动力学模型(hydrodynamics)；Ss—稳态模型(steady state)；A—推进器仿射模型(thruster affine model)；S—盐度场(salinity field)；M—磁场(magnetic field)；T—温度场(temperature field)；I—冰层覆盖地形(ice covert topography)；C—海流(currents)；W—波浪(waves)；D—密度场(density field)；Off—离线仿真(off line simulation)；On—在线仿真(online simulation)；Hil—硬件在回路仿真(hardware in the loop simulation)；FPS—全物理仿真(fully physical simulation)；Hs—混合仿真(hybrid simulation)；P—使命回放(mission playback)；OM—在线监视(online monitoring)；MV—规划使命验证(mission planned validation)；PV—规划路径验证(path planned validation)；OAS—避碰算法验证(obstacle avoidance algorithm validation)；FD—故障处理算法验证(fault disposal algorithm validation)；AAA—辅助事故分析(assistant accident analysis)；CR—控制器研究(controller research)；Gc—圆锥形波束模式(conic beam geometric mode)；Gb—单波束模式(single beam geometric mode)；N—未详述(not detailed)；Y—是。

1.4.3　水下机器人建模与仿真技术发展趋势

水下机器人建模与仿真技术将会顺应系统建模与仿真技术发展潮流，向以下方向发展[1]。

（1）向功能更强大方向发展。建模与仿真技术将对水下机器人关键技术研究起先驱作用。水下机器人的功能会随着技术的不断进步而逐渐强大，但是，所有的关键技术必定经过建模与仿真技术先期研究和充分验证后才会应用于水下机器人。目前水下机器人集群/网络的协调导航、协调控制、自主决策、目标探测、目标识别等难以解决的关键技术问题必然要首先在半物理仿真系统上研究并得到解决。

（2）向系统全生命周期仿真方向发展。与各种无人平台仿真发展趋势相类似，水下机器人仿真将从现代的水下机器人关键技术验证仿真扩展到水下机器人全生命周期的各个阶段的仿真，即从制定发展规划、确定技术指标、可行性论证、方案论证、方案设计、样机制造、样机试验、样机技术鉴定、初样制造、初样试验、初样技术鉴定、正样制造、正样试验、正样定型、批量生产、定型试验、训练和使用到更新换代等十多个阶段的仿真。

（3）向全数字化虚拟设计验证方向发展。当前水下机器人从论证到最后作为产品交给用户要历经近 10 年时间。随着仿真技术和水下机器人相关技术的成熟，全数字化的水下机器人将会展示在各位设计师、建造师、研发人员、最终用户面前，各方满意后即可在 2～3 年内生产出符合各项技术指标的中型水下机器人。

（4）向网络化异构/同构协调仿真方向发展。通过计算机网络及光纤通信技术，研究人员将分散在各地的异构/同构水下机器人进行协同作业，形成时空一致的综合环境，实现异构/同构平台（水下机器人、作业目标）与环境（海底地形、海流）之间、平台与平台之间、环境与环境之间的交互作用和相互影响的综合仿真系统。

参　考　文　献

[1] 刘开周. 水下机器人多功能仿真平台及其鲁棒控制研究[D]. 沈阳: 中国科学院沈阳自动化研究所, 2006.

[2] Ridao P, Batlle J, Amat J, et al. A distributed environment for virtual and/or real experiment for underwater robots [C]. Proceedings of the 2001 IEEE International Conference on Robotics and automation, 2001: 3250-3255.

[3] Liu K Z, Liu J, Zhang Y, et al. The development of autonomous underwater vehicle's semi-physical virtual reality system [C]. Proceedings of the 2003 IEEE International Conference on Robotics, Intelligent System and Signal Processing, 2003: 301-306.

[4] Liu K Z, Wang X H, Feng X S. The design and development of simulator system for manned submersible vehicle [C]. Proceedings of the 2004 IEEE International Conference on Robotics and Biomimetics, 2004: 294-299.

[5] 康凤举. 现代仿真技术与应用[M]. 北京: 国防工业出版社, 2001.

[6] 王琰. 磁力研磨加工技术的计算机仿真研究[D]. 西安: 西安工业大学, 2006.

[7] 张祖芳, 楼亚芳. 服装缝制流水线仿真探讨[J]. 上海纺织科技, 2003,31 (5): 47, 60.

[8] 胡玥. 基于 ICD 的小卫星平台电子学仿真测试系统研究[D]. 北京: 中国科学院空间科学与应用研究中心, 2006.

[9] 朱朝兴. 高压共轨柴油机燃油系统计算机仿真研究[D]. 武汉: 华中科技大学, 2005.

[10] 郭天吉. 引信战斗部一体化设计仿真研究[D]. 太原: 中北大学, 2006.

[11] 沈迎春. 基于 RT_LAB 的飞行仿真系统研究[D]. 上海: 上海交通大学, 2010.

[12] 张楠. 基于灰色系统理论的图书采购系统建模研究[D]. 郑州: 郑州大学, 2017.

[13] 郝枭雄. 战术区救护所伤员通过量优化研究[D]. 重庆: 第三军医大学, 2016.

[14] 董加强. 仿真系统与应用实例[M]. 成都: 四川大学出版社, 2013.

[15] 谭亚丽. 过程控制综合实验装置的研究与开发[D]. 西安: 西安工业大学, 2006.

[16] 刘金国, 高宏伟, 骆海涛. 智能机器人系统建模与仿真[M]. 北京: 科学出版社, 2014.

[17] 田海, 王国军. 仿真技术及其在汽车性能优化设计中的应用[J]. 北京汽车, 2004(1):6-8,13.

[18] 高茜茜. 烧结混合料水分控制系统的设计与建模研究[D]. 沈阳: 东北大学, 2015.

[19] 孙文昊. 基于数据驱动 HIL 模拟方法的 AMS-AIS 系统关键技术研究[D]. 南京: 东南大学, 2017.

[20] 韩秀蓉, 李立峰. 物流仿真与 eM-plant 仿真软件[J]. 商场现代化, 2009(8): 109-110.

[21] 陈森. 核电站仿真系统开发项目管理研究[D]. 武汉: 华中科技大学, 2006.

[22] 王行仁. 面向二十一世纪, 发展系统仿真技术[J]. 系统仿真学报, 1999, 11(2): 73-82.

[23] 郝相俊. 440t/h 循环流化床锅炉燃烧系统动态仿真[D]. 重庆: 重庆大学, 2005.

[24] 屠仁寿, 李伯虎, 王正中. 当前仿真方法学发展中的若干问题[J]. 系统仿真学报, 1998, 10(1): 8-13.

[25] 李书臣, 赵礼峰. 仿真技术的现状及发展[J]. 自动化与仪表, 1999(6): 1-4,10.

[26] 刘旸. 智能高速水面艇三维视景可视化仿真研究[D]. 哈尔滨: 哈尔滨工程大学, 2007.

[27] 张立民. 飞行模拟器视景仿真系统设计与关键技术研究[D]. 天津: 天津大学,2004.

[28] 向哲, 李善高, 邱发廷, 等. 反舰导弹靶场试验视景仿真技术[J]. 海军航空工程学院学报, 2010, 25(2): 235-237.

[29] 熊壮. 吉林大学校区虚拟漫游系统[D]. 长春: 吉林大学, 2004.

[30] 陈拥兵. 直升机自动过渡控制系统设计及可视化仿真技术研究[D]. 西安: 西北工业大学, 2001.

[31] 贺志坚. 基于 VR 的新型舰艇动力综合技术应用研究[C]. 2001 年中国机械工程学会年会暨第九届全国特种加工学术年会, 2001: 43-46.

[32] 潘东升, 陈松茂, 丘宏扬, 等. 液压仿真技术的现状及发展趋势[J]. 新技术新工艺, 2005(4):7-11.

[33] 侯庆. 三维地形地貌可视化研究[D]. 贵阳: 贵州大学, 2006.

[34] 刘鲁, 栾立秋, 段文义, 等. 系统仿真在防空兵武器装备采办与管理中的应用初探[C]. 2007 系统仿真技术及其应用学术研讨会, 2007: 586-589.

[35] Brutzman D P. A virtual world for an autonomous underwater vehicle [D]. Monterey: Naval Postgraduate School, 1994.

[36] Burns M L. Merging virtual and real execution level control software for the Phoenix autonomous underwater vehicle [D]. Monterey: Naval Postgraduate School, 1996.

[37] 张晓霞. 水下机器人的视景仿真[D]. 哈尔滨: 哈尔滨工程大学, 2004.

[38] 张黎. 基于 vortex 的水下机器人仿真[D]. 哈尔滨: 哈尔滨工程大学, 2017.

[39] Kuroda Y, Aramaki K, Fujii T, et al. A hybrid environment for the development of the underwater mechatronic system [C]. Proceeding of IEEE 21st International Conference on Industrial Electronics, Control, and Instrument, 1995: 173-178.

[40] Kuroda Y, Aramaki K, Ura T. AUV test using real/virtual synthetic world [C]. IEEE Symposium on Autonomous Underwater Vehicle Technology, 1996: 365-372.

[41] 杨新平, 徐鹏飞, 胡震. 深海机器人视景仿真系统研究[J]. 海洋工程, 2012, 30(1):137-144.

[42] 葛新. ROV 模拟训练器研究[D]. 沈阳: 中国科学院沈阳自动化研究所, 2012.

[43] Cavallo E, Michelini R C, Filaretov V F. Conceptual design of an AUV equipped with a three degrees of freedom vectored thruster [J]. Journal of Intelligent and Robotic Systems, 2004, 39(4): 365-391.

[44] 盖美胜. 水下机器人推进器负载模拟技术研究[D]. 沈阳: 东北大学, 2016.

[45] Yuh J. Underwater Robotic Vehicles Design and Control [M]. San Antonio: TSI Press Series, 1994: 277-297.

[46] 康凤举, 杨惠珍, 高立娥. 水下航行器半实物仿真系统的数字化和一体化设计[J]. 系统仿真学报, 1999, 11(2):121-125.

[47] 宋志明, 康凤举, 唐凯, 等. 水下航行器视景仿真系统的研究[J]. 系统仿真学报, 2002, 14(6): 761-764.

[48] 成巍. 仿生水下机器人仿真与控制技术研究[D]. 哈尔滨: 哈尔滨工程大学, 2004.

[49] 李震, 李积德, 王庆. 舰船三维运动视景仿真系统的设计[J]. 哈尔滨工程大学学报, 2003, 24(1):9-13.

[50] 孟浩, 赵国良, 王岚. 船舶运动半物理仿真系统[J]. 系统仿真学报, 2003, 15(3): 457-459.

[51] 徐诗婧. 开架式 ROV 水动力特性与运动仿真研究[D]. 哈尔滨: 哈尔滨工程大学, 2018.

[52] 梁民仓. 基于虚拟现实技术的深潜器收放操作仿真[D]. 大连: 大连海事大学, 2017.

[53] 谢俊元. 深海载人潜水器动力学建模研究及操纵仿真器研制[D]. 无锡: 江南大学, 2009.

[54] 迟迎. ROV 作业视景仿真技术研究[D]. 哈尔滨: 哈尔滨工程大学, 2013.

[55] Ridao P, Batlle E, Ribas D, et al. Neptune: a HIL Simulator for Multiple UUVs [C]. Proceedings of the MTS/IEEE TECHNO-OCEAN, 2004: 524-531.

[56] Sousa J B D, Göllü A. A simulation environment for the coordinated operation of multiple autonomous underwater vehicles [C]. Proceedings of the 29th Winter Simulation Conference, 1997: 1169-1175.

[57] Bruzzone G, Bono R, Caccia M, et al. A simulation environment for unmanned underwater vehicles development [C]. Proceedings of the MTS/IEEE Oceans, 2001: 1066-1072.

[58] Gracanin D, Valavanis K P, Matijaevic M. Virtual environment testbed for autonomous underwater vehicles [J]. Control Engineering Practice, 1998, 6(5): 653-660.

[59] Chappell S G, Komerska R J, Peng L, et al. Cooperative AUV development concept (CADCON) — an environment for high-level multiple AUV simulation[C]. Proceedings of the 11th International Symposium on Unmanned Untethered Submersible Technology, 1999: 113-120.

[60] Choi S K, Menor S A, Yuh J. Distributed virtual environment collaborative simulator for underwater vehicles [C]. Proceedings of the IEEE/RSJ International Conference on Vehicles and Systems IROS, 2000: 861-866.

[61] Antich J, Ortiz A. Experimental evaluation of the control architecture for an underwater cable tracker [C]. Proceedings of the 6th IFAC MCMC, 2003: 140-165.

[62] Song F J, An P E, Folleco A. Modeling and simulation of autonomous underwater vehicles: design and implementation [J]. IEEE Journal of Oceanic Engineering, 2003, 28(2): 283-296.

[63] Tuohy S T. A simulation model for AUV navigation[C]. Proceedings of the IEEE Oceanic Engineering Society Conference Autonomous Underwater Vehicles, 1994: 470-478.

2

水下机器人建模基础理论与方法

水下机器人建模主要基于相似原理，主要的建模方法包括机理建模法、插值/拟合建模法、随机建模法、相似建模法、综合建模法等。下面主要以水下机器人系统动力学模型、推进系统、海流、地形等为例分别介绍机理建模法、插值/拟合建模法、随机建模法、相似建模法、综合建模法等现代建模理论与方法。

2.1　水下机器人机理建模法

水下机器人机理建模法就是依据水下机器人在水中的力/力矩平衡方程、动量守恒、能量守恒等定理构建水下机器人模型的方法，下面以水下机器人推进系统和本体动力学模型建模为例进行说明。

2.1.1　推进系统分立件模型

水下机器人推进系统一般包括脉宽调制（PWM）驱动模块、直流电机、螺旋桨以及舵等部件。下面采用机理建模法分别构建水下机器人推进系统各部件的数学模型。

1. PWM 数学模型

水下机器人的 PWM 主要起控制电压按一定比例放大的作用，其输入与输出的数学模型可表示为

$$u_o = k_p u_i \tag{2.1}$$

式中，u_o 为 PWM 输出电压；u_i 为由自动驾驶单元计算机控制软件计算得到，并经自动驾驶单元 D/A 板卡输出的控制电压；k_p 为比例系数，其数值由电池输出端电压与 AP 舱 D/A 转换板的输出电压范围决定，即

$$k_p = \frac{2 \times 电池输出端电压}{D/A转换板输出电压范围} \tag{2.2}$$

对于实际的 PWM 驱动模块，输出电压 u_o 不仅受 D/A 输出的控制电压 u_i 的影响，而且由于主电池输出端电压随着电池内阻的增大而减小，主电池输出端电压也影响 PWM 模块输出电压的大小。由于线路存在电压降，实际中输出电压 u_o 略大于施加在直流永磁电机两端的电压[1]。

2. 直流电机数学模型

目前，水下机器人常采用的直流电机主要有直流有刷电机、直流无刷电机、直流永磁电机等。水下机器人的直流永磁电机的模型[1-6]如图 2.1 所示。

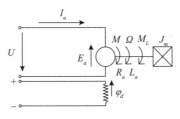

图 2.1　直流永磁电机模型

图 2.1 中直流永磁电机既有电磁运动，又有机械运动。在电磁方面，它的数学模型为

$$U - E_a = L_a \frac{\mathrm{d}I_a}{\mathrm{d}t} + R_a I_a \tag{2.3}$$

式中，U 为外加的电枢电压；E_a 为电枢电势；I_a 为电枢电流；L_a 为电枢电路内的总电感；R_a 为电枢电路内的总电阻。

在机械方面，它的运动规律服从公式(2.4)：

$$M - M_L = J_m \frac{\mathrm{d}\Omega}{\mathrm{d}t} \tag{2.4}$$

式中，M 为电机产生的电磁转矩；M_L 为电机轴上的反向力矩(包括负载、摩擦等)；J_m 为电机整个旋转部分(连同减速器和负载机械等)的总转动惯量；Ω 为电机转速。

还有两个电学物理量和机械量联系起来的方程：

$$E_a = k_e \Omega \tag{2.5}$$

$$M = k_m I_a \tag{2.6}$$

式中，k_e 和 k_m 是比例系数，

$$k_e = \frac{p_m N}{2\pi a} \cdot \frac{2\pi}{60} \cdot \varphi_d \tag{2.7}$$

$$k_m = \frac{p_m N}{2\pi a} \cdot \frac{1}{g} \cdot \varphi_d \tag{2.8}$$

其中，p_m 为电机的极对数，N 为电枢绕组有效导体数，a 为电枢绕组的支路数，φ_d 为磁极下的磁通量。式(2.3)～式(2.8)联立后可得直流永磁电机的数学模型如下。

$$T_a T_m \frac{\mathrm{d}^2\Omega}{\mathrm{d}t^2} + T_m \frac{\mathrm{d}\Omega}{\mathrm{d}t} + \Omega = \frac{1}{k_d}U - \frac{R_a}{k_d^2}\left(T_a \frac{\mathrm{d}M_L}{\mathrm{d}t} + M_L\right) \tag{2.9}$$

式中，

$$T_a = \frac{L_a}{R_a}, \quad T_m = \frac{JR_a}{k_d^2} \tag{2.10}$$

在该种场合下，$T_a \ll T_m$，如果略去 T_a，式(2.9)可简化为

$$T_m \frac{\mathrm{d}\Omega}{\mathrm{d}t} + \Omega = \frac{1}{k_d}U - \frac{R_a}{k_d^2}M_L \tag{2.11}$$

根据直流永磁电机的数学模型，可以求出电枢中的电流以及电机的转速，电机的电流输出给虚拟的电流传感器，而转速用于螺旋桨的输入。

3. 螺旋桨数学模型

螺旋桨的输入是上节电机转速，其输出是推力和力矩。螺旋桨的推力使水下机器人向前运动，水下机器人向前运动的速度反过来又影响进速比和推力系数，最终又影响到推力和力矩。特别是当螺旋桨安装到水下机器人上后，由于螺旋桨与水下机器人本体的耦合作用，其数学模型变得非常复杂。水下机器人的艉部线型、螺旋桨进出口的形状和半径、上下游的物体，这些都对螺旋桨的入流有影响。海流的流速也影响到螺旋桨的入流，从而影响到推力。螺旋桨推力的数学模型[1,7-10]为

$$T = (1-t)K_T \rho D^4 n|n| \tag{2.12}$$

式中，T 为实际推力(N)；t 为推力减额，一般取 $0\sim0.2$；K_T 为螺旋桨的推力系数(无因次)；ρ 为水体密度($\mathrm{kg/m^3}$)；D 为螺旋桨直径(m)；n 为螺旋桨转速(r/s)，$n = \Omega/60$，Ω 为电机转速(r/min)。

螺旋桨推力系数 K_T 为进速比 J 的函数，即

$$V_A = (1-\omega_f)V \tag{2.13}$$

$$J = \frac{V_A}{nD} \tag{2.14}$$

$$K_T = f(J) \tag{2.15}$$

式中，V_A 为螺旋桨的进速(m/s)；ω_f 为伴流分数，一般根据经验取 0～0.2；V 为水下机器人的速度(m/s)。

为了产生这一推力，螺旋桨需要输入的力矩为

$$Q = K_Q \rho D^5 n |n| \qquad (2.16)$$

式中，K_Q 为力矩系数。

螺旋桨的几何参数包括螺旋桨叶片数量、叶片的螺距和叶片形状等参数。桨叶的螺距不是恒量，而是桨叶半径的函数。

螺旋桨的敞水效率定义如下：

$$\eta_0 = \frac{TV_A}{2\pi nQ} \qquad (2.17)$$

式中，η_0 为螺旋桨的敞水效率。

将式(2.12)、式(2.16)代入式(2.17)，得

$$\eta_0 = \frac{(1-t)V_A K_T}{2\pi nDK_Q} = \frac{K_T}{K_Q} \cdot \frac{(1-t)J}{2\pi} \qquad (2.18)$$

某螺旋桨的敞水性能曲线(包括推力系数、力矩系数和敞水效率)如图 2.2 所示。

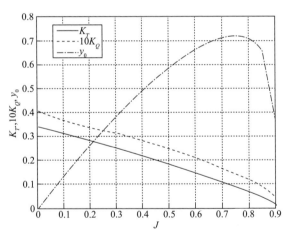

图 2.2　螺旋桨敞水性能曲线

讨论：从推力系数的定义可知，进速比不但受电机转速和水下机器人来流速度大小的影响，而且还受电机旋转方向和水下机器人前进方向的影响。在 K_T-J 平面或 K_Q-J 平面上，一般情况下，K_T、K_Q 将跨越四个象限，并且 K_T、K_Q 和 J 伸展至无穷远处，故通常称以上表达形式为非有界形式。在螺旋桨全工况动态表达中，通常采用有界形式表达更方便。因此严格来讲，螺旋桨的敞水性能曲线应从

四个象限分别进行研究，图 2.3 为某系列螺旋桨的四象限推力特性和转矩特性曲线簇[11]，其中 K'_P、K'_M、J' 分别对应四象限下的推力特性、转矩特性及进速比。

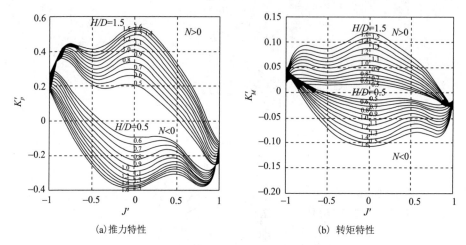

（a）推力特性　　　　　　　　　　（b）转矩特性

图 2.3　螺旋桨四象限敞水性能曲线[11]

4. 舵数学模型

水下机器人一般在高航速下采用舵进行操纵。以安装有艉水平舵和艉垂直舵的水下机器人为例，水下机器人空间运动时舵的数学模型[8]如下：

$$F_\delta = \begin{bmatrix} (X_{\delta_{sh}\delta_{sh}}\delta_{sh}^2 + X_{\delta_{sv}\delta_{sv}}\delta_{sv}^2)u|u| \\ Y_{\delta_{sv}}\delta_{sv}u|u| \\ Z_{\delta_{sh}}\delta_{sh}u|u| \\ 0 \\ M_{\delta_{sh}}\delta_{sh}u|u| \\ N_{\delta_{sv}}\delta_{sv}u|u| \end{bmatrix} \tag{2.19}$$

式中，$X_{(\cdot)}$、$Y_{(\cdot)}$、$Z_{(\cdot)}$、$M_{(\cdot)}$、$N_{(\cdot)}$ 分别为相应的水动力系数；δ_{sh}、δ_{sv} 分别为艉水平舵和艉垂直舵的角位移。

2.1.2　水下机器人动力学模型

1. 坐标系定义及坐标变换

本书采用的地面坐标系（定系）$E\text{-}\xi\eta\zeta$ 和水下机器人运动坐标系（动系）$O\text{-}xyz$ 如图 2.4 所示[12,13]。运动坐标系所涉及的状态变量方向描述如图 2.5 所示，其中箭头方向为正向，符合右手定则。

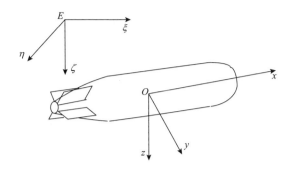

图 2.4　地面坐标系与运动坐标系

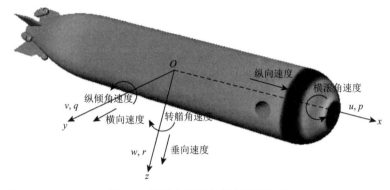

图 2.5　运动坐标系中各变量的定义

水下机器人系统的运动学方程为

$$\dot{\boldsymbol{\eta}} = \boldsymbol{J}(\boldsymbol{\eta})\boldsymbol{v} \tag{2.20}$$

式中,

$$\boldsymbol{J}(\boldsymbol{\eta}) = \begin{bmatrix} \boldsymbol{J}_1(\boldsymbol{\eta}_2) & \boldsymbol{0}_{3\times3} \\ \boldsymbol{0}_{3\times3} & \boldsymbol{J}_2(\boldsymbol{\eta}_2) \end{bmatrix} \tag{2.21}$$

$\boldsymbol{\eta}$ 代表地面坐标系下水下机器人的位置及姿态向量, $\boldsymbol{\eta} \in R^{6\times1}$, $\boldsymbol{\eta} = [x, y, z, \varphi, \theta, \psi]^{\mathrm{T}}$ 给出了水下机器人在地面坐标系下的三个坐标轴的纵向位移 x、横向位移 y 和垂向位移 z, 与以三个坐标轴为基准按右手定则获取的横滚角 φ、纵倾角 θ 和艏向角 ψ, $\boldsymbol{\eta} = [\boldsymbol{\eta}_1, \boldsymbol{\eta}_2]^{\mathrm{T}}$, $\boldsymbol{\eta}_1 = [\xi, \eta, \zeta]^{\mathrm{T}}$, $\boldsymbol{\eta}_2 = [\varphi, \theta, \psi]^{\mathrm{T}}$; $\boldsymbol{v}$ 为运动坐标系下水下机器人的线速度及角速度向量, $\boldsymbol{v} = [u, v, w, p, q, r]^{\mathrm{T}}$ 给出了水下机器人在运动坐标系下三个轴向的纵向速度 u、横向速度 v 和垂向速度 w, 与绕三个轴旋转的横滚角速度 p、纵倾角速度 q 和转艏角速度 r, $\boldsymbol{v} = [\boldsymbol{v}_1, \boldsymbol{v}_2]^{\mathrm{T}}$, $\boldsymbol{v}_1 = [u, v, w]^{\mathrm{T}}$, $\boldsymbol{v}_2 = [p, q, r]^{\mathrm{T}}$; $\boldsymbol{J}(\boldsymbol{\eta})$ 为运动坐标系到地面坐标系的转换矩阵。

对于线速度, 由运动坐标系到地面坐标系的转换矩阵 $\boldsymbol{J}_1(\boldsymbol{\eta}_2)$ 为

$$J_1(\boldsymbol{\eta}_2) = \begin{bmatrix} \cos\psi\cos\theta & \cos\psi\sin\theta\sin\varphi - \sin\psi\cos\varphi & \cos\psi\sin\theta\cos\varphi + \sin\psi\sin\varphi \\ \sin\psi\cos\theta & \sin\psi\sin\theta\sin\varphi + \cos\psi\cos\varphi & \sin\psi\sin\theta\cos\varphi - \cos\psi\sin\varphi \\ -\sin\theta & \cos\theta\sin\varphi & \cos\theta\cos\varphi \end{bmatrix}$$

$$(2.22)$$

对于角速度，由运动坐标系到地面坐标系的转换矩阵 $J_2(\boldsymbol{\eta}_2)$ 为

$$J_2(\boldsymbol{\eta}_2) = \begin{bmatrix} 1 & \sin\varphi\tan\theta & \cos\varphi\tan\theta \\ 0 & \cos\varphi & -\sin\varphi \\ 0 & \sin\varphi\sec\theta & \cos\varphi\sec\theta \end{bmatrix} \qquad (2.23)$$

对于线速度，由地面坐标系到运动坐标系的转换矩阵为 $J_1^{-1}(\boldsymbol{\eta}_2)$，由于 $J_1(\boldsymbol{\eta}_2)$ 为正交矩阵，可得

$$J_1^{-1}(\boldsymbol{\eta}_2) = J_1^{\mathrm{T}}(\boldsymbol{\eta}_2) \qquad (2.24)$$

对于角速度，由地面坐标系到运动坐标系的转换矩阵 $J_2^{-1}(\boldsymbol{\eta}_2)$ 为

$$J_2^{-1}(\boldsymbol{\eta}_2) = \begin{bmatrix} 1 & 0 & -\sin\varphi \\ 0 & \cos\varphi & \sin\varphi\cos\theta \\ 0 & -\sin\varphi & \cos\varphi\cos\theta \end{bmatrix} \qquad (2.25)$$

当纵倾角 $\theta = \pm 90°$ 时，转换矩阵 $J_2^{-1}(\boldsymbol{\eta}_2)$ 不存在，一般情况下，为了设备安全，大部分水下机器人运动的欧拉角具有一定的约束条件。

综上所述，水下机器人由运动坐标系到地面坐标系的运动学模型为

$$\begin{bmatrix} \dot{\boldsymbol{\eta}}_1 \\ \dot{\boldsymbol{\eta}}_2 \end{bmatrix} = \begin{bmatrix} J_1(\boldsymbol{\eta}_2) & 0 \\ 0 & J_2(\boldsymbol{\eta}_2) \end{bmatrix} \begin{bmatrix} \boldsymbol{v}_1 \\ \boldsymbol{v}_2 \end{bmatrix} \qquad (2.26)$$

而由地面坐标系到运动坐标系的运动学模型为

$$\begin{bmatrix} \boldsymbol{v}_1 \\ \boldsymbol{v}_2 \end{bmatrix} = \begin{bmatrix} J_1^{\mathrm{T}}(\boldsymbol{\eta}_2) & 0 \\ 0 & J_2^{-1}(\boldsymbol{\eta}_2) \end{bmatrix} \begin{bmatrix} \dot{\boldsymbol{\eta}}_1 \\ \dot{\boldsymbol{\eta}}_2 \end{bmatrix} \qquad (2.27)$$

2. 流体黏性力

根据所受外力/力矩产生的机理，水下机器人所受外力/力矩可以分解为

$$\boldsymbol{\tau} = \boldsymbol{\tau}_v + \boldsymbol{\tau}_{AM} + \boldsymbol{\tau}_G + \boldsymbol{\tau}_T \qquad (2.28)$$

式中，$\boldsymbol{\tau}_v$ 为流体黏性力，与攻角、漂角、速度、角速度和舵角有关；$\boldsymbol{\tau}_{AM}$ 为流体惯性力，与加速度和角加速度有关；$\boldsymbol{\tau}_G$ 为重力和浮力产生的力和力矩；$\boldsymbol{\tau}_T$ 为推进系统(包括螺旋桨推进器和舵)产生的力和力矩。

水动力的大小与水下机器人的几何外形、运动状态、流场性质和操纵要素均有关系[14-16]：

(1)几何外形。水下机器人(包括主体和附体)的尺寸和形状，对于外形尺寸确定的水下机器人，这些均为已确定的参数。

(2)水下机器人载体的运动状态，指的是载体的速度、角速度、加速度、角加速度等运动参数。

(3)流场的性质，包括流场的物理特性和流场的几何特性[17]。流场的物理特性指海水密度、黏度等，它们可以用雷诺数 Re、弗劳德数 Fr 等无因次准数来表征。如果水下机器人在深水运动远离自由水面，则可以不考虑 Fr 的影响。由于水下机器人在机动过程中速度变化不大，Re 影响可以不考虑。流场的几何特性指的是流场的外边界(包括岸、底、海面)情况。如果载体远离边界运动，可以把流场看成无限大流场。

(4)操纵要素，指的是舵角或者特种操纵装置的某个操纵参数[18]。

一般情况下，水下机器人受到的水动力与机器人载体特性、运动特性和流体特性有关。若机器人的结构已经确定且在无限大流场中运动，则水动力 F_F 仅与机器人的运动特性相关。水动力的一般表达式为

$$F_F = f(\boldsymbol{v}, \dot{\boldsymbol{v}}) \tag{2.29}$$

式中，$\boldsymbol{v}$ 为水下机器人运动坐标系下各自由度的速度和角速度；$\dot{\boldsymbol{v}}$ 为运动坐标系下各自由度的加速度和角加速度。

在研究水动力的计算时，泰勒级数是有用的工具。为了简化问题，假设水下机器人是在无限大流场中运动，它受到的水动力作用与其在流场中的位置无关，一般说来，水下机器人的惯性很大、运动变化率小，即 $\dot{\boldsymbol{v}} = 0$，因此它在运动过程中所受到的水动力只与运动的当前状态有关，而与运动的历史状态无关[19]。

假设水下机器人在水平面作缓慢定常回转运动，这时机器人所受到的水动力只与速度和角速度有关，可以用式(2.30)表示：

$$Y = Y(v, r) ; \quad N = N(v, r) \tag{2.30}$$

展开时取基准直航状态 $u = V, v = r = 0$ 作为展开的基点[20]，于是水动力的泰勒展开式为

$$\begin{cases} Y = Y_0 + Y_v v + Y_r r + Y_{vv} vv + Y_{rr} rr + \cdots \\ N = N_0 + N_v v + N_r r + N_{vv} vv + N_{rr} rr + \cdots \end{cases} \tag{2.31}$$

式中，$Y_{(\cdot)}$、$N_{(\cdot)}$ 为各水动力系数，可以通过理论估算、软件计算、风洞试验或水池试验测量得到。式(2.31)中与速度/角速度有关的项即为黏性水动力。

3. 流体惯性力

水下机器人运动时，周围原先静止的水体将会产生加速度跟随其一起运动，因此，水体必然有作用在水下机器人上的反作用力和力矩，该力和力矩是水体的加速度和角加速度产生的，称为流体惯性力。这是水下机器人与其他环境中运动刚体动力学模型的最大差别。

由于流体黏性对惯性力的影响相对较小，并且难以精确计算，流体惯性力可直接根据势流理论计算得到理想流体惯性力。

理想流体假设：

(1)流体是无黏性、不可压缩的。

(2)流体是无旋的，在水下机器人运动之前是静止的。

在以上基本假设条件下，因水下机器人运动而形成的流场是无旋的势流流场，流场的外边界在无穷远处，内边界为水下机器人的沾湿表面，并且该沾湿表面不随时间而变化，作用在水下机器人上的流体动力是理想流体的作用力。

根据势流理论，理想流体作用可以用附加质量矩阵和附加科里奥利力和向心力矩阵表示：

$$\boldsymbol{\tau}_{AM} = -\boldsymbol{M}_A \dot{\boldsymbol{v}} - \boldsymbol{C}_A(\boldsymbol{v})\boldsymbol{v} \tag{2.32}$$

式中，$\boldsymbol{M}_A$ 为附加质量矩阵；$\boldsymbol{C}_A(\boldsymbol{v})$ 为附加科里奥利力和向心力矩阵。

$$\boldsymbol{M}_A \triangleq \begin{bmatrix} X_{\dot{u}} & X_{\dot{v}} & X_{\dot{w}} & X_{\dot{p}} & X_{\dot{q}} & X_{\dot{r}} \\ Y_{\dot{u}} & Y_{\dot{v}} & Y_{\dot{w}} & Y_{\dot{p}} & Y_{\dot{q}} & Y_{\dot{r}} \\ Z_{\dot{u}} & Z_{\dot{v}} & Z_{\dot{w}} & Z_{\dot{p}} & Z_{\dot{q}} & Z_{\dot{r}} \\ K_{\dot{u}} & K_{\dot{v}} & K_{\dot{w}} & K_{\dot{p}} & K_{\dot{q}} & K_{\dot{r}} \\ M_{\dot{u}} & M_{\dot{v}} & M_{\dot{w}} & M_{\dot{p}} & M_{\dot{q}} & M_{\dot{r}} \\ N_{\dot{u}} & N_{\dot{v}} & N_{\dot{w}} & N_{\dot{p}} & N_{\dot{q}} & N_{\dot{r}} \end{bmatrix} = \begin{bmatrix} \boldsymbol{A}_{11} & \boldsymbol{A}_{12} \\ \boldsymbol{A}_{21} & \boldsymbol{A}_{22} \end{bmatrix} \tag{2.33}$$

$$\boldsymbol{C}_A(\boldsymbol{v}) = \begin{bmatrix} \boldsymbol{0}_{3\times3} & -\boldsymbol{S}(\boldsymbol{A}_{11}\boldsymbol{v}_1 + \boldsymbol{A}_{12}\boldsymbol{v}_2) \\ -\boldsymbol{S}(\boldsymbol{A}_{11}\boldsymbol{v}_1 + \boldsymbol{A}_{12}\boldsymbol{v}_2) & -\boldsymbol{S}(\boldsymbol{A}_{21}\boldsymbol{v}_1 + \boldsymbol{A}_{22}\boldsymbol{v}_2) \end{bmatrix} \tag{2.34}$$

附加质量具有如下性质：

(1)附加质量仅与载体几何外形和选择的运动坐标系有关。

(2)附加质量矩阵是一个关于对角线对称的矩阵，因此，独立的附加质量参数只有 21 个。

(3)若水下机器人具有一个或多个对称面，附加质量矩阵可进一步化简。若载体左右和上下基本对称，则有些系数很小可以舍去，只剩 14 个系数，其中 10 个是独立的[18]，载体的附加质量矩阵可写为

$$\boldsymbol{M}_A = \begin{bmatrix} X_{\dot{u}} & 0 & 0 & 0 & 0 & 0 \\ 0 & Y_{\dot{v}} & 0 & Y_{\dot{p}} & 0 & Y_{\dot{r}} \\ 0 & 0 & Z_{\dot{w}} & 0 & Z_{\dot{q}} & 0 \\ 0 & K_{\dot{v}} & 0 & K_{\dot{p}} & 0 & K_{\dot{r}} \\ 0 & 0 & M_{\dot{w}} & 0 & M_{\dot{q}} & 0 \\ 0 & N_{\dot{v}} & 0 & N_{\dot{p}} & 0 & N_{\dot{r}} \end{bmatrix} \qquad (2.35)$$

4. 恢复力/力矩

作用在水下机器人上的重力包括载体本体重力 P_0 和各种载荷的变化 $\sum\limits_{i=1}^{n} P_i$。对于非全耐压结构的水下机器人，$P_0$ 还包括被水下机器人外壳所包围的水的重力，重力的作用点为重心 $G(x_g, y_g, z_g)$，各种载荷的变化指的是相对于 P_0 的增减，诸如传感器的更换、抛载、作业工具的更替等，这些载荷的增减都有各自的重力及其重力作用点 $G_i(x_{gi}, y_{gi}, z_{gi})$。

作用在水下机器人上的浮力包括全容积浮力 B_0 和浮力的各种变化 $\sum\limits_{j=1}^{m} B_j$。$B_0$ 包括水下机器人外壳所围容积所提供的浮力，浮力的作用点为浮心 $B(x_c, y_c, z_c)$。各种浮力的变化指的是相对于浮力 B_0 的增减，诸如水下机器人耐压壳体受压容积改变、海水密度变化等，它们也都有各自的浮力作用点 $B_j(x_{cj}, y_{cj}, z_{cj})$。

所以总的重力和浮力为

$$P = P_0 + \Delta P = P_0 + \sum_{i=1}^{n} P_i \qquad (2.36)$$

$$B = B_0 + \Delta B = B_0 + \sum_{j=1}^{m} B_j \qquad (2.37)$$

其中 $P_0 = B_0$，它们的作用点坐标若 $x_g = x_c$，$y_g = y_c$，$z_g - z_c = h$。重力和浮力的方向总是铅垂的，所以在地面坐标系中的分量为 $\{0, 0, P-B\}$。转换到水下机器人运动坐标系，则可得[7]

$$\begin{cases} X = -(P-B)\sin\theta \\ Y = (P-B)\cos\theta\sin\varphi \\ Z = (P-B)\cos\theta\cos\varphi \\ K = (\bar{y}_g\Delta P - \bar{y}_c\Delta B)\cos\theta\cos\varphi - (hP_0 + \bar{z}_g\Delta P - \bar{z}_c\Delta B)\cos\theta\sin\varphi \\ M = -(hP_0 + \bar{z}_g\Delta P - \bar{z}_c\Delta B)\sin\theta - (\bar{x}_g\Delta P - \bar{x}_c\Delta B)\cos\theta\cos\varphi \\ N = (\bar{x}_g\Delta P - \bar{x}_c\Delta B)\cos\theta\sin\varphi + (\bar{y}_g\Delta P - \bar{y}_c\Delta B)\sin\theta \end{cases} \qquad (2.38)$$

式中，

$$\overline{x}_g = \frac{\sum\limits_{i=1}^{n} x_{gi}P_i}{\Delta P} \;,\quad \overline{y}_g = \frac{\sum\limits_{i=1}^{n} y_{gi}P_i}{\Delta P} \;,\quad \overline{z}_g = \frac{\sum\limits_{i=1}^{n} z_{gi}P_i}{\Delta P}$$

$$\overline{x}_c = \frac{\sum\limits_{j=1}^{m} x_{cj}B_j}{\Delta B} \;,\quad \overline{y}_c = \frac{\sum\limits_{j=1}^{m} y_{cj}B_j}{\Delta B} \;,\quad \overline{z}_c = \frac{\sum\limits_{j=1}^{m} z_{cj}B_j}{\Delta B}$$

5. 空间六自由度动力学模型

综合上述水下机器人所受到的黏性力、惯性力和恢复力/力矩，可得到水下机器人运动坐标系下空间六自由度动力学模型。在参阅有关文献[7,21-24]并考虑到各运动状态 u、v、w、p、q 和 r 对各自由度力/力矩的奇偶性，得到修正后的水下机器人运动坐标系下六自由度动力学模型为式(2.39)～式(2.44)。表 2.1 为水下机器人动力学模型中的修正项，其中 m 为水下机器人的质量，T_x、T_y、T_z、M_x、M_y 和 M_z 为螺旋桨推进器产生的力/力矩。水下机器人各种仿真系统试验和现场试验证明了其正确性。

表 2.1　水下机器人动力学模型中的修正项

公式	修改前	修正后
(2.39)	$\frac{1}{2}\rho L^2 X'_{uu}u^2$	$\frac{1}{2}\rho L^2 X'_{uu}u\,\lvert u \rvert$
(2.41)	$\frac{1}{2}\rho L^4 Z'_{rr}r^2$	$\frac{1}{2}\rho L^4 Z'_{rr}r\,\lvert r \rvert$
(2.43)	$\frac{1}{2}\rho L^5 M'_{pp}p^2$	$\frac{1}{2}\rho L^5 M'_{pp}p\,\lvert p \rvert$
(2.43)	$\frac{1}{2}\rho L^5 M'_{rr}r^2$	$\frac{1}{2}\rho L^5 M'_{rr}r\,\lvert r \rvert$

$$m\left[\dot{u} - vr + wq - x_g(q^2 + r^2) + y_g(pq - \dot{r}) + z_g(pr + \dot{q})\right]$$
$$= \frac{1}{2}\rho L^4\left[X'_{qq}q^2 + X'_{rr}r^2 + X'_{rp}rp\right]$$
$$+ \frac{1}{2}\rho L^3\left[X'_{\dot{u}}\dot{u} + X'_{vr}vr + X'_{wq}wq\right]$$
$$+ \frac{1}{2}\rho L^2\left[X'_{uu}u\,\lvert u \rvert + X'_{vv}v^2 + X'_{ww}w^2\right]$$

$$+\frac{1}{2}\rho L^2 \left[X'_{\delta_{sh}\delta_{sh}}\delta_{sh}^2 u\,|\,u\,| + X'_{\delta_{sv}\delta_{sv}}\delta_{sv}^2 u\,|\,u\,| \right]$$

$$+T_x - (P-B)\sin\theta \tag{2.39}$$

$$m\left[\dot{v} - wp + ur - y_g(r^2 + p^2) + z_g(qr - \dot{p}) + x_g(qp + \dot{r}) \right]$$

$$=\frac{1}{2}\rho L^4 \left[Y'_{\dot{r}}\dot{r} + Y'_{\dot{p}}\dot{p} + Y'_{p|p|}p\,|\,p\,| + Y'_{pq}pq + Y'_{qr}qr + Y'_{r|r|}r\,|\,r\,| \right]$$

$$+\frac{1}{2}\rho L^3 \left[Y'_{\dot{v}}\dot{v} + Y'_{vq}vq + Y'_{wP}wp + Y'_{wr}wr \right]$$

$$+\frac{1}{2}\rho L^3 \left[Y'_r ur + Y'_p up + Y'_{v|r|}\frac{v}{|v|}(v^2+w^2)^{\frac{1}{2}}|r| \right]$$

$$+\frac{1}{2}\rho L^2 \left[Y'_0 u^2 + Y'_v uv + Y'_{v|v|}v(v^2+w^2)^{\frac{1}{2}} + Y'_{vw}vw \right]$$

$$+\frac{1}{2}\rho L^2 Y'_{\delta_{sv}}\delta_{sv}u\,|\,u\,|$$

$$+T_y + (P-B)\cos\theta\sin\varphi \tag{2.40}$$

$$m\left[\dot{w} - uq + vp - z_g(p^2 + q^2) + x_g(rp - \dot{q}) + y_g(rq + \dot{p}) \right]$$

$$=\frac{1}{2}\rho L^4 \left[Z'_{\dot{q}}\dot{q} + Z'_{pp}p^2 + Z'_{rr}r\,|\,r\,| + Z'_{rp}rp + Z'_{q|q|}q\,|\,q\,| \right]$$

$$+\frac{1}{2}\rho L^3 \left[Z'_{\dot{w}}\dot{w} + Z'_q uq + Z'_{vr}vr + Z'_{vp}vp + Z'_{w|q|}\frac{w}{|w|}(v^2+w^2)^{\frac{1}{2}}|q| \right]$$

$$+\frac{1}{2}\rho L^2 \left[Z'_0 u^2 + Z'_w uw + Z'_{|w|}u\,|\,w\,| + Z'_{w|w|}w(v^2+w^2)^{\frac{1}{2}} + Z'_{ww}w(v^2+w^2)^{\frac{1}{2}} + Z'_{vv}v^2 \right]$$

$$+\frac{1}{2}\rho L^2 Z'_{\delta_{sh}}\delta_{sh}u\,|\,u\,|$$

$$+T_z + (P-B)\cos\theta\cos\varphi \tag{2.41}$$

$$I_x\dot{p} + (I_z - I_y)qr + m\left[y_g(\dot{w} + vp - uq) - z_g(\dot{v} + ur - wp) \right]$$

$$=\frac{1}{2}\rho L^5 \left[K'_{\dot{r}}\dot{r} + K'_{\dot{p}}\dot{p} + K'_{p|p|}p\,|\,p\,| + K'_{pq}pq + K'_{qr}qr + K'_{r|r|}r\,|\,r\,| \right]$$

$$+\frac{1}{2}\rho L^4 \left[K'_{\dot{v}}\dot{v} + K'_p up + K'_r ur + K'_{vq}vq + K'_{wp}wp + K'_{wr}wr \right]$$

$$+\frac{1}{2}\rho L^3 \left[K'_0 u^2 + K'_v uv + K'_{v|v|}v(v^2+w^2)^{\frac{1}{2}} + K'_{vw}vw \right]$$

$$+ M_x + \left(\overline{y}_g\Delta P - \overline{y}_c\Delta B\right)\cos\theta\cos\varphi - (hP_0 + \overline{z}_g\Delta P - \overline{z}_c\Delta B)\cos\theta\sin\varphi \tag{2.42}$$

$$I_y \dot{q} + (I_x - I_z)rp + m \left[z_g(\dot{u} + wq - vr) - x_g(\dot{w} + vp - uq) \right]$$

$$= \frac{1}{2}\rho L^5 \left[M'_{\dot{q}} \dot{q} + M'_{p|p|} p|p| + M'_{r|r|} r|r| + M'_{rp} rp + M'_{q|q|} q|q| \right]$$

$$+ \frac{1}{2}\rho L^4 \left[M'_{\dot{w}} \dot{w} + M'_q uq + M'_{vr} vr + M'_{vp} vp + M'_{|w|q} (v^2 + w^2)^{\frac{1}{2}} |q| \right]$$

$$+ \frac{1}{2}\rho L^3 \left[M'_0 u^2 + M'_w uw + M'_{w|w|} w (v^2 + w^2)^{\frac{1}{2}} + M'_{|w|u} |w| + M'_{ww} \left| w(v^2 + w^2)^{\frac{1}{2}} \right| + M'_{vv} v^2 \right]$$

$$+ \frac{1}{2}\rho L^3 M'_{\delta_{sh}} \delta_{sh} u|u|$$

$$+ M_y - (hP_0 + \overline{z}_g \Delta P - \overline{z}_c \Delta B)\sin\theta - (\overline{x}_g \Delta P - \overline{x}_c \Delta B)\cos\theta\cos\varphi$$

$$\text{(2.43)}$$

$$I_z \dot{r} + (I_y - I_x)pq + m \left[x_g(\dot{v} + ur - wp) - y_g(\dot{u} + wq - vr) \right]$$

$$= \frac{1}{2}\rho L^5 \left[N'_{\dot{r}} \dot{r} + N'_{\dot{p}} \dot{p} + N'_{p|p|} p|p| + N'_{r|r|} r|r| + N'_{pq} pq + N'_{qr} qr \right]$$

$$+ \frac{1}{2}\rho L^4 \left[N'_{\dot{v}} \dot{v} + N'_{vq} vq + N'_{wP} wp + N'_{wr} wr \right]$$

$$+ \frac{1}{2}\rho L^4 \left[N'_r ur + N'_p up + N'_{|v|r} (v^2 + w^2)^{\frac{1}{2}} |r| \right]$$

$$+ \frac{1}{2}\rho L^3 \left[N'_0 u^2 + N'_v uv + N'_{v|v|} v (v^2 + w^2)^{\frac{1}{2}} + N'_{vw} vw \right]$$

$$+ \frac{1}{2}\rho L^3 N'_{\delta_{sv}} \delta_{sv} u|u|$$

$$+ M_z + (\overline{x}_g \Delta P - \overline{x}_c \Delta B)\cos\theta\sin\varphi + (\overline{y}_g \Delta P - \overline{y}_c \Delta B)\sin\theta \qquad \text{(2.44)}$$

对于存在无旋平动海流来讲,水下机器人动力学模型中的 u、v、w 采用式 (2.45) 代替。

$$u_r = u - u_c, \quad v_r = v - v_c, \quad w_r = w - w_c \qquad \text{(2.45)}$$

式中, u_c、v_c、w_c 分别为海流的三个平动分量; u_r、v_r、w_r 分别为水下机器人相对海流的速度分量。若海洋中存在涡流,则还需在上述动力学模型中将相对角速度考虑进去,即

$$p_r = p - p_c, \quad q_r = q - q_c, \quad r_r = r - r_c \qquad \text{(2.46)}$$

式中, p_c、q_c、r_c 分别为海流的三个旋转分量; p_r、q_r、r_r 分别为水下机器人相对海流的角速度分量。

2.2 水下机器人插值/拟合建模法

插值/拟合建模法适用于无法对系统进行机理建模，但拥有大量试验数据的情形，以下以建立海流和海底地形模型为例介绍该种建模方法。

2.2.1 海流建模方法

海流不仅对水下机器人的控制精度和导航精度[25]有重大影响，而且直接关系到水下机器人的安全性[26]，因此在半物理仿真系统上模拟海流具有重要意义。根据电子海图数据或统计资料，建立海流数据库。由于海流在表层、中层以及底层的大小和方向有很大差异[27]，因此在水下机器人半物理仿真系统的海流数据库中的数据为表层各分量的数值，在水平面上采用二元三点插值方法计算水下机器人当前位置的海流。给定矩形区域上的 $n \times m$ 个节点在 $O\text{-}xy$ 平面上的坐标分别为

$$x_0 < x_1 < \cdots < x_{n-1}, \quad y_0 < y_1 < \cdots < y_{m-1}$$

相应节点的海流值为

$$z_{ij} = z(x_i, y_j) \quad (i = 0,1,\cdots,n-1; \ j = 0,1,\cdots,m-1) \tag{2.47}$$

选取最靠近插值点 (u,v) 的 9 个海流值，用二元三点法插值公式得

$$z(x,y) = \sum_{i=p}^{p+2} \sum_{j=q}^{q+2} (\prod_{\substack{k=p \\ k \neq i}}^{p+2} \frac{x - x_k}{x_i - x_k})(\prod_{\substack{l=q \\ l \neq j}}^{q+2} \frac{y - y_l}{y_j - y_l}) z_{ij} \tag{2.48}$$

可以求得插值点 (u,v) 处的海流近似值。深度方向海流大小根据线性波理论以及深水波、中等深度波和浅水波不同采用相应的公式，如深水波可采用式 (2.49) 进行建模。

$$z_{\text{cur}}(x,y,d) = \exp(-\frac{d}{H}) \cdot z(x,y) \tag{2.49}$$

式中，z_{cur} 为指定经度、纬度和深度坐标点的海流大小；$z(x,y)$ 为表层海流的大小；x 为经度坐标；y 为纬度坐标；p、q 均为阶次；d 为水下机器人所处深度；H 为水下机器人所处位置海面到海底深度。

这样在海洋空间任何区域内，海流依据一定的规律进行变化。在试验前可以根据需要设置各个区域内海流的大小和方向。海流的温度和盐度的实现也可采用该种方法。

该种方法适合于某块海域已经有大量的观测数据基础上，而且这种插值/拟合建模法生成的海流仅与水下机器人所处的位置有关而与时间变化无关，对于长期

不随时间变化的海底地形的模拟较为恰当。下面就基于电子海图数据采用插值/拟合建模法对海底地形进行建模。

2.2.2 海底地形建模方法

海底地形对于水下机器人的安全性至关重要，因此需要在水下机器人半物理仿真系统上进行深入研究。本书中海底地形生成方法考虑网络、稀疏、特征数据的 Delaunay 三角地形（DTTCGSFD）方法，该方法主要有以下步骤。

1. 电子海图数据 Delaunay 三角化

数字高程模型（DEM）是数字化地球地形地貌勘测成果的数字化表现形式，它已被广泛应用于测绘设计、有限元分析、地理信息系统（GIS）以及导航等领域。据地形形态学研究表明，少数地形特征点如山峰点、山谷点、山脊点、鞍点等决定地形的主要轮廓形状，一旦这些特征点确定，地形的轮廓、起伏和走向就可大致确定[28,29]。采用特征点的不规则三角网（TIN）相对栅格表示方法可以减少数据的存储个数，因此将大大减小地形的存储空间。从解析几何角度看，这些特征点是决定地形曲面的采样点。尽管目前有多种方法实现平面域的三角剖分，由于 Delaunay 不规则三角网（DTIN）具有整体优化的性质，能够尽可能地避免病态三角形的出现。鉴于此，对平面域点集进行 DTIN 剖分是当今流行的 TIN 构网技术，如图 2.6 所示。

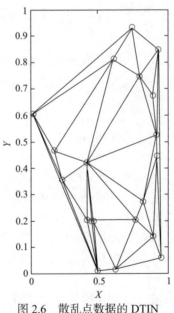

图 2.6　散乱点数据的 DTIN

对于水下机器人用电子海图中的海底地形特征线(山脊线、山谷线、等高线、等深线以及湖泊边缘线等)参与 DTIN 剖分，一种行之有效的方法是采用两个步骤：第一步，将地形特征线进行离散化；第二步，将离散化后的地形特征点与其他 DEM 数据一起进行 DTIN 剖分。

2. 生成栅格(Grid)DEM 数据

一般来说，大规模 Grid DEM 均需在等高线 DEM 或 TIN DEM 的数据基础上才能生成。Grid DEM 的效果因内插方法、等高线的质量和地形特征等因素的变化而各不相同。尽管存在多样的 Grid DEM 内插方法，但经过多年的研究和实践，已淘汰了多种不好的方法，例如样条(spline)法、趋势面(trend surface)内插法等。并且，整体内插法的高次多项式误差大或计算太复杂均会导致地形失真，现已基本不用。目前使用的主要方法有双线性内插法、二次谐波内插法、三次内插法、加权平均法及克里金(Kriging)方法[30]等。考虑到大面积地形生成的速度以及计算机所消耗的内存容量和中央处理器(CPU)计算所消耗的时间，本书推荐采用双线性内插法[31]。

对平面上的点集进行 DTIN 构造后，任一网格点 $P_{ij}(x_{ij},y_{ij})$ 将处在某个任意剖分后三个特征点形成的 △123 内，设该三个特征点为 $P_1(x_1,y_1,z_1)$，$P_2(x_2,y_2,z_2)$，$P_3(x_3,y_3,z_3)$，则其内任一点 $P_{ij}(x_{ij},y_{ij})$ 的 z_{ij} 可由以下矩阵给出：

$$Z = XA \tag{2.50}$$

式中，$Z = \begin{bmatrix} z_1 & z_2 & z_3 \end{bmatrix}^T$，$X = \begin{bmatrix} 1 & x_1 & y_1 \\ 1 & x_2 & y_2 \\ 1 & x_3 & y_3 \end{bmatrix}$，$A = \begin{bmatrix} a_0 & a_1 & a_2 \end{bmatrix}^T$。

当 $|X^T X| \neq 0$，利用最小二乘原理，式(2.50)的待定系数 A 有唯一确定的一组解：

$$A = (X^T X)^{-1} X^T Z \tag{2.51}$$

进一步可以证明，当 $|X| \neq 0$ 时，待定系数 A 可由式(2.52)直接得出：

$$A = X^{-1} Z \tag{2.52}$$

这样用三角形上双线性内插法可完成格网上全部点 $P_{ij}(x_{ij},y_{ij})$ 的高程插值 z_{ij}。该种方法速度快、精度高。图 2.7 为采用双线性内插法生成的某海区 3D 海底地形图。

3. 数据格式转换

在水下机器人半物理仿真系统中，上述生成的 Grid DEM 并不能被虚拟现实软件包 MultiGen Creator 的海底地形转换工具正确读取。究其原因，与各操作系统定义的内存中存储的字节顺序有关[29]。内存中存储多字节数据有两种方法：将低字节存储在起始地址，称为低端(little endian)字节序，PC 或 Intel 计算机采取此方法存储数据；将高字节存储在起始地址，称为高端(big endian)字节序，Sun 或 Motorola 计算机则采取此方法存储数据。因此需采用 TransEndian()方法将 Grid DEM 数据库数据根据不同的数据类型重新生成所需要的变量类型，如图 2.8 所示，这样才能使 MultiGen Creator 海底地形转换工具能正确读取上述生成的栅格数据文件。

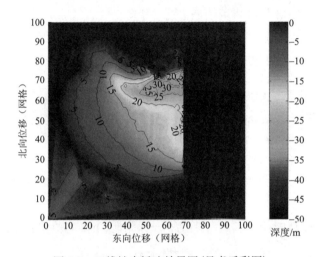

图 2.7　双线性内插法效果图(见书后彩图)

31 …… 24	23 …… 16	15 …… 8	7 …… 0

7 …… 0	15 …… 8	23 …… 16	31 …… 24

图 2.8　TransEndian()变换原理

4. 生成所需 DED 地形

海底电子海图的获取相对陆地地形图要困难得多，且需耗费大量的财力、物力。同时由于海水介质的隔离，声波几乎是唯一的测量手段，但测量精度低，要进行高精度实时测量更非易事。而且目前海底地形的测量与海底地形数据库的制作由专门的机构组织实施，一般的科学研究人员很难获得。

MultiGen Creator 提供了多种由其他数据转换为 DEM 数据的方法，包括：①从 NIMA DTED 转化为 DED；②从 USGS 转化为 DED；③从 RGB 或 RGBA 灰度图像转化为 DED；④由栅格型浮点数据转化为 DED。本节采用最后一种转换方法。

在 MultiGen Terrain 模块将 Grid DEM 数据转化为 DED 数据格式后，该海底地形模块为实时视景仿真提供了几种地形生成算法：①Polymesh 算法将会产生相同的直线三角形网格，该种方法较适用于二叉空间划分（BSP）生成的图像地形。②Delaunay 算法所产生的三维地形完全是由三角形组成。当地形区域起伏比较大时，它可以产生更多的面来实现；当地形区域比较平坦时，它可以产生比较少的面来实现。③连续适应地形（CAT）算法可以很好地解决地形生成中细节层次（LOD）问题。由于实时性的要求，CAT 通过一些额外的计算，使得地形 LOD 模型的过渡变得平滑连续。地形的轮廓以及纹理的细腻程度的设置，需要考虑水下机器人仿真系统的实时性需求。图 2.9 为利用生成的海底地形图在水下机器人半物理仿真系统进行试验的场景[32]。

图 2.9　利用生成的海底地形图进行试验

2.3　水下机器人随机建模法

随机建模法适用于不确定、随机系统。水下机器人大部分传感器输出是以系统真实值为均值，附加一定静态偏差和动态偏差为噪声的随机输出信号，其噪声的方差一般符合正态分布规律。水下机器人的位姿传感器［包括全球定位系统（GPS）接收机、运动传感器、多普勒计程仪、倾角补偿的电子罗盘（TCM）、数字罗盘、温盐深测量仪（CTD）等］、测距声呐等均可采用随机建模法实现。下面以传感器多普勒计程仪和海浪建模为例研究该种建模方法。

2.3.1 传感器随机建模法

多普勒计程仪是根据声波在水中的多普勒效应原理研制而成的一种精密测速和计算航程的仪器[33]。多年来，它一直是水下机器人导航中的一种重要的设备，但是常用的多普勒计程仪存在着复杂的声速补偿问题。近年来随着国内外多普勒测速技术的研究和发展，研究人员已经将相控阵技术应用到多普勒计程仪上，从原理上消除声速补偿问题，大大提高了多普勒计程仪的性能。

由多普勒计程仪的原理可知，测速精度受多方面因素的影响，包括公式简化误差、所安装载体颠簸摇摆的影响、声速的影响、波束宽度、声波发射信号载频的变化、频率测量、载体运动的不均匀性等。上述因素的影响最终表现为速度的比例偏差和测量角度的偏差。

由水下机器人的动力学模型，可以计算出水下机器人在运动坐标系下各轴的速度/角速度、加速度/角加速度，以及相对地面坐标系下的速度/角速度、位移(经度、纬度、深度)/角位移。由于多普勒计程仪所测量的是载体相对海底的三个线速度即纵向速度、横向速度和垂向速度，因此需将地面坐标系下的三个线速度经过坐标变换才能得到多普勒计程仪仪器坐标系下的速度测量值。

对于水下机器人载体航行速度在正东方向和正北方向的分量 V_E, V_N 投影如图 2.10 所示，其计算公式如下：

$$\begin{bmatrix} V_F \\ V_R \end{bmatrix} = \begin{bmatrix} \cos\psi & \sin\psi \\ -\sin\psi & \cos\psi \end{bmatrix} \begin{bmatrix} V_N \\ V_E \end{bmatrix} \tag{2.53}$$

式中，V_E、V_N 分别为载体航行速度在正东方向和正北方向的分量；V_F、V_R 分别为多普勒计程仪测得载体相对大地的纵向速度和横向速度；ψ 为水下机器人的艏向角，顺时针旋转为正。

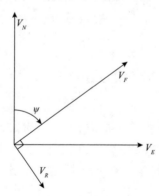

图 2.10　水下机器人载体航行速度

考虑到多普勒计程仪的合速度 $V=\sqrt{V_F^2+V_R^2}$ 的比例因子和角度 $\theta=\arctan 2(V_R,V_F)$

的静态偏差，将纵向速度和横向速度采用极坐标表示，增加合速度 V 的比例因子 k 和角度的静态偏差 b 之后再转换为直角坐标形式，然后再生成模拟的多普勒计程仪的各个速度分量。

以多普勒计程仪的合速度 V 为例，考虑到多普勒计程仪速度比例因子的误差，采用以下方法进行设计：

$$y = kx + b \tag{2.54}$$

式中，y 为输出值的均值；k 为比例系数（一般 $k=1$）；b 为静态误差（一般 $b=0$）。

产生均值为 $\mu = y$、方差为 σ^2 的正态分布随机速度的计算公式为

$$V_0 = \mu + \sigma \cdot \frac{\left(\sum_{i=0}^{n-1} \mathrm{random}_i\right) - \dfrac{n}{2}}{\sqrt{n/12}} \tag{2.55}$$

其中 n 足够大。在数值计算中通常取 $n=12$，此时有

$$V_0 = \mu + \sigma \cdot \left(\sum_{i=0}^{11} \mathrm{random}_i\right) - 6 \tag{2.56}$$

其中，random_i 为 0 到 1 之间均匀分布的随机数。

同理可得到多普勒计程仪角度的正态分布随机值。通过将极坐标系下的速度和角度重新正交分解，可以得到纵向和横向两速度分量。虚拟多普勒计程仪根据数据将速度信息以及其他有关信息传送到水下机器人的自动驾驶单元。

2.3.2 海浪随机建模法

大量的试验观测结果说明，海浪具有如下性质[34]：

(1)充分发展的海浪是一个随机过程，且具有平稳的各态历经性；

(2)海浪的波高具有正态分布的统计特性，波幅服从瑞利分布；

(3)海浪可由足够多个相互独立的、具有随机波幅和随机相位的单元规则波叠加来描述。即

$$\xi_w(t) = \sum_{i=1}^{N} \xi_{ai}(t)\cos(kx + \omega_i t + \varepsilon_i) \tag{2.57}$$

式中，$\xi_w(t)$ 为波面偏离静水面的高度；$\xi_{ai}(t)$ 为第 i 个单元规则波的波幅；N 为充分大的正整数；k 为波数；x 为规则波运动方向上的位移；ω_i 为角频率；t 为时间；ε_i 为在 $(0,2\pi)$ 上具有均匀分布的随机变量。

虽然风持续作用于水面，但波浪的增长不是无限的，当能量传递与消散平衡

时，波浪渐趋稳定，这就是充分发展的海浪。波的能量达到一定值，其统计特性基本不随时间变化。

2.4 水下机器人相似建模法

水下机器人系统建模与仿真技术以相似原理为基础。本节依据系统输出结果的等效性，以海流和视觉传感器建模为例介绍相似建模法。

2.4.1 基于势流理论的海流建模法

本节介绍一些简单的速度势、流函数及复势。它们构成了复杂海流运动的基本解。常见的简单流动主要有以下几种[35]：均匀流、平面点源和点汇、平面偶极、点涡等。常用复杂海流运动的基本解主要分为均匀流与点源的叠加、均匀流和一对等强度源汇的叠加、均匀流与偶极的叠加、绕圆柱体无环流流动、绕圆柱体有环流流动等，这里仅介绍前两种流的叠加形式。上述平面流可以很容易地转换为三维流。

1. 均匀流与点源的叠加

考虑沿 x 轴方向均匀流和平面点源的叠加如图 2.11 所示。可得到流场的速度势 ϕ、流函数 $\varPsi$ 和复势 $W(z)$ 分别为

$$\phi = v_0 r\cos\theta + \frac{m}{2\pi}\ln r \tag{2.58}$$

$$\varPsi = v_0 r\sin\theta + \frac{m}{2\pi}\theta \tag{2.59}$$

$$W = v_0 z + \frac{m}{2\pi}\ln z \tag{2.60}$$

式中，m 为源强；v_0 为均匀流流速；r 为极径；θ 为极角。

流场的复速度为

$$\frac{\mathrm{d}W}{\mathrm{d}z} = v_0 + \frac{m}{2\pi}\cdot\frac{1}{z} = v_0 + \frac{m}{2\pi}\cdot\frac{x-iy}{x^2+y^2}$$

$$= v_0 + \frac{m}{2\pi}\cdot\frac{x}{x^2+y^2} - i\frac{m}{2\pi}\cdot\frac{y}{x^2+y^2} \tag{2.61}$$

流场的速度分布为

$$u = v_0 + \frac{m}{2\pi} \cdot \frac{x}{x^2 + y^2} = v_0 + \frac{m}{2\pi} \cdot \frac{\cos\theta}{r} \tag{2.62}$$

$$v = \frac{m}{2\pi} \cdot \frac{y}{x^2 + y^2} = \frac{m}{2\pi} \cdot \frac{\sin\theta}{r} \tag{2.63}$$

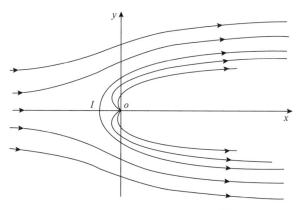

图 2.11　均匀流与点源的叠加[35]

由图 2.11 可见，在等速来流和源的共同作用下，流线 I 很像物体的头部，将流体推开，里面的流体不会流出来，外面的流体不会流进去。若沿流线 I 放置物体，则流体会从物体表面滑过，物体表面就是流线 I。因此，可以用等速直线流动和点源的叠加来模拟流体流过流线 I 形状物体的流场。同时，可以通过调整源强 m 或均匀流速度 v_0 来改变流线 I 的形状。

在流线 I 上有一个特殊的点 o，在该点流线分为两个分支，根据速度的唯一性可知，该点的速度只能为零，将这一点称为驻点。该驻点的位置为

$$x = -\frac{m}{2\pi v_0}, \quad y = 0 \tag{2.64}$$

或者用极坐标表示为

$$r = a = \frac{m}{2\pi v_0}, \quad \theta = \pi \tag{2.65}$$

将式(2.65)代入式(2.59)可得驻点的流线方程为

$$y = a(\pi - \theta) \tag{2.66}$$

在无穷远处，$r \to \infty$，此时 $\theta \to 0$，将其代入式(2.66)可得流线 I 在无穷远处的半宽为

$$y = a\pi \tag{2.67}$$

2. 均匀流和一对等强度源汇的叠加

考虑沿 x 方向均匀流与一对等强度源汇的叠加，如图 2.12 所示，源和汇分别位于 $(-b,0)$ 和 $(b,0)$，可得流场的速度势和流函数分别为

$$\phi = v_0 x + \frac{m}{2\pi}\ln\sqrt{(x+b)^2+y^2} - \frac{m}{2\pi}\ln\sqrt{(x-b)^2+y^2} \tag{2.68}$$

$$\Psi = v_0 y + \frac{m}{2\pi}\arctan\frac{y}{x+b} - \frac{m}{2\pi}\arctan\frac{y}{x-b} \tag{2.69}$$

流场的速度分布为

$$u = v_0 + \frac{m}{2\pi}\left[\frac{x+b}{(x+b)^2+y^2} - \frac{x-b}{(x-b)^2+y^2}\right] \tag{2.70}$$

$$v = \frac{m}{2\pi}\left[\frac{y}{(x+b)^2+y^2} - \frac{y}{(x-b)^2+y^2}\right] \tag{2.71}$$

令速度为零，由式 (2.71) 可得驻点坐标

$$x = \pm\sqrt{\frac{m}{2\pi}\frac{2b}{v_0}+b^2}\,, \quad y=0 \tag{2.72}$$

将驻点坐标代入式 (2.69)，并利用关系式：

$$\arctan\alpha - \arctan\beta = \arctan\frac{\alpha-\beta}{1+\alpha\beta} \tag{2.73}$$

得到过驻点的流线 I 公式为

$$\tan\frac{2\pi v_0 y}{m} = \frac{2by}{x^2+y^2-b^2} \tag{2.74}$$

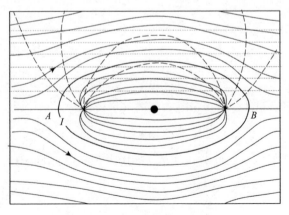

图 2.12　均匀流和一对源汇的叠加[35]

由图 2.12 可见，过驻点的流线 I 为一卵形，点源起推开流线的作用，点汇起收回流线的作用。若沿流线 I 放置物体，则上述解可以模拟流体绕物体的流动，但流线 I 内部流体的流动与物体外部的情况不同，由源、汇和匀速直线运动叠加而得到的流线 I 内部有流体的流动，而物体内部没有流动。如果将源和汇之间的距离逐渐拉近，直至为一个偶极，这时流线 I 会从卵形变为圆形。

2.4.2 基于线性波理论的海流建模法

本节研究在重力作用下具有自由表面的不可压缩流体的波动，这种波主要发生在水（液体）表面附近，因此称为平面进行波、水波或重力波，如图 2.13 所示。水波可分为线性波和非线性波，这里仅研究线性简谐波的数学描述、运动特性和能量[35,36]。

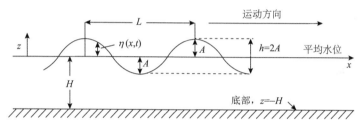

图 2.13　平面进行波[35]

平面进行波通常被描述为在重力场作用下无黏性、无回转，该种形式最简单的自由表面波在实际系统中具有重大意义。它的运动可描述为二维空间中 (x,z) 随时间变化、具有角频率 ω、相速度 c_p 传播的正弦波。其运动形式可表示为

$$z = \eta(x,t) = A\cos(kx - \omega t) \tag{2.75}$$

这里 x 轴正方向取为波传播的方向，z 轴向上为正，A 为波幅，k 为波数，且

$$k = \frac{\omega}{c_p} \tag{2.76}$$

设 L_w 为波长，则波数还可表示为

$$k = \frac{2\pi}{L_w} \tag{2.77}$$

对于不可压缩流体的无旋运动，存在速度势 $\phi(x,z,t) = 0$，它满足 Laplace 方程

$$\nabla^2 \phi(x,z,t) = 0 \text{（在流体中）} \tag{2.78}$$

与适当的边界条件。而且波高 η 可根据式 (2.79) 由速度势 ϕ 得到：

$$\eta = -\frac{1}{g} \cdot \frac{\partial \phi}{\partial t} , \quad z = 0 \tag{2.79}$$

式 (2.79) 为动力学的自由表面边界条件。海底的边界条件为

$$\frac{\partial \phi}{\partial t} = 0 , \quad z = -H \tag{2.80}$$

即深度为 H 的海底为不透水的平面。最后可得到自由面边界条件为

$$\frac{\partial^2 \phi}{\partial t^2} + g \frac{\partial \phi}{\partial z} = 0 , \quad z = 0 \tag{2.81}$$

式 (2.81) 为自由表面的运动学和动力学的组合方程。动力学条件前面已经论述，运动学条件有

$$\frac{\partial \eta}{\partial t} = \frac{\partial \phi}{\partial z} \tag{2.82}$$

自由表面的垂直速度与流体的粒子速度相同。忽略自由表面 η 与 $z = 0$ 的偏差，根据式 (2.79) 和式 (2.82)，可以获得式 (2.81)。从问题求解角度考虑，速度势 ϕ 采用正弦形式：

$$\phi(x,z,t) = \sin(kx - \omega t) F(z) \tag{2.83}$$

将式 (2.83) 代入式 (2.78)，$F(z)$ 在整个流场内必须满足微分方程

$$\frac{\mathrm{d}^2 F(z)}{\mathrm{d}t^2} - k^2 F(z) = 0 \tag{2.84}$$

式 (2.84) 的解满足海底边界条件。

$$F(z) = A \cosh(k(z + H)) \tag{2.85}$$

将式 (2.83)、式 (2.85) 代入表面边界条件，由式 (2.79) 可得波数 k 和角频率 ω 间的关系，称为色散关系：

$$\omega^2 = gk \tanh(kH) \tag{2.86}$$

式 (2.79) 表面波高 η 变为

$$\eta(x,t) = a \cos \mathrm{h}(kx - \omega t) \tag{2.87}$$

幅值 a 变为

$$a = \frac{\omega A}{g} \cosh(kH) \tag{2.88}$$

将式 (2.85)、式 (2.88) 代入速度势式 (2.83) 可得

$$\phi(x,z,t) = \frac{ag}{\omega} \frac{\cosh(k(z + H))}{\cosh(kH)} \sin(kx - \omega t) \tag{2.89}$$

与势流理论和拉氏方程关联的基本假设为：速度可表示为速度势函数的梯度，因此沿 x 轴和 z 轴的速度可表示为

$$\begin{cases} u = \dfrac{\partial \phi}{\partial x} \\ w = \dfrac{\partial \phi}{\partial z} \end{cases} \tag{2.90}$$

利用式(2.90)，Bernoulli 方程的线性化方程为

$$p = -\rho \frac{\partial \phi}{\partial t} - \rho g z \tag{2.91}$$

流速和压力场可表示为

$$\begin{cases} u = a\,\dfrac{gk}{\omega}\,\dfrac{\cosh(k(z+H))}{\cosh(kH)}\cos(kx-\omega t) \\[2mm] w = a\,\dfrac{gk}{\omega}\,\dfrac{\sinh(k(z+H))}{\cosh(kH)}\sin(kx-\omega t) \\[2mm] p_b = \rho g a\,\dfrac{\cosh(k(z+H))}{\cosh(kH)}\cos(kx-\omega t) - \rho g z \end{cases} \tag{2.92}$$

从式(2.92)可以看出，流场中粒子的运行轨迹为椭圆形。

对于浅水(长波)和深水(短波)来讲，上述推导的表达式可作进一步简化。浅水和深水的范围分别对应 $H/L_w < \pi/10$ 和 $H/L_w > \pi$。表 2.2 概括了上述结果。图 2.14 比较了长波和短波中水流粒子的速度。值得注意的是：浅水域为非色散的，即波中粒子速度的垂直分量在深度上为线性关系，浅水的分类依据为水深与波长之比。

表 2.2　小幅线性波理论

参数	深水波	中等深度波	浅水波
$\dfrac{H}{L_w}$	$\dfrac{H}{L_w} > \dfrac{1}{2}$	$\dfrac{1}{20} \leqslant \dfrac{H}{L_w} \leqslant \dfrac{1}{2}$	$\dfrac{H}{L_w} < \dfrac{1}{20}$
kH	$kH > \pi$	$\dfrac{\pi}{10} \leqslant kH \leqslant \pi$	$kH < \dfrac{\pi}{10}$
θ	$\theta = kx - \omega t$	$\theta = kx - \omega t$	$\theta = kx - \omega t$
η	$\eta = A\cos\theta$	$\eta = A\cos\theta$	$\eta = A\cos\theta$
c_p	$c_p = \dfrac{g}{\omega}$	$c_p = \dfrac{g}{\omega}\tanh(kH)$	$c_p = \sqrt{gH}$
L_w	$L_w = \dfrac{gT^2}{2\pi}$	$L_w = \dfrac{gT^2}{2\pi}\tanh(\dfrac{2\pi H}{L})$	$L_w = T\sqrt{gH}$
ϕ	$\phi = \dfrac{A\omega}{k}e^{kz}\sin\theta$	$\phi = \dfrac{A\omega}{k}\dfrac{\cosh(k(z+H))}{\cos(kH)}\sin\theta$	$\phi = \dfrac{AgT}{2\pi}\sin\theta$

参数	深水波	中等深度波	浅水波
u	$u = A\omega e^{kz} \cos\theta$	$u = A\omega \dfrac{\cosh(k(z+H))}{\cos(kH)} \cos\theta$	$u = \dfrac{A\omega}{kH} \cos\theta$
w	$w = -A\omega e^{kz} \sin\theta$	$w = A\omega \dfrac{\sinh(k(z+H))}{\cos(kH)} \sin\theta$	$w = -A\omega(1+\dfrac{z}{H}) \sin\theta$
p_b	$p_b = \rho g(\eta e^{kz} - z)$	$p_b = \rho g(\dfrac{\cosh(k(z+H))}{\cos(kH)} - z)$	$p_b = \rho g(\eta - z)$

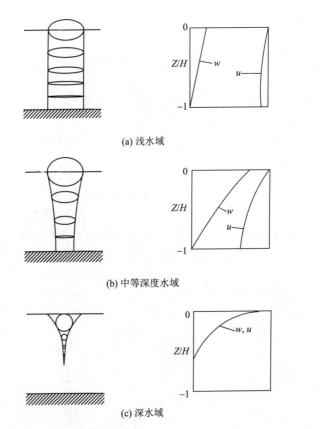

(a) 浅水域

(b) 中等深度水域

(c) 深水域

图 2.14　粒子轨迹和粒子速度的幅值随深度变化对比[35]

2.4.3　基于水动力软件的海流建模法

该种建模方法建立在流体动力计算的基础上，首先利用上节中介绍的方法生成海底地形，然后加入典型障碍物（为避碰策略或路径规划研究之用），将该种模型建立完毕后，导入水动力计算软件；设置一定的边界条件后可以计算出海流在空间各点坐标下的数值，如图 2.15 所示。在水下机器人半物理仿真系统试验时，虚拟系统读入计算出的海流数据文件，然后进行水下机器人的动力学模型计算和避碰试验研究。

该种方法生成的海流数据比较接近真实情况的海流，因此对于实验室研究具有一定的指导意义。

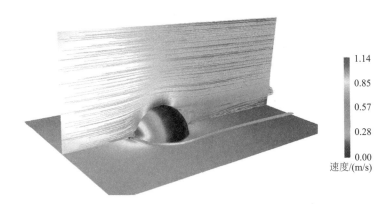

图 2.15　水动力软件计算海流值(见书后彩图)

2.4.4　视觉传感器的建模

视觉传感器作为水下机器人的主要传感设备，担负着在一定距离内发现目标、对目标定位并进行识别的任务。目前水下机器人的视觉传感器主要可分为光视觉传感器(如普通光视觉传感器、激光视觉传感器、微光视觉传感器等)、声视觉传感器(前视声呐、侧扫声呐等)等。

对于视觉传感器的建模，与其他传感器的主要区别在于它不依赖载体的动力学模型而依赖环境的模型。视觉建模的内容，按建模的对象可划分为三部分，即海洋环境模型、基本光学模型和视觉传感器性能模型。

第一类，海洋环境模型，包括海洋的深度、光源亮度、海水可见度、海水浑浊度等模型。

第二类，基本光学模型，包括目标物体对光的反射和散射、周围物体对光的反射和散射以及海水水分子对光子的衰减、散射、折射和吸收等模型。

第三类，视觉传感器性能模型，由海洋环境模型、基本光学模型和适当的信号处理模型组成。

视觉传感器建模的关键是模拟的数据格式与真实视觉传感器的数据格式的一致性，以光视觉传感器为例，其数据格式常用 BMP 或 JPG 等，如图 2.16 所示。BMP 文件由文件头、位图信息头、颜色信息和图形数据四部分组成[37]。文件头主要包含文件的大小、文件类型、图像数据偏离文件头的长度等信息。位图信息头包含图像的尺寸信息、图像用几个比特数值来表示一个像素、图像是否压缩、图像所用的颜色数等信息。颜色信息包含图像所用到的颜色表，显示图像时需用到这个颜色表来生成调色板，但如果图像为真彩色，即图像的每个像素用 24 位来表示，文件中就没有这一块信息。文件中的数据块表示图像的相应像素值。

图 2.16　光视觉传感器的模拟

2.5　水下机器人综合建模法

　　目前水下机器人的推进系统既有分立件产品，又有一体化产品（将推进系统的 PWM、电机、螺旋桨集成的产品）。由于 7000 米载人潜水器采用的一体化产品，无法得到相关分立件数据，仅有如图 2.15 所示的推力曲线簇，因此该种系统无法采用前述机理建模法模拟该种一体化推进系统。

　　对于某些复杂系统的建模问题，可以综合运用机理建模法、插值/拟合建模法、随机建模法、相似建模法等来解决，例如一体化推进系统需要采用图像处理方法、曲线拟合法、曲面拟合法等。

　　针对 7000 米载人潜水器一体化推进系统无法得到连续的流速、控制电压与推力的函数关系问题，采用图像处理、曲线拟合、二维曲面拟合等数值方法将各条离散的推力曲线拟合为光滑连续的二维曲面模型。该二维曲面模型在 HOV7000 半物理仿真系统上和水下机器人的实际控制中已获得成功应用。

　　在一体化推进系统中，上述控制部分的电机和螺旋桨已集成为一体化产品，设计控制系统所依据的资料和数据如图 2.17 所示。图中各条曲线表示在不同流速下，控制电压与推进器所产生推力之间的关系曲线。为了得到某任一流速和控制电压下的推力，需采取图像处理、曲线拟合和曲面拟合等几个步骤[38]。

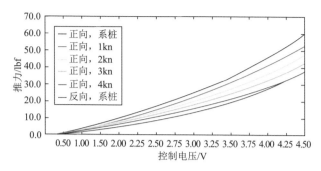

图 2.17　流速、控制电压与推力关系曲线（见书后彩图）

1lbf≈4.45N

2.5.1　图像处理

根据不同航速下推力的像素值，得到各条曲线上各像素点横、纵坐标值，然后求得该坐标值对应的控制电压和推力。对图 2.17 按照以下步骤进行处理。

（1）将图 2.17 保存为图片文件 Image.bmp；

（2）得到横坐标每个像素所代表的电压值 Δu_1，纵坐标每个像素所代表的推力值 ΔT；

（3）得到系桩（forward bollard）实验的推力曲线的像素值 v_0；

（4）将图像中像素值为 v_0 的点的坐标记录在二维数组 Coor[2][NUM_MAX]中；

（5）将二维数组 Coor[2][NUM_MAX]中第一行横坐标数据均乘以 Δu_1，转换为控制电压；第二行纵坐标数据均乘以 ΔT，转换为推力；

（6）重复上述步骤（3）～（5），得到其他流速下的控制电压和推力。

由于该方法在控制电压较小时所得到的数据对不具有连续性，需对各条曲线的数据进行曲线拟合。

2.5.2　曲线拟合

由于图像处理所得到的数据对离散且非等间距，但是下一步采用曲面拟合算法时需要等间隔的离散数据，因此需将图像处理的结果——二维数组 Coor[2][NUM_MAX]进行曲线拟合。以五次多项式为例进行曲线拟合，如式(2.93)所示。

$$F_i(x) = a_{i0} + a_{i1}x + a_{i2}x^2 + a_{i3}x^3 + a_{i4}x^4 + a_{i5}x^5 \quad (i = 0,1,\cdots,4) \quad (2.93)$$

式中，F_i 为推进器产生的推力；a_{ij} 为拟合的多项式系数，$j = 0,1,\cdots,5$，i 为流速，$i = 0,1,\cdots,4$，分别对应 0、1kn、2kn、3kn、4kn 流速。

2.5.3　曲面拟合

分别对曲线拟合步骤得到的曲线 $F_i(x)$（$i = 0,1,\cdots,4$）进行采样，步长 Δu_2，得到二维数组 Thrust[5][NUM_MAX]。采用二维曲面拟合算法，如式（2.94）所示，得到二维连续模型。

$$T = g(x,y) = \sum_{i=0}^{p-1}\sum_{j=0}^{q-1} c_{ij}(x-\overline{x})^i(y-\overline{y})^j \tag{2.94}$$

式中，T 为推力；x 为控制电压；y 为流速；p、q 分别为阶次；c_{ij} 为拟合的多项式系数；$\overline{x}$ 为 x 轴中点坐标；$\overline{y}$ 为 y 轴中点坐标。

根据所拟合的二维连续方程，可得如图 2.18 所示的控制电压、流速与推力的连续曲面。

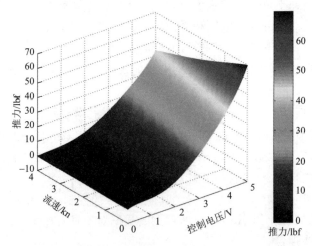

图 2.18　控制电压、流速与推力的曲面模型（见书后彩图）

讨论：对于一体化推进系统来讲，上述方法提供了一种已知控制电压和流速而获得推力的解决方案。但是对于其逆问题，即已知推力和流速，如何获得推进器的控制电压成为该种推进系统的另一难题。

对于多项式

$$f(x) = a_0x_n + a_1x^{n-1} + \cdots + a_{n-1}x + a_n = 0 \quad (n \geqslant 1) \tag{2.95}$$

由数论有关知识，可得以下结论。

（1）任意有理方程 $f(x) = 0$，若有一根 $a + \sqrt{b}$（a、b 是有理数，$\sqrt{b}$ 是无理数），则必有另一根 $a - \sqrt{b}$，这时 $a + \sqrt{b}$ 和 $a - \sqrt{b}$ 称为一对共轭实根。

（2）任意实系数方程 $f(x) = 0$ 的复根只可能是成对的共轭复根，并且根的重数相同，从而复根的个数为偶数。

（3）任意实系数奇数次方程 $f(x)=0$ 至少有一个实根。

（4）任意实系数偶数次方程 $f(x)=0$ ， $a_0a_n<0$ ，则至少有两个实根（一个正根和一个负根）。

为了保证至少得到控制电压的一个实根，可将曲面拟合中式(2.94)的控制电压次数 p 取为奇数次，即 $p=1,3,5,\cdots$ 。考虑到控制计算机的控制精度和运算的实时性，可采用 $p=3$ 或 $p=5$ 。

2.6　水下机器人系统建模技术的集成

上述各节分别以水下机器人系统动力学模型、推进系统、海流、海底地形等为例研究了水下机器人半物理仿真系统采用的机理建模法、插值/拟合建模法、随机建模法、相似建模法及综合建模法。建立完整的水下机器人及海洋环境系统需集成各部分模型，上述建模方法与水下机器人系统及海洋环境对应关系如图 2.19 所示。

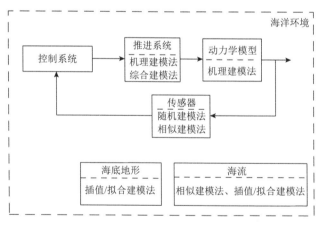

图 2.19　各种建模方法与水下机器人系统及海洋环境对应关系图

2.7　本章小结

本章首先以水下机器人动力学和推进系统建模为例研究了水下机器人机理建模法，其次以海流和海底地形建模为例研究了水下机器人插值/拟合建模法，再次以多普勒计程仪传感器建模为例研究了水下机器人随机建模法，然后以海流和视觉传感器建模为例研究了水下机器人相似建模法，最后研究了水下机器人综合建模法，并给出了水下机器人本体及海洋环境与各种现代建模理论与方法之间的对应关系。

参 考 文 献

[1] 盖美胜. 水下机器人推进器负载模拟技术研究[D]. 沈阳: 东北大学, 2016.

[2] 郭燚, 郑华耀, 黄学武. 船舶电力推进混合仿真系统设计[J]. 系统仿真学报, 2006, 18(1):57-61.

[3] 胡寿松. 自动控制原理[M]. 北京: 科学出版社, 2002.

[4] 李锡群, 王志华. 电机/推进器一体化装置(IMP)介绍[J]. 船电技术, 2003, 23(2): 5-6,31.

[5] 刘维亭, 张冰, 马继先. 舰船多相永磁同步电机推进控制系统辨识与仿真研究[J]. 中国电机工程学报, 2005, 25(19): 157-161.

[6] 张式勤, 邱建琪, 储俊杰, 等. 双转式永磁无刷直流电机的建模与仿真[J]. 中国电机工程学报, 2004, 24(12): 176-181.

[7] 蒋新松, 封锡盛. 水下机器人[M]. 沈阳: 辽宁科学技术出版社, 2000.

[8] 马骋, 钱正芳, 张旭, 等. 螺旋桨-舵-舵球推进组合体水动力性能的计算与仿真研究[J]. 船舶力学, 2005, 9(5): 38-45.

[9] 王国强, 盛振邦. 船舶推进[M]. 哈尔滨: 哈尔滨工程大学出版社, 2001.

[10] 于旭, 刘开周, 刘健. 螺旋桨驱动 UUV 推进系统研究[J]. 辽宁工学院学报, 2007, 27(3): 183-186.

[11] 李殿璞. 基于螺旋桨特性四象限 Chebyshev 拟合式的深潜艇正倒航变速推进模型[J]. 哈尔滨工程大学学报, 2002, 23(1): 52-57.

[12] 周焕银. 基于多模型优化切换的海洋机器人运动控制研究[D]. 沈阳: 中国科学院沈阳自动化研究所, 2011.

[13] 朱红坤. 复杂环境下 AUV 动力学模型多传感器融合在线辨识方法研究[D]. 武汉: 武汉理工大学, 2018.

[14] 凌波. 基于可旋转推进器的水下机器人运动控制研究[D]. 沈阳: 中国科学院沈阳自动化研究所, 2011.

[15] 邱磊. 船舶操纵相关粘性流及水动力计算[D]. 武汉: 武汉理工大学, 2003.

[16] 张志荣, 李百齐, 赵峰. 螺旋桨/船体粘性流场的整体数值求解[J]. 船舶力学, 2004,8(5): 19-26.

[17] 郝艳仲. 水下机器人运动稳定性的研究[D]. 杭州: 浙江大学, 2006.

[18] 彭勃. 水下机器人-机械手系统姿态平衡控制技术研究[D]. 哈尔滨: 哈尔滨工程大学, 2014.

[19] 鲁燕. 海流环境中水下机器人实时运动规划方法研究[D]. 哈尔滨: 哈尔滨工程大学, 2006.

[20] 王猛. 水下自治机器人底层运动控制设计与仿真[D]. 青岛: 中国海洋大学, 2009.

[21] Brutzman D P. A virtual world for an autonomous underwater vehicles [D]. Monterey: Naval Postgraduate School, 1994.

[22] Liu K Z, Liu J, Zhang Y, et al. The development of autonomous underwater vehicle's semi-physical virtual reality system [C]. IEEE International Conference on Robotics, Intelligent System and Signal Processing, 2003: 301-306.

[23] Liu K Z, Wang X H, Feng X S. The design and development of simulator system - for manned submersible vehicle [C]. IEEE International Conference on Robotics and Biomimetics, 2004: 294-299.

[24] 程大军, 刘开周. 基于 UKF 的 AUV 环境建模方法研究[J]. 计算机应用研究, 2012, 29(s1): 107-109.

[25] 陈标, 祝传刚, 张铁军, 等. 典型海流磁场的数值模拟[J]. 青岛大学学报, 2001, 14(2): 1-3.

[26] 徐红丽. 自主水下机器人实时避碰方法研究[D]. 沈阳: 中国科学院沈阳自动化研究所, 2008.

[27] 刘金芳, 刘忠, 顾冀炎, 等. 台湾海峡水文要素特征分析[J]. 海洋预报, 2002,19(3): 22-32.

[28] 刘承香, 赵玉新, 刘繁明. 基于 Delaunay 三角形的三维数字地图生成算法[J]. 计算机仿真, 2003, 20(5): 22-24.

[29] ESRI Shapefile Technical Description - An ESRI White Paper[M]. ESRI, 1998.

[30] 胡鹏, 游涟, 杨传勇, 等. 地图代数[M]. 武汉: 武汉大学出版社, 2002.

[31] 刘开周, 刘健, 封锡盛. 一种海底地形和海流虚拟生成方法[J]. 系统仿真学报, 2005, 17(5): 1268-1271.

[32] Liu J, Liu K Z, Feng X S. Electronic chart based ocean environment development methods and its application in digital AUV platform [C]. Proceedings of the 2004 IEEE Underwater Technology, 2004: 423-429.

[33] 房永鑫. 惯性/卫星/多普勒组合导航技术研究[D]. 哈尔滨: 哈尔滨工程大学, 2012.

[34] 郑丽莹. 可控被动式减摇水舱控制与仿真研究[D]. 哈尔滨: 哈尔滨工程大学, 2006.

[35] 张亮, 李云波. 流体力学[M]. 哈尔滨: 哈尔滨工程大学出版社, 1997.

[36] Riedel J S. Seaway learning and motion compensation in shallow waters for small AUVs [D]. Monterey: Naval Postgraduate School, 1999.

[37] 殷长秋. 光折变体三维全息存储器编解码方式及其寻址方式的研究[D]. 天津: 南开大学, 2006.

[38] 刘开周, 郭威, 王晓辉, 等. 一类载人潜水器推进系统特性的软测量研究[J]. 仪器仪表学报, 2007, 28(s4): 13-16.

3

水下机器人数值仿真基础理论与方法

上一章主要研究了水下机器人及海洋环境的机理建模法、插值/拟合建模法、随机建模法、相似建模法和综合建模法，这些水下机器人本体及海洋环境现代建模理论与方法为水下机器人的仿真奠定了坚实的理论基础。按照仿真系统中物理部件参与多少的不同，水下机器人计算机仿真主要分为水下机器人数值仿真、半物理仿真和全物理仿真。本章主要研究水下机器人数值仿真基础理论与方法。

本章首先研究数值仿真算法的稳定性、仿真精度、仿真步长等基础理论，其次研究了连续系统的数值积分方法和离散相似法等数值仿真算法，以及离散系统的事件调度法、活动扫描法和进程交互法等数值仿真方法，再次研究了遗传算法、人工神经网络、模拟退火算法和蚁群算法等智能优化算法，最后研究了基于MATLAB、Simulink、Visual C++、Google Earth、Vega Prime 等专业软件的数值仿真及其应用案例。

3.1 数值仿真算法的稳定性与仿真精度

水下机器人数值仿真算法是指基于水下机器人模型在计算机上进行仿真研究的方法。在水下机器人系统模型转换为计算机模型中，仿真算法是其中的核心问题。在系统仿真中，针对具体系统选择算法需要关注算法的性能，对不同的算法进行比较与选择。

数值仿真算法的性能分析包括稳定性、误差、计算效率等方面[1]。选择数值仿真算法时，首先要考虑的是该种数值仿真算法的稳定性。若运算过程中计算误差不断增长，则算法为数值不稳定，反之则算法为数值稳定。此外，由于计算机是采用浮点数进行运算，截断误差在所难免。不同数值仿真算法计算效率也各不相同，如微分方程常用的数值积分法有多种解法，而每种解法的运行时间、占用内存大小等各有差异，要根据实际问题进行选择。

3.1.1 数值仿真算法的稳定性

采用计算机对系统进行动态仿真，首先要考虑系统的稳定性，只有稳定的系统其仿真结果才有意义。但有时会出现这种情况，即原本稳定的系统，经数值仿真计算后的数值却是发散的，这属于数值仿真计算稳定性不符合要求。由于数值仿真时存在计算误差，对仿真结果会产生影响，若计算结果对系统仿真的计算误差反应不敏感，那么称为算法稳定，否则称为算法不稳定。对于不稳定的算法，误差会不断积累，最终可能导致数值仿真计算达不到系统要求而失败。

3.1.2　数值仿真过程的误差

系统仿真很注重仿真精度，要达到用户规定的精度要求，就应当分析仿真中存在的误差及产生误差的原因，并找到适当的方法加以改进。

数值积分法求解微分方程，实质上是通过差分方程作为递推公式进行的。在计算机逐次计算时，初始数据的误差及计算过程的舍入误差等都会使误差不断积累。如果这种仿真误差积累能够抑制，不会随计算时间增加而无限增大，则认为相应的数值计算方法是数值稳定的；反之，则是数值不稳定的[2]。

数值仿真误差与数值仿真计算方法、计算机的精度以及计算步长的选择有关。当计算方法和计算机确定后，则仅与计算步长有关。数值仿真误差一般有初始误差、截断误差和舍入误差三种。

1. 初始误差

在对系统数值仿真时，要采集现场的原始数据，而数值计算时要提供初始条件，这样由于数据的采集存在偏差，会造成数值仿真过程中产生一定的误差，此类误差称为初始误差。要消除或减小初始误差，就应对现场数据进行精确的检测，也可以多次采集，以其平均值作为参考初始数据。

2. 截断误差

当数值仿真步长确定后，采用的数值积分公式的阶次将导致系统仿真时产生截断误差，阶次越高，截断误差越小。通常数值仿真时多采用四阶龙格-库塔法，其原因就是该种计算公式的截断误差较小。通常计算步长越小，截断误差也越小。

3. 舍入误差

舍入误差是由计算机的精度有限(位数有限)产生的。计算机的字长有限，不同硬件配置和操作系统的计算机其计算结果的有效数值不一致，导致数值仿真过程出现舍入误差。一般情况下，要降低舍入误差，应选择档次高些的计算机，其字长越长，仿真数值结果尾数的舍入误差就越小。此外，计算步长小，计算次数越多，舍入误差越大。

3.1.3　数值仿真步长的选择

一个数值解是否稳定取决于该系统微分方程的特征根是否满足稳定性要求，而不同的数值积分公式具有不同的稳定区域，在仿真时要保证稳定就要合理选择仿真步长，使微分方程的解处于稳定区域内。

对截断误差而言，计算步长越小越好，但太小不但会增加计算时间，而且由于舍入误差的增加，不一定能达到提高精度的目的，甚至可能出现数值不稳定情况。计算步长太大，精度又不能满足要求，而且计算步长超过该算法的判稳条件时，也会出现不稳定情况。由此可见，计算步长只能在某一范围内选择。

一般控制系统的输出动态响应在开始变化较快，到最后变化将会很缓慢。这时，计算可以采用变步长的方法，即在开始阶段步长取得小些，在最后阶段取得大些，这样既可以保证计算精度，也可以加快数值仿真计算速度。对于一般工程计算，如果计算精度要求不太高，可采用定步长的方法。

由于积分步长直接与系统的仿真精度和稳定性密切相关，所以应合理地选择积分步长的值，以保证仿真结果符合用户要求。通常，积分步长 h 的选择要遵循以下两个原则。

1. 保证系统的数值仿真算法稳定

当已知系统最小时间常数 t 时，根据理论推导所得到的经验公式，采用欧拉法仿真要选择 $h < 2t$，采用四阶龙格-库塔法仿真应选择 $h < 5.78t$。

2. 保证数值仿真算法具备一定的仿真精度

一般情况下，仿真中的初始误差及舍入误差对仿真过程有影响。在实际工程中，常应用局部误差分析、整体误差分析、绝对稳定分析等概念和性质来分析数值仿真算法。

3.2　连续系统的数值仿真算法

连续系统的特点是系统的状态随时间连续变化，由于数字计算机时间及数值均具有离散性，而连续系统的时间及数值具有连续性，因此连续系统数值仿真的本质是从时间、数值两方面对原连续系统模型离散化，并选择合适的数值计算方法来近似积分运算，从而得到离散模型来近似原连续系统模型。

连续系统数值仿真的离散化方法有两类：数值积分法和离散相似法。其中，数值积分法是 MATLAB 等软件连续系统数值仿真中最基本的算法。

3.2.1 数值积分法

如前所述，连续系统动态模型常用微分方程(组)数学模型来描述。高阶微分方程(组)可转化为一阶微分方程(组)来研究，用一阶微分方程(组)初值问题解法来解高阶微分方程初值方程。应用解析方法求解常微分方程初值问题，只能求出一些特殊类型方程的解。在大多数情况下，只能通过其数值解才能满足工程需要。

此初值问题的数值解就是对未知函数 $y = f(x)$ 给出在一系列节点 x_0、x_1、$\cdots$、x_n 处的函数值 y_0、y_1、$\cdots$、y_n，用图形描述则是求出曲线下包含面积的近似值(图 3.1)。

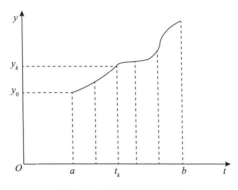

图 3.1　积分的图形描述

数值积分中常用的方法有三种：一是单步法和多步法，其中单步法在计算 y_{k+1} 时只需利用 t_k 时刻的信息，也称为自启动算法；多步法在计算 y_{k+1} 时需利用 t_k、$t_{k-1}\cdots$ 时刻的信息。二是显式法和隐式法，其中显式法在计算 y_{k+1} 时所需数据均已算出；隐式法在计算 y_{k+1} 时需用到 t_{k+1} 时刻的数据，该算法必须借助预估公式。三是定步长法和变步长法，其中定步长为积分步长，在仿真运行过程中始终不变；变步长在仿真运行过程中自动修改步长。

下面就用不同的数值积分公式代替此积分，得出相应的微分方程数值解公式，常用的有欧拉(Euler)法、梯形法、龙格-库塔(Runge-Kutta)法等。

1. 欧拉法

欧拉法是最简单的数值积分方法，欧拉公式如式(3.1)所示。欧拉法的几何意义是：在求积分的过程中，用矩形面积代替小区间的曲线积分。

$$y_{i+1} = y_i + h \cdot f(x_i, y_i) \tag{3.1}$$

式中，h 为步长。

欧拉法虽然对理论分析很有用，但数值仿真的计算精度差，故不实用。

2. 梯形法

为了提高数值仿真的计算精度，我们改用梯形公式计算求积项。梯形法计算公式如式(3.2)所示：

$$\begin{cases} \tilde{y}_{i+1} = y_i + h \cdot f(x_i, y_i) \\ \tilde{y}_c = y_i + h \cdot f(x_{i+1}, \tilde{y}_{i+1}) \\ y_{i+1} = \dfrac{h}{2} \cdot (\tilde{y}_{i+1} + \tilde{y}_c) \end{cases} \quad i = 0,1,2,\cdots,n \tag{3.2}$$

式(3.2)第三式右端含有未知的 $\tilde{y}_c$，因此也称为隐式法。为了应用式(3.2)计算 y_{i+1}，先用欧拉公式计算 y_{i+1} 的近似值 $\tilde{y}_{i+1}$，称其为预报值，然后用预报值 $\tilde{y}_{i+1}$ 代替式(3.2)第三式右端的 $\tilde{y}_c$ 再计算出校正值 y_{i+1}。这样建立起来的预报-校正系统称为改进的欧拉公式。梯形法的特点是：计算量小但不能自动开始，改变步长困难，为多步法。

3. 龙格-库塔法

龙格-库塔公式建立的基本思想是：用不同点的函数值作线性组合构造近似公式，再将近似公式与解析解的泰勒(Taylor)展开式相比较。要求二者前面的若干项吻合，从而使近似公式达到一定的阶数。

假定初值问题的解 $y(t)$ 及函数 $f(x, y(x))$ 充分光滑，常用的二阶龙格-库塔公式如式(3.3)所示：

$$\begin{cases} y_{i+1} = y_i + \dfrac{h}{2} \cdot (k_1 + k_2) \\ k_1 = f(x_i, y_i) \\ k_2 = f(x_i + h, y_i + hk_1) \end{cases} \quad i = 0,1,2,\cdots,n \tag{3.3}$$

常用的四阶龙格-库塔公式如式(3.4)所示：

$$\begin{cases} y_{i+1} = y_i + \dfrac{h}{6} \cdot (k_1 + 2k_2 + 2k_3 + k_4) \\ k_1 = f(x_i, y_i) \\ k_2 = f(x_i + \dfrac{h}{2}, y_i + \dfrac{h}{2}k_1) \\ k_3 = f(x_i + \dfrac{h}{2}, y_i + \dfrac{h}{2}k_2) \\ k_4 = f(x_i + h, y_i + hk_3) \end{cases} \quad i = 0,1,2,\cdots,n \tag{3.4}$$

从上述分析可以看出，欧拉公式可看作一阶龙格-库塔公式，二阶龙格-库塔公式数值仿真计算精度高于欧拉公式,四阶龙格-库塔公式计算精度更高,经常采用。以上欧拉法、二阶龙格-库塔法和四阶龙格-库塔法均为一步法。

综上所述,数值积分常用算法的特点如下:

(1)欧拉法是解初值问题最简单的数值方法,由于其计算精度低,一般不用于实际问题的求解。

(2)隐式方法一般比显式方法要好,由于其计算量较大,常用这两种方法组合的预测-校正公式来近似代替隐式方法。

(3)龙格-库塔法巧妙利用函数 $f(x,y)$ 在一些点上的函数值的线性组合,获得了高阶的数值解法。它避开了要获得高阶方法须对 $f(x,y)$ 求高阶导数的不便,是离散化方法中 Taylor 展开式的一个应用。龙格-库塔法主要用于定步长的情况,从准确性和计算量的综合效果看,经典的龙格-库塔法是首选。

3.2.2   离散相似法

离散相似法是将一个连续系统进行离散化处理,求得与其等价的离散模型的方法。该种方法的实质是用常系数差分方程来等效原常系数微分方程,然后用迭代的方法求解差分方程。

连续系统可以用状态空间模型表示,因此可以基于状态方程离散化,得到时域离散相似模型。对传递函数作离散化处理得到离散传递函数,称为频域离散相似模型。

时域离散相似的基本原理是对连续系统进行离散化处理后得到离散相似模型,根据离散状态方程得到系统模型有关的系数-状态转移矩阵。而频域离散相似法的基本原理是将离散相似法用于连续传递函数,从而得到系统离散传递函数。

3.3   离散事件系统的数值仿真算法

离散事件系统的突出特点是系统状态变量只在特定的离散时间点上发生跃变,而在两个相邻离散时间点之间不发生任何变化。这是这类系统区别于连续时间系统的主要方面,也是数学建模的基本依据。离散事件系统数值仿真不同于连续系统数值仿真,在连续系统数值仿真中,时间通常被分割成均等或非均等的间隔,并以一个基本的时间计时,而离散事件系统的数值仿真则经常是面向事件的,系统中的状态只是在离散时间点上发生变化,且这些离散时间点一般是不确定的,如载人潜水器的设备控制、水下机器人 AUV 避碰系统等。

在连续系统数值仿真中,仿真结果表现为系统变量随时间变化的时间历程;

在离散事件系统数值仿真中，系统变量是反映系统各部分相互作用的一些事件，仿真结果是产生处理这些事件的事件历程。离散事件系统的仿真可采用事件调度法、活动扫描法、进程交互法等多种方法[3]。

1. 事件调度法

按事件调度法建立模型时，所有事件均放于事件列表中。模型中设有一个时间控制成分，该成分从事件表中选择发生时间最早的事件，并将仿真中的时间修改到该事件发生的时间，再调用与该事件相应的事件处理模块，该事件处理完毕后返回时间控制成分。这样，事件的选择与处理不断地进行，直到仿真终止的程序事件发生为止。在这种方法中，任何条件的测试均在相应的事件模块中进行，是一种面向时间的仿真算法。

2. 活动扫描法

该类仿真中，系统由部件组成，而部件包含着活动，该活动是否发生，视规定的条件是否满足而定，因而有一专门模块来确定激活条件。若条件满足，则激活相应部件的活动模块。时间控制程序较其他条件具有更高的优先级，即在判断激活条件时，首先判断该活动发生的时间是否满足，然后再判断其他条件。若所有条件均满足，则执行该部件的活动子程序，然后再对其他部件进行扫描。在对所有部件遍历后，又按同样顺序进行循环扫描，直到仿真终止。

3. 进程交互法

进程交互法综合了事件调度法和活动扫描法这两种方法的特点，采用两张事件表，即当前事件表与将来事件表。当前事件表包含了从当前时间点开始有资格执行的事件记录。每一个事件记录中包含该事件的若干属性，其中必有一个属性说明该事件在过程中所处位置。进程交互法首先按一定分布产生到达实体并置于将来事件表中，实体进入排队等待；然后对当前事件表进行扫描，判断各种条件是否满足；再对满足条件的活动进行处理，仿真软件推进到服务结束并将该实体从系统中消除；最后把将来事件表中为当前事件的实体移至当前事件表中。

3.4 智能优化算法

从数学意义上说，优化方法是一种求极值的方法，即在一组约束为等式或不等式的条件下，使系统的目标函数达到最大/最小值。

优化模型一般包括变量、约束条件和目标函数三要素。变量是指最优化问题中待确定的某些量。约束条件是指在求最优解时对变量的某些限制，包括等式约束、不等式约束等。列出的约束条件越接近实际系统，则所求得的系统最优解也就越接近实际最优解。目标函数是系统的代价函数，它必须在满足规定的约束条件下达到最大/最小值。

不同类型的最优化问题可有不同的最优化方法，即使同一类型的问题也可有多种最优化方法。反之，某些优化方法可适用于不同类型的模型。优化问题的求解方法包括无约束优化算法、约束优化算法以及智能优化算法等。无约束优化算法包括牛顿法、最速下降法、共轭梯度法、变步长法、单纯形法等；约束优化算法包括蒙特卡罗法、随机搜索法、复合形法等直接法，以及惩罚函数法、二次规划法等间接法。智能优化算法包括遗传算法、人工神经网络算法、模拟退火算法、蚁群算法等。本书重点介绍智能优化算法。

3.4.1 遗传算法

遗传算法是利用模拟生物遗传过程的数学模型进行群体优化的算法。遗传算法的处理对象是问题参数编码集形成的个体，遗传过程用"选择""交叉""变异"三个算子进行模拟，产生和优选后代群体。经过若干代的遗传，将获得满足问题目标要求的优化解。遗传算法具有以下三个特点[4]。

1. 应用范围广

由于遗传算法具有很大的通用性，因此它的应用范围很广。

2. 全局搜索能力

遗传算法具有对巨大搜索空间并行的全局搜索能力，可同时对搜索空间内的解进行评价，减少了陷入局部最优解的可能性，提高了计算的速度。

3. 高效搜索

遗传算法利用概率方法引导其搜索朝着搜索空间中接近最优解的子空间移动，看似盲目搜索，实为方向明确的高效搜索。

3.4.2 人工神经网络算法

人工神经网络主要是由大量与自然神经细胞类似的人工神经元互联而成的网络。人工神经网络的工作和方法是模仿人类大脑的。大脑是一个神秘的世界，虽然到目前为止人们还不能完全解释大脑思维、意识和精神活动，但已从神经结构、细胞体构成上初步探明了大有作为的组织特征，并通过实验证明许多大脑认知机理。各种研究与实验表明，人类大脑中存在着由大量神经元细胞结合而成的神经网络，而且神经元之间以某种形式相互联系。

人工神经网络的工作原理大致模拟人脑的工作原理[5]，即首先要以一定的学习准则进行学习，然后才能进行判断评价等工作。它主要根据所提供的数据，通过学习和训练，找出输入与输出之间的内在联系，从而求取问题的解。人工神经网络是模仿生物神经网络功能的一种经验模型，输入和输出之间的变换关系一般是非线性的。首先根据输入的信息建立神经元，通过学习或自组织等过程建立相应的非线性数学模型，并不断进行修正，使输出结果与实际值之间的差距不断缩小。人工神经网络通过样本的学习和培训，可记忆客观事物在空间、时间方面比较复杂的关系。

神经网络的特点是将信息或知识分布存储在大量的神经元或整个系统中。它具有全息联想的特征，调整运算的能力，很强的适应能力和自学习、自组织的潜力。另外，它有较强的容错能力，能够处理那些有噪声或不完全的数据。

3.4.3　模拟退火算法

1953 年, N. A. Metropolis 提出了模拟退火算法的思想。1983 年, S. Kirkpatrick 提出了模拟退火算法，现已被广泛应用于众多科学技术和工程领域，解决了多种难解的优化问题。1985 年，美国加州理工学院的 J. J. Hopfield 在解决团队软件过程(TSP)时，把待求解的问题化为一个能量函数来计算，通过使用模拟退火算法，使该能量函数按照统计学中的"退火"机理到达一个最低温度，这个最小值正好对应于一定约束条件下的问题的近似最优解[6]。

模拟退火算法分为两类：一类是随机模拟退火算法, S. Kirkpatrick 提出的方法属于此类；另一类是确定模拟退火算法, 1987 年 C. Peterson 提出的均场退火算法属于此类。在 S. Kirkpatrick 将统计学中的退火概念用于最优化算法取得突破性成果的基础上, C. Peterson 将统计物理中常用的"均场近似"要领用于最优化算法，产生了新型的模拟退火算法。该算法用确定性等式代替了模拟退火算法漫长的随机更新过程，有效克服了模拟退火算法热平衡随机松弛过程太长的缺点。但是它与模拟退火算法一样，并不能保证找到全局最优解。它有两种基本运算：一种是与模拟退火算法类似的、用于实现降温过程的势力学运算；另一种是用于搜索近似最优解平均值的确定性松弛运算，而不是模拟退火算法的随机松弛运算。1995 年, L. Chen 提出了混沌模拟退火算法, 1996 年, S. H. Bang 提出了硬件模拟退火算法。这两种新方法均属于确定模拟退火算法[6]。

确定模拟退火算法适用于需要高速求解的优化问题，在光纤通信网络、无线电通信网络、通信卫星、反导预警系统等领域中有着重要的用途。

3.4.4 蚁群算法

1990 年，J. L. Deneubourg 等通过实验观察蚂蚁的集体智能行为，构建了人工蚂蚁模型系统。1992 年，意大利的 A. Colorni、M. Dorigo 和 V. Maniezzo 等第一次提出蚁群算法，并利用它求解了 TSP 问题，展示了蚁群算法的巨大潜力[6]。近年来，蚁群算法已迅速发展为一种启发式优化算法，被广泛应用于系统优化中。

蚁群算法是模仿蚂蚁搜索食物的动态优化过程[7]。蚂蚁搜索食物的路径受两个搜索参数影响：一个是它在附近看见食物的可能性，另一个是在每一只蚂蚁周围出现食物的吸引力。此外，每一只蚂蚁搜索食物的路径还受到其他蚂蚁所留足迹的影响，这些足迹带有可存储信息的化学物质——激素，它像路标一样指示可能找到食物的路径。足迹强度随着时间的推移逐渐减弱，直到"随风飘散"。当然，也会由于新的足迹叠加而使足迹强度增大。足迹强度值的动态变化是一种自动化进行的优化过程，它引导蚂蚁搜索到有可能找到食物的区域。

蚁群算法具有与神经网络算法相似的特点，也被称为模拟进化算法。它采用交互式学习方法，借助并行计算、交互处理、智能路径进化搜索，可解决许多优化问题。

近年来，蚁群算法的应用领域迅速扩展。例如，它不仅成功地解决了 TSP 及地图着色问题，而且还用于互联网通信路径选择、大型通信网络的优化管理、无人驾驶车的路径搜索、生产作业调度及航空公司货物运输计划等[8]。此外，蚁群算法在水下机器人领域也有广泛的应用。

3.5 基于专业软件的数值仿真

本节主要介绍基于常用专业软件的水下机器人数值仿真技术，包括基于 MATLAB 的数值仿真、基于 Simulink 的数值仿真、基于 Visual C++的数值仿真、基于 Google Earth 的数值仿真、基于 Vega Prime 虚拟现实的数值仿真以及基于多种软件的水下机器人联合仿真等技术。

3.5.1 基于 MATLAB 的数值仿真

MATLAB 作为世界上最流行的数值计算的计算机语言，在科学计算、系统建模与仿真、网络控制、数据分析、自动控制、航空航天、图形图像处理、生物医学、物理学、通信系统、数字信号处理系统、财务、电子商务等不同领域得以应用。目前，MATLAB 已引起众多科研领域的关注[9,10]。

1. MATLAB 简介

MATLAB 软件是由美国 MathWorks 公司推出的用于数值计算和图形处理的科学计算系统。MATLAB 是 Matrix Laboratory(矩阵实验室)的缩写,被誉为"巨人肩膀上的工具"。由于使用 MATLAB 编程运算与人进行科学计算的思路和表达方式一致,所以不像学习其他的高级语言那样难以掌握,用 MATLAB 编写程序好比在草稿上列出公式与求解问题。在该环境下对所要求解的问题,用户只需要列出简单的数学表达式,其结果便以数值或图形方式显示出来[9,11]。

最早开发 MATLAB 软件的目的就是帮助学校的老师和学生更好地授课和学习。自 MATLAB 诞生以来,由于其高度的继承性和应用的方便性,在高等院校中得到了广泛的应用与推广。由于它能非常快地实现科研人员的设想,极大地节约了宝贵的时间,受到了科研人员的青睐。用它可以很方便地设计出可视化的图形用户界面(GUI),像 VB 一样设计出漂亮的交互界面,同时还具有丰富的函数库,极易实现计算功能。另外,MATLAB 和其他的高级语言也有很好的接口,可以方便地与其他高级语言混合编程,进一步拓宽了它的适用领域和应用范围。

在美国的一些大学里,MATLAB 软件正成为对数值计算、线性代数和其他一些高等数学应用课程的有力工具;在工程技术领域,MATLAB 也被用来构建、分析一些工程实际的数学模型,其典型的应用包括数值计算、算法验证,以及一些特殊的矩阵计算应用,如自动控制理论、统计、数字信号处理、图像处理、系统辨识和神经网络等。它包括了称为工具箱的各类应用问题的求解工具。工具箱实际上是对 MATLAB 软件进行扩展应用的一系列 MATLAB 函数,它可以用来求解许多科学门类数据处理与分析问题。

在 MATLAB 环境下用户可以方便地进行程序设计、数值计算、图形绘制、输入输出、文件管理等操作。MATLAB 提供了一个有着良好人机交互功能的数学系统环境,该系统的基本元素是矩阵,在生成矩阵对象时不要求明确地说明其维数。同使用 FORTRAN 或 C 语言作数值计算的程序相比,通过使用 MATLAB 可以大量缩短编程所需的时间[12]。它具有以下特色。

(1)强大的数值和符号计算功能。MATLAB 计算功能强大,符号数值的各种规模和形式的计算都能够进行,强大的矩阵计算能力和对稀疏矩阵的处理能力可以解决很多大型问题。MATLAB 的计算功能包含矩阵计算、多项式和有理分式计算、数据统计分析、优化处理、数值积分等。

(2)易学易用的语言。MATLAB 除了有命令行的交互操作,还可以以编写程序的方式工作,从而使用 MATLAB 很容易实现 C 或者 FORTRAN 语言的全部功能,也包括 GUI 的设计,并且编程语言简单易学。MATLAB 程序可扩展性强,用户可编辑自己的工具箱。

(3)强大的图形功能[13]。MATLAB 提供了两种不同层次的图形命令语句:一种是通过图形进行低级运行的命令语句；另外一种是基于低级图形命令上的高级图形命令。利用 MATLAB 的图形命令可以方便地绘制二维、三维甚至四维的图形，可以进行图形或坐标的表示，视角、光照设计、色彩的精细控制等。

(4) 很有特色的工具箱。MATLAB 的应用工具箱主要分为三类：基本工具箱、通用工具箱和专业工具箱。其中，基本工具箱中有几百个内部函数作为其最核心的部分；通用工具箱则主要用来补充代数计算功能、可视建模的仿真功能以及文字处理的功能等；专业工具箱有相对比较强的专业性，如控制工具箱、信号处理工具箱、神经网络工具箱、鲁棒控制工具箱、优化工具箱、通信工具箱、图像处理工具箱、金融工具箱等，工程师或科学家可以直接利用这些专业的工具箱进行相关专业领域的研究。

2. MATLAB 常用窗口介绍

命令窗口(COMMAND WINDOWS)。命令窗口是 MATLAB 软件最基本的窗口，缺省情况下位于 MATLAB 桌面的右侧。该窗口是运行各种 MATLAB 命令的最主要窗口。在该窗口内，可以键入各种 MATLAB 命令、函数、表达式，并显示除图形之外形式的运算结果。

历史命令窗口(COMMAND HISTORY)。历史命令窗口位于 MATLAB 操作桌面的左下侧。历史命令窗口记录用户在 MATLAB 命令窗口输入过的所有命令行。历史命令窗口可以用于单行或者多行命令的复制和运行，生成 m 文件等。使用方法如下：左键选中单行或者多行命令，鼠标右键激活菜单项，菜单项中包括拷贝(COPY)、已选内容评估(EVALUATE SELECTION)和创建 m 文件(CREATE MFILE)命令，以及删除(DELETE)等命令。历史命令窗口也可以切换成独立窗口和嵌入窗口。

工作空间浏览器(WORKSPACE BROWSER)。在缺省的情况下，工作空间浏览器位于 MATLAB 桌面的左上方前台，工作空间浏览器中可以查阅保存编辑内存或删除内存变量。选中变量，单击右键打开菜单项。菜单中打开(OPEN)命令可以在 ARRAYEDITOR 中打开变量。作图(GRAPH)命令可以选择适当的图形命令使变量可视化。

当前目录浏览器(CURRENT DIRECTORY BROWSER)。缺省情况下，当前目录浏览器位于 MATLAB 的左上方前台。单击 CURRENT DIRECTORY 即可在前台看到。选中文件可以完成打开或者运行 m 文件、加载数据文件等操作。

内存组数据编辑器(ARRAY EDTIOR)。利用内存组数据编辑器，可以输入大数组。首先在命令窗口创建新变量。然后在工作空间浏览器中双击该变量，在数据组编辑器中打开变量。在数据格式(NUMERIC FORMAT)中选择适当的数据类型，在维数(SIZE)中输入行数，即可得到一个大规模数据组。修改数组元素即可以得到所需数组。这对于要将变量数据调出来，用其他软件绘制图形时特别有用。

m 文件编辑器/调试器（EDITOR/DEBUGGER）。对于简单的或一次性的问题，可以通过在命令窗口直接输入一组命令行去求解。当所需命令行较多或者需要重复使用一段命令时，就要用到 m 脚本编程。单击 MATLAB 的下拉菜单项 FILE→单击 NEW→单击 M-FILE，可以创建一个 m 文件；单击 MATLAB 的下拉菜单项 FILE→单击 OPEN，则可以打开一个 m 文件。

交互界面分类目录窗口（LAUNCH PAD）。通过单击 MATLAB 中菜单项 VIEW，单击 LAUNCH PAD 可以打开交互界面分类目录窗口。该窗口可以展开树状结构显示 MATLAB 提供的所有交互界面，包括帮助界面、演示界面和各种应用交互界面。通过双击树结构上的分类图标，即可得到相应的交互界面。

帮助导航/浏览器（HELP NAVIGATOR/BROWSER）详尽展示用超文本写成的有关 MATLAB 的在线帮助。

3. MATLAB 软件的基本操作方法

(1)文件管理方法。例如，MATLAB 软件安装在 X:\MATLAB 下，每次启动 MATLAB 时该目录始终有效，因此，要打开某个 MATLAB 文件，计算机都会从该默认的路径去查找文件，当然这个默认的路径可以不是当前操作的路径，为了使用方便，最好把默认路径重新设置到需要的路径上去。

(2)灵活使用帮助系统。MATLAB 的所有执行命令，函数的 m 文件都有一个注释区。该区域中可用纯文本形式简要地叙述该函数的调用格式和输入量的含义。在命令窗口中运行 help 命令可以获得不同范围的帮助。

(3)基本绘图方法介绍。MATLAB 提供了丰富的绘图功能。例如，在命令窗口中键入 help graph2d，便可得到所有绘制二维图形的命令语句；在命令窗口键入 help graph3d 便可得到所有绘制三维图形的命令。

(4)数据的储存与载入方法。MATLAB 储存变量的基本命令是 save：该命令将当前工作空间中所有变量储存到名为 MATLAB.MAT 的二进制档案。save D:\FILENAME：该命令将当前空间所有变量储存到 D 盘名为 FILENAME.MAT 的二进制文件。save D:\FILENAME X Y Z：该命令将当前工作空间中的 X、Y、Z 储存到 D 盘名为 FILENAME.MAT 的二进制文件。

(5)一些注意事项。MATLAB 可同时执行数个命令语句，只需要以逗号或者分号将各个命令隔开。若要输入矩阵，必须在同一行结尾加上分号"；"。若要检查当前工作空间的变量个数，可以键入"who"。若要知道变量的详细资料可以键入"whos"。使用 clear 可以删除工作空间中的所有变量。使用 clc 可以删除命令窗口中所有变量。使用 clf 可以清除图形窗口中的图形。在英文输入状态下输入这些命令，以免出错。

另外，MATLAB 有些永久常数，虽然在工作空间中看不到，但使用者可以直接取用。例如，pi=3.1416；i 或者 j 为基本虚数单位；eps 为系统浮点计算相对精度；inf 为无限大，如 1/0；nan 为非数值，如 0/0。

(6)一些重要的 MATLAB 系统命令如表 3.1 所示。

表 3.1　主要的 MATLAB 系统命令

命令	含义	命令	含义
help	在线帮助	echo	命令回显
helpwin	在线帮助窗口	cd	改变当前工作目录
helpdesk	在线帮助工作台	pwd	显示当前工作目录
demo	运行演示程序	dir	指定目录的文件清单
ver	版本信息	unix	执行 unix 命令
readme	显示 readme 文件	dos	执行 dos 命令
who	显示当前变量	!	执行操作系统命令
whos	显示当前变量详细信息	computer	显示计算机类型
clear	清除内存变量	what	显示指定 MATLAB 文件
pack	整理工作空间的内存	lookfor	在 help 中搜索关键字
load	把文件变量导入工作空间	which	定位函数文件
save	把变量存入文件	path	指定或设置所搜路径
quit/exit	退出 MATLAB	clc	清空命令窗口的内容
clf	清理图形窗口	open	打开文件
md	创建目录	type	显示 m 文件的内容
edit	打开 m 文件编辑器	more	使显示内容分页显示

3.5.2　基于 Simulink 的数值仿真

MATLAB 是当今较流行的通用计算软件之一，Simulink 是基于 MATLAB 的图形化仿真平台，是 MATLAB 提供的进行动态系统建模、仿真和综合分析的集成软件包，Simulink 和 MATLAB 之间可以灵活进行交互操作。本节主要介绍 Simulink 应用基础知识，关于 MATLAB 和 Simulink 的详细介绍可参阅有关书籍和在线帮助。

1. Simulink 简介

Simulink 作为 MATLAB 最重要的组件之一，它提供了一个动态系统的建模、仿真以及分析的综合环境。在该板块中，用户不需要大量书写程序，而只是需要通过简单直观的图形操作，就可以构造出复杂的系统。Simulink 具有适应面很广、结构流程清晰、仿真精细、效率高、灵活等优点，因此已被广泛应用于自动控制理论和数字信号处理等复杂系统的建模、仿真和设计中。同时有大量的第三方软件和硬件可应用于或被要求应用于 Simulink[14]。

Simulink 可以用连续采样、离散采样或两种混合的采样时间进行建模，它也支持多速率系统，也就是系统中的不同部分具有不同的采样频率。为了能够创建动态系统的模型，Simulink 提供一个图形用户界面(GUI)接口建立模型方块图，这个创建过程只需简单的单击和拖动鼠标就能够完成，这种方式更快捷、简明，用户可以快速看到系统的仿真计算结果[15]。

Simulink 适用于处理嵌入式系统和动态系统的多领域联合仿真和基于模型的问题。对各种时变系统，包括控制、信号处理、通信、图形处理和视频处理系统，Simulink 提供了交互的图形化环境以及可定制模块库来进行设计、仿真、执行和测试等相关功能。

基于 Simulink 的其他产品扩展了 Simulink 多领域协同建模的功能，也提供了应用于设计、执行、验证和确认任务的相关工具。Simulink 与 MATLAB 紧密集成，用户可以直接访问 MATLAB 大量的函数工具代码来进行算法研究、仿真的分析和可视化、创建批处理脚本、定制建模环境及定义信号参数和测试数据等操作。

Simulink 强大的功能给予它丰富的应用环境，因此它具有以下特点[16]。

(1)丰富的可扩充预定义模块库；

(2)交互的图形编辑器，用户管理直观的模块图；

(3)基于功能层次性的分割模型，实现对复杂设计的管理；

(4)通过 Model Explorer 可创建、配置、搜索、导航模型内任意的参数、属性、信号，生成模型代码；

(5)提供应用程序接口(API)用来链接其他的仿真程序或代码；

(6)在 Simulink 或者嵌入式系统中使用 Embedded MATLAB 模块调用 MATLAB 算法；

(7)选择使用定步长或者变步长进行仿真，根据仿真模式(Normal、Accelerator、Rapid Accelerator)来决定以解释性的方式运行模型或编译成 C 代码的形式运行模型；

(8)用图形化的调试器或者剖析器检查仿真计算结果，诊断设计系统的性能以及异常行为；

(9)可访问 MATLAB 软件从而对结果进行对比分析、制定建模环境、可视化、定义信号参数或测试数据；

(10)通过模型分析和一些诊断工具来保证模型的一致性，从而检查模型中存在的错误。

2. Simulink 的常用模块

Simulink 提供了大量的以图形形式给出的内置模块，使用这些内置模块可以非常方便快速地构建所需的系统模型。由于内置模块的数量太多，我们在此仅介绍一些常用模块，Simulink 的模块库浏览器如图 3.2 所示。

模块的使用方法[17]是，在 Simulink 主窗口中选择需要的模块，按住鼠标左键并将其拖动到打开的 Simulink 模型编辑器中，释放鼠标，然后就可以在模型编辑器中对模块进行有关的操作。模块的操作主要包括模块的选择、移动、删除、复制、粘贴、旋转、标识、改变颜色和改变阴影效果等，这些操作与一般的软件类似，详细的操作步骤请参考 MATLAB 相关书籍。在 Simulink 模型编辑器中，还可以通过按住鼠标左键并拖动鼠标的方法选择多个对象，进行复制，然后在该窗口或打开的其他 Simulink 模型编辑器粘贴。

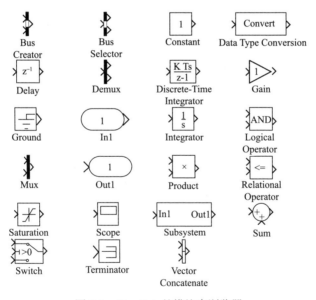

图 3.2　Simulink 的模块库浏览器

模块的另一个操作就是模块的连接，连接模块时将光标指向起始模块的输出端口，按住鼠标左键并拖动到目标模块的输入端口、松开鼠标即可。完成后在连接处出现一个箭头，表示信号的流向，Simulink 模型中模块间的连接线称为信号线。

此外，许多模块(如常数模块、MATLAB 函数模块等)都有自己的参数，为了正确仿真和分析，必须正确设置模块的参数，为此，双击需要设置参数的模块，打开包含该模块的简单描述和模块参数选项的模块对话框，在该参数对话框中正确设置参数即可。

常用模块使用时需要注意的是信号的操作，对信号的操作主要有信号线的分支和信号的组合与分解。

对信号线进行分支可以使用鼠标右键单击需要分支的信号线拖至目标模块。在 Simulink 模型中，有时需要将某些模块的输出信号合成一个列阵信号，并将得到的列阵信号作为另外模块的输入，有时又需要将一个列阵信号分解成多个信号。能够完成信号组合与分解功能的模块是信号组合器模块和信号分解器模块，使用信号组合器模块可以将多个标量信号组合成一个列阵信号，使用信号分解器模块可以将一个列阵信号分解成多个信号，此外还可以对信号进行标识。

3.5.3 基于 Visual C++ 的数值仿真

1. Visual C++ 简介

C++ 语言是从 C 语言发展而来的。C 语言是一种面向过程的程序设计语言，实现了结构化和模块化，在处理小规模程序时，显得比较方便，但是在处理大规模、复杂的程序时，就显得明显不足。因为 C 语言对程序人员的要求比较高，要求程序设计人员必须全面、细致地设计程序的每一个步骤和细节，整体规划程序的各个环节，显得很烦琐，不适合设计大型软件。针对这个问题，20 世纪 80 年代学者提出了面向对象的程序设计方法，客观模仿事物被组合在一起的方式，将人们的习惯思维和表达方式运用在程序设计中，程序设计人员可以按照人们通常习惯的思维方式来进行程序设计，从而设计出更可靠、更容易理解、可重用性更强的程序，C++ 就是在这种情况下产生的。C++ 自 1983 年诞生以来，就受到了人们普遍重视，特别是在 1998 年 C++ 国际标准版本推出以后，C++ 更是飞速发展，成为当代程序设计的主流语言。

Visual Studio 简称 VS，是微软开发的一套工具集，是目前最流行的 Windows 平台应用程序的集成开发环境。其中 Visual C++ 就是 Visual Studio 的一个重要组成工具。除此之外，还有 Visual Basic、Visual C#、Visual Java 等工具。Visual Studio 可以开发 web 应用程序，也可以开发桌面应用程序。1997 年，微软发布了 Visual Studio 97。1998 年，微软发布了 Visual Studio 6.0。

Microsoft Visual C++（简称 Visual C++、VC++ 或 VC）是微软公司推出的开发 Win32 环境程序，是一种面向对象的可视化集成编程系统。它不但具有程序框架自动生成、类管理灵活方便、代码编写和界面设计集成交互操作、可开发多种程序等优点，而且通过简单的设置就可使其生成的程序框架支持数据库接口、OLE2、WinSock 网络、3D 控制界面。Visual C++ 开发环境为项目管理与配置、源代码编辑、源代码浏览和调试工具提供强大的支持，是开发过程中不可缺少的工具[18]。

2. Visual C++常用窗口介绍

Visual C++ 6.0 开发环境窗口由标题栏、菜单栏、工具栏、项目工作区窗口、文档编辑窗口、输出窗口以及状态栏等组成，如图 3.3 所示。当用户创建或打开一个项目时，其对应的窗口会给出相应的显示信息。

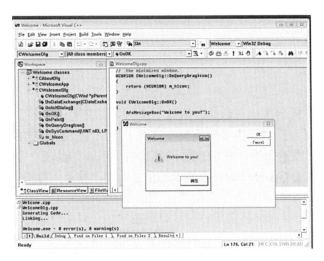

图 3.3　Visual C++ 6.0 开发环境

(1)标题栏。窗口最顶端为标题栏、显示当前项目的名称和当前编辑文档的名称。名称后面有时会显示一个星号单号(*)，表示当前文档在修改后尚未保存。

(2)菜单栏。标题栏下面是菜单栏，菜单栏包含了 Visual C++中全部的操作命令，它提供了文档操作、程序的编译、调试、窗口操作等一系列功能。用户可以通过选取各个菜单项执行各种操作。

(3)工具栏。工具栏一般显示在菜单栏的下方。工具栏以位图的形式显示常用操作命令，比菜单操作更为快捷。当用户点击工具栏中的工具按钮时，能发出相应的命令消息。

(4)项目工作区窗口。工具栏下面的左边是工作区窗口，包含用户项目的一些信息如 ClassView、ResourceView 和 FileView 三个页面，分别列出当前应用程序中所有类、资源和项目源文件。在项目工作区窗口中的任何标题或图标处单击鼠标右键，会弹出当前状态下的常用操作的快捷菜单。

(5)文档编辑窗口。工具栏右下方是编辑区窗口，显示各种程序的源代码文件。

(6)输出窗口。一般位于文档编辑窗口和工作窗口的下面。它显示编译、链接和调试的相关信息。如果进入程序调试(Debug)状态，主窗口中还将出现一些调试窗口。

(7)状态栏。状态栏是在应用程序的主窗口底部的一个区域，用于显示文本消息，包括对菜单、工具栏的解释提示以及 Cap Lock、Num Lock 和 Scroll Lock 键的状态等。

3.5.4 基于 Google Earth 的数值仿真

1. Google Earth 简介

为了更加直观、方便地观察水下机器人控制算法的仿真结果、控制器参数调试，也为了便于将研究的算法推广使用到其他类似系统，本书开发了基于 Google Earth 的便于水下机器人状态和参数估计、控制算法调试的应用程序。

现如今,电子地图在各类导航应用中得到了越来越广泛的使用,3S 技术[GPS、RS(遥感)、GIS]飞速发展。在诸多地理信息系统服务提供商之中，Google 公司 2005 年 6 月推出的 Google Earth 获得了通信、石油、物流、旅游等越来越多行业的青睐。Google Earth 具有如下几个特点[19]:

(1)Google Earth 充分利用了目前计算机技术、空间信息技术等领域先进和主流的技术，这些技术包括数据库管理技术、分布式网络技术、影像拼接技术、数据存储与处理技术以及搜索引擎技术等。Google Earth 代表着现代科技的前沿发展水平。

(2)Google Earth 给全球范围内的地理信息系统的应用开发提供了基础性的免费地理地图，同时也给用户提供了免费的、丰富的、多种分辨率的全世界的影像数据。

(3)Google Earth 提供给用户多种多样的图层信息资源和边界、道路等基础地理信息。Google Earth 数据库存储的海量图层信息中包含了餐厅、机场、商场、公园、酒店等与人们生活紧密相关的信息，与此同时，Google Earth 还提供了很多诸如 National Geographic Magazine 和 Discovery 等具有科普性质和教育性质的专题栏目，切实实现了将地球信息数字化的目标。

(4)Google Earth 使用 Keyhole 标记语言(KML)格式规范，这是一种开放的规范和数据标准。KML 格式在数据层面整合各种信息，在网络层面通过统一资源定位系统(URL)实现添加数据和实时更新数据的操作。为了具有良好的灵活性和扩展性，Google Earth 还开放了 API 接口，便于开发人员对 Google Earth 进行二次开发[20]。

Google Earth 拥有优秀的数据存储、管理、表现及开发机制，而且它的三个版本(个人免费版、Plus 版、Pro 版)为不同的用户群提供了不同的服务,满足了各个层次的需求。Google Earth 的 API 是基于 Ajax 的 JavaScript API,所以可以很容易地利用 Google Earth 开源的 API 进行地图服务扩展或利用 Google Earth 所提供的各种信息来开发新的系统和其他的应用[21]。

开发电子地图主要可以选择三种方式:第一种方式是独立开发,指不依赖于任何地理信息系统工具软件,从采集空间数据、编辑空间数据到对数据进行处理分析和输出结果,由开发者独立设计所有算法,然后自由选定某种编程语言设计实现。这类方式的缺点是工作量大,效率低。第二种方式是集成二次开发,集成二次开发是借助专业的地理信息系统工具软件,如 ArcGIS、MapObjects、MapInfo等,以通用软件开发工具,尤其是如 Delphi、Visual C++等这些可视化开发工具为开发平台,进行二者的集成开发,实现地理信息系统的基本功能。第三种方式为单纯二次开发,指单纯依赖地理信息系统工具软件所提供的开发语言开发应用系统,但是用这种方式所开发的应用程序的功能较弱。

鉴于以上所介绍的背景,本应用程序采用集成二次开发方式,GIS 工具软件采用 Google Earth。

2. GE COM API

为了方便用户在外部程序调用 Google Earth(GE)的丰富功能,Google 公司给用户提供了 GE COM API 类库[20]。微软公司为了在微软基础类库(MFC)中支持 COM组件,设计了一个叫做 ColeDispatchDriver 的类。在 MFC 中导入的 GE COM API 类库中的类,事实上是作为 ColeDispatchDriver 的派生类导入的。用户使用 ColeDispatchDriver 类中封装的函数来创建 Google Earth 对象,进而可以使用 GE COM API 类库。IApplicationGE 是 GE COM API 类库的总共 11 个类之中最关键的类。GE COM API 中 11 个类的详细信息如表 3.2 所示[19,22]。

表 3.2　GE COM API 类库

GE COM API 类	含义
IApplicationGE	入口类,用户进一步调用其他类
ICameraInfoGE	相机类,用户可以调整观看当前视图的方式
IFeatureGE	要素类,用户可以控制要素属性
IFeatureCollectionGE	要素集合类,用户进一步获得要素
IPointOnTerrianGE	地理坐标点类,用户可以获得屏幕点的地理坐标
IViewExtentsGE	视图类,用户可以控制当前视图
ISearchControllerGE	Search 面板类,用户可以完成相应搜索功能

GE COM API 类	含义
ITourControlIGE	Tour 面板类，用户可以动态播放当前的要素
IAnimationControllerGE	Animation 面板类，用户可以动态播放当前时间要素
ITimeGE	时间类，用户可以获取和设置要素时间属性
ITimeIntervalGE	时间间隔类，用户可以获取时间要素的时间间隔属性

3. Google Earth 二次开发

Google Earth 软件开放了两种扩展接口给用户：一种扩展接口是组件通用对象模型（COM），GE COM API 允许第三方应用程序从 Google Earth 查询信息并发送命令给 Google Earth，通过 IApplicationGE 类，应用程序可以使用 KML 文件的功能、查询控制当前 Google Earth 视图等；另一种扩展接口是 KML 文件形式，KML 文件是一种基于可扩展标识语言（XML）语法格式的文件，只要按照 KML 语法编写，即可在记事本中完成，文件后缀名以.kml 保存，该文件可以被 Google Earth 客户端解析，在客户端中显示该文件内的地标信息。

Google Earth 二次开发基本步骤[19]如下：

(1) 在 PC 上安装 Google Earth 客户端；

(2) 在开发平台中利用 Import Type Library 功能导入 Google Earth 类型库；

(3) 启动 Google Earth 客户端；

(4) 将 Google Earth 视图嵌入窗口中；

(5) 调用 GE COM API 类库的各成员函数，以实现各种不同的功能。

4. Google Earth 轨迹绘制

Google Earth 通过 KML 文件在视图内绘制轨迹，因此程序采用读写字符串的方法修改 KML 文件中的信息，程序加载 KML 文件即可在 Google Earth 视图中绘制轨迹。

KML 最开始由 Keyhole 公司开发，它是一种基于 XML 语法与格式、用于描述和保存地理信息的语言，可以被 Google Earth 和 Google Maps 识别并显示。该文件使用包含名称、属性的标签（tag）来确定显示方式。tag 以<tag>开头，以</tag>结尾，中间是 tag 的值。在 Google Earth 视图中绘制轨迹的本质就是在 KML 文件中按照 XML 语法格式编写地标的地理信息，如经度信息、纬度信息、高度信息等。在 Visual C++中读写 KML 文件需要构建 XML 处理平台[19]。

3.5.5　基于 Vega Prime 虚拟现实的数值仿真

二维可视化方法中，最为典型的是基于地理信息系统的可视化。它是以地理空间数据库为基础，在计算机软硬件的支持下，对空间数据进行采集、管理、操作、分析、模拟和显示，并采用地理模型分析方法，适时提供多种空间和动态地理信息的计算机技术系统[23]。ArcGIS 系列由美国环境系统研究所公司(ESRI)开发，被公认为是第一个现代商业 GIS 系统，它包括桌面 GIS、服务器 GIS、嵌入式 GIS、移动 GIS 和空间数据库。此外专业的二维 GIS 软件还包括 MapInfo、Supermap、MapGIS、GeoStar 等。

三维可视化可构造仿真对象的三维模型，能够再现仿真对象的真实环境，达到非常逼真的仿真效果，其实现思路主要分为视景仿真建模和视景仿真驱动。视景仿真建模主要包括模型设计与实现、场景构造与生成、纹理设计制作、特效设计等，主要要求是构建逼真的二维模型和制作逼真的纹理特效。视景仿真驱动主要包括场景驱动、模型调度处理、分布交互、实时大场景处理等，主要要求是高速逼真地再现仿真环境，实时地响应交互操作等。常用的三维建模软件主要包括 Creator、Maya、Softimage3D、3DSMAX、LightWave 3D、Poser、Rhino、LightScape、Bryce 3D。三维仿真软件主要包括 OpenGL、Vega Prime、OpenGVS、VTree、Virtools、EON Studio 等。本节主要讲述基于 Vega Prime 的三维视景仿真技术。

1. Vega Prime 简介

为了在三维海洋环境中展示水下机器人的运行状态以及相应传感器的建模功能，在充分利用已有商业软件的基础上，本节开发基于 Vega Prime 的水下机器人三维视景软件，便于水下机器人自主决策、智能控制、状态估计、控制算法的调试和验证。

MPI 推出的渲染软件 Vega Prime 是应用于实时视景仿真、声音仿真和虚拟现实等领域的软件环境，它用来渲染战场仿真、娱乐、城市仿真、训练模拟器和计算可视化等领域的视景数据库，实现环境效果等的加入和交互控制[24]。它将易用的工具和高级视景仿真功能巧妙地结合起来，从而可使用户简单迅速地创建、编辑、运行复杂的实时三维仿真应用软件。由于它大幅度减少了源代码的编写，使软件的进一步维护和实时性能的优化变得更容易，从而大大提高了开发效率。使用它可以迅速地创建各种实时交互的三维视觉环境，以满足各行各业的需求。它还拥有一些特定的功能模块，可以满足特定的仿真要求，例如视觉特效、红外和大面积地形管理等[25]。

Vega Prime 代表了视景仿真应用程序开发的巨大进步。Vega Prime 使视景仿真应用程序快速准确的开发变得易如反掌。Vega Prime 在提供高级仿真功能的同时还具有简单易用的优点，使用户能快速准确地开发出合乎要求的视景仿真应用程序，Vega Prime 是有效、快速、准确的视景仿真应用开发工具。

通过使用 Vega Prime，用户能把时间和精力集中于解决应用领域内的问题，而无须过多考虑三维编程的实现。此外，Vega Prime 具有灵活的可定制能力，使用户能根据应用的需要调整三维程序。

Vega Prime 还包括许多有利于减少开发时间的特性，使其成为现今商业化的实时三维应用开发环境。这些特性包括自动的异步数据库调用、碰撞检测与处理、对延时更新的控制和代码的自动生成。

此外，Vega Prime 还具有可扩展可定制的文件加载机制、对平面或球体的地球坐标系统的支持、对应用中每个对象进行优化定位与更新的能力、星象模型、各种运动模式、环境效果、模板、多角度观察对象的能力、上下文相关帮助和设备输入输出支持等[26]。Vega Prime 仿真应用如图 3.4 所示。

图 3.4　Vega Prime 仿真应用[26]

2. 三维建模工具 MultiGen Creator

本节采用的建模工具是与 Vega Prime 来自同一公司的 MultiGen Creator，它是 MultiGen- Paradigm 公司新一代实时仿真建模软件。它区别于 CAD 等其他建模软件，主要考虑在满足实时性的前提下如何生成面向仿真的、逼真度好的诸如大地、海洋、天空等大面积场景。其强大的建模功能可为众多不同类型的图像发生器提供建模系统及工具，如：多边形建模、矢量建模，模型变形工具及随机分布工具；数据库层次结构(面、体、组等)创建、属性查询及编辑；Mesh 节点(紧密多边形结构)创建；数据库组织、优化选项；用多个调色板对色彩、纹理和多种贴图方式、材质、灯光、红外效果、三维声音进行定制及有效管理；八层纹理的混合贴图，对纹理属性、显示效果的精确控制，细节层次(LOD)创建及渐变效果；关节自由度设定，公告板创建；简单动画、开关效果创建；实例创建及外部参考引入等功能[25,27]。

MultiGen Creator 还具有超大规模的地形数据库、复杂的拓扑结构、多种运载工具类型的实体和动态效果，支持网上的 DIS 协议，模型可以被动式驱动，模型的渲染运行采用多种图像格式，允许从多个三维视点观看模型，可以经济高效地提取所有精确的数据等[25]。MultiGen Creator 提供创建和编辑数据库文件的可视化环境，并使用统一的图形数据格式 OpenFlight，它能够对模型数据库进行重组，在调整过程中，高效地排序及放置几何元素以节省时间，保证最大的实时性能；提供平滑的细节等级转换，消除了"突跳"效果，且不增加渲染负担；具有自动生成细节等级的功能，而且还可以用渐变路径来平滑细节等级切换，可以定义细节等级渐变开关和转换范围；还能在选定的区域内，随机或按固定形式放置物体对象，而不增加实时图形的负担；同时 MultiGen Creator 还具有良好的扩展性，除了处理 OpenFlight 数据格式外，还可处理其他格式的数据，例如 3DS(三维子系统)格式、VRML(虚拟现实建模语言)格式等[25,28]。

　　水下机器人海洋可视环境模拟包括海平面、自然环境以及海底虚拟环境。在充分利用已有条件的基础上，针对不同的模型特性提出了新的处理方法。为了保证系统的实时性，在建模过程中充分利用各种建模优化技术。建模的基本流程如图 3.5 所示。

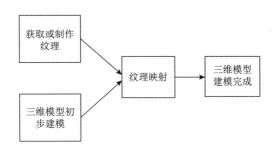

图 3.5　三维模型建模示意图

　　本节视景仿真中的三维建模都是利用 MultiGen Creator 建模工具完成的。首先是物理建模，在建模工具中完成初步模型建模；其次，根据实际需要制作或者拍摄一组纹理，并做成 jpg 或者其他常用的图片格式备用；最后，将纹理图片以适当的纹理贴图方法映射到三维模型上，根据需要适当调整纹理，完成三维模型建模，保存为 OpenFlight 格式。这样，模型就可以直接导入 Vega Prime 中进行应用了。

　　1) 海底地形建模

　　由于 Vega Prime 提供的海洋模块没有水下环境，因此本节着重重建了海底地形环境，主要包括海底地形建模和海底动态环境建模。对于复杂的虚拟场景，建立场景中模型是非常关键的一步。虚拟环境的建立是视景仿真技术的核心内容。环境建模的目的是获取实际的三维环境数据，根据需要通过数据建立相应的虚拟环境模型。

　　MultiGen Creator 提供了多种的地形生成算法 Polymesh、Delaunay 和 CAT。

它们的差别主要是对地形数据重新采样的方法不同，使用不同的地形转换算法和参数将会得到不同结构和效果的地形模型。所以应该根据实际情况合理选择地形的转换算法[29]。

2）水下机器人模型建模

在海洋环境模型部分，水下机器人模型可利用 MultiGen Creator 中的建模工具实现。通过 Vega Prime 中的 Object 模块将各种模型导入 acf 文件中，然后加入以海底地形为模型的场景中。

3）水下机器人尾流特效

对于航行中的水下机器人载体，尾流特效是必不可少的，本节利用 Vega Prime 提供的 vpFx 特效模块模拟了载体的尾流特效。具体步骤如下：新建 vpFxMissileTrail 实例，指定其父节点为 UUV 载体；对 vpFxMissileTrail 实例的属性进行设置，例如尾流的旋转速度、尾流的生命期、在载体运行方向上的加速度大小等；设置尾流的位置及其大小。

制作完成后的水下机器人模型及其尾流特效[25]如图 3.6 所示。

图 3.6　水下机器人模型及其尾流特效[25]

3.5.6　基于多种软件的水下机器人联合数值仿真

上述 MATLAB、Simulink 以及 Visual C++为用户提供了强大的项目管理与配置、源代码编辑、源代码浏览和调试等集成开发环境，为水下机器人的数值仿真提供了高效的算法验证平台[30,31]。同时，水下机器人是一种典型的空间六自由度运动体，其运动特性及其控制性能很难通过单个计算数据曲线给人以直观的位置和姿态的历史变化规律，因此，将基于 Visual C++开发的水下机器人仿真结果以直观的形式显示在二维、三维仿真软件进行分析与处理成为仿真技术发展的潮流和趋势。以下将介绍基于 MATLAB 与 Visual C++、Visual C++与 Google Earth、Visual C++与 Vega Prime 的水下机器人联合仿真系统。

1. MATLAB 与 Visual C++的联合仿真

本节以 MATLAB 6.5 与 Visual C++ 6.0 版本为例，介绍 MATLAB 和 Visual C++融合编程的联合仿真方法。根据 MATLAB 是否运行，可以将 MATLAB 与 Visual C++

融合编程分为两大类：MATLAB 在后台运行和可以脱离 MATLAB 环境运行[32]。

1) 利用 MATLAB Engine

MATLAB Engine 指的是一组 MATLAB 提供的接口函数（Engine API 函数），支持 C 语言。它采用 C/S（客户端/服务器）模式，MATLAB 作为后台服务器，而 C 程序作为前台客户端，通过 Windows 的动态控件与服务器通信，向 MATLAB Engine 传递命令和数据信息，从 MATLAB Engine 接收数据信息。在 MATLAB Engine 函数库中总共提供了 13 个 C 语言的引擎函数，通过这些函数，可以在 Visual C++中实现对 MATLAB 的控制，例如打开一个 MATLAB 对话框，向 MATLAB 发送命令，从 MATLAB 读取数据等。采用这种方法几乎能利用 MATLAB 的全部功能，但是需要在机器上安装 MATLAB 软件，而且执行效率低，因此在实际应用中较少采用这种方法，在软件开发中也不可行，适合个人使用或做演示用。

2) 调用 mex 程序

所谓 mex 程序，就是 MATLAB 可执行程序（MATLAB Executable），它是扩展文件名为 DLL 的动态链接库。这种 DLL 文件符合 MATLAB 的调用格式，不仅可以在 MATLAB 命令窗口中直接调用，而且可以在 m 文件中调用。mex 文件的编写与编译需要两个条件：一是要安装 MATLAB 应用程序接口组件及其相应的工具，二是要有合适的 C 或 FORTRAN 语言编译器。mex 文件是 MATLAB 系统与 C 或 FORTRAN 语言的外部接口，用户通过它可以充分利用资源，解决 m 语言运算速度的瓶颈，扩展 MATLAB 对硬件的编程能力，还可以起到隐藏算法设计细节保护知识产权的作用。

3) 利用 MATLAB Compiler

由前面所述可知，使用 MATLAB Engine 和 mex 的应用程序时，在应用过程中必须打开 MATLAB 运行环境。MATLAB Compiler 在 3.0 版本提供了 C/C++数学库和图形库，MATLAB 的数学库可以使应用程序在调用 MATLAB 计算功能的过程中脱离 MATLAB；图形库可以提供对图形界面应用程序的支持。通过 MATLAB 编译器可以将 MATLAB 中编写的 m 文件自动转换成 C/C++代码，使用户可以进行独立的应用程序开发。结合 MATLAB 提供的数学库和图形库，用户可以利用 MATLAB 快速地开发出功能强大的独立应用程序，这些应用程序甚至可以脱离 MATLAB 环境独立运行。

4) 利用 MATLAB Add-in 功能

MATLAB 6.0 以后版本集成的 MATLAB Add-in 功能是 MathWorks 公司为 Visual C++环境下方便调用 m 文件提供的又一途径。通过一定的参数设置，可以在 Visual C++编程环境下添加一个 MATLAB 的宏工具条。通过该工具条可以快速把 m 文件集成到 Visual C++；可以通过 m 文件创建或共享 mex 文件；内含 Matrix Viewer 可以方便地进行调试、程序打包等。调试过程中可以参看矩阵变量的值，直接修改 m 文件, 而不是修改生成的 C/C++文件, 方便快捷地打开应用程序等。

5) 利用 MATLAB 的 Com builder 工具

COM 是一种通用的对象接口, 任何语言只要按照这种接口标准, 就可以实现调用它。MATLAB 新推出来的 Com builder 就是把用 MATLAB 编写的程序做成 COM 组件, 供其他语言调用。该方法实现简单, 通用性强, 而且几乎可以使用 MATLAB 的任何函数(不支持脚本文件, 脚本文件使用时要改为函数文件), 因此在程序较大、调用工具箱函数或调用函数较多时推荐使用。

6) 利用 Matcom 编译

Matcom 是 MathTools 公司推出的一个能将 m 文件转化成相同功能 C++代码的工具。相比 MATLAB 自带的编译器 Compiler, 用 Matcom 转化代码要简单和方便得多。这样既可以保持 MATLAB 的优良算法, 又可以保证 C++的执行效率。而在 Visual C++中只需包含必要的 lib、dll 及 h 文件, 就可以实现脱离 MATLAB 环境对 MATLAB 函数和过程的有效调用。但 Matcom 也有以下不足: 对 struct 等类的支持有缺陷; 部分绘图语句无法实现或得不到准确图像, 尤其是三维图像。

2. Visual C++与 Google Earth 的联合仿真

本节旨在实现基于 Google Earth 二次开发的组合导航、控制算法, 使其更便于应用, 可以将该应用软件的功能结构设计为两大部分, 即数据处理模块和结果显示模块, 这两大模块中又包含具有各自功能的子模块。根据软件设计的功能, 软件的结构设计框图[19]如图 3.7 所示。

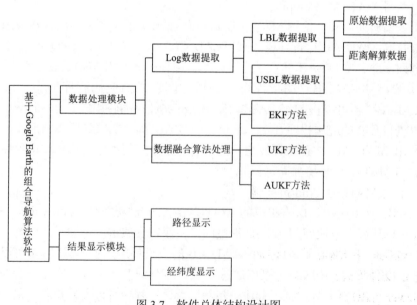

图 3.7　软件总体结构设计图

其中各个子部分的功能如下。

(1)数据提取部分：可以对长基线设备和超短基线设备的日志文件进行解析，提取水下机器人航行期间的位置信息(经度、纬度、深度)，生成相应的结果文件，以文本格式保存在程序所在目录下。其中对于长基线设备的信息还可通过信标之间距离进行解算，程序可以自行根据水下机器人距信标(三个或四个)的距离信息对长基线设备的原始日志文件进行解算，解得航行期间的位置信息(经度、纬度、深度)。

(2)数据融合算法处理部分：将数据融合算法应用到程序中，用户可以任意选择一种数据融合方法，生成的结果文件以文本格式保存在程序所在目录下。

(3)结果显示部分：以上两个部分操作生成结果文件后，可以选择绘制，将水下机器人的航行轨迹以不同颜色标示在 Google Earth 的地图部分。程序具备 Google Earth 的对地图拖拽移动、鼠标滚轮缩放地图、根据鼠标位置实时显示经纬度的功能。

3. Visual C++与 Vega Prime 的联合仿真

LynX Prime 是 Vega Prime 的图形界面，最终生成 acf 文件，即应用程序配置文件。用户可以事先在 acf 文件中对实例及其属性进行初始化设置，也可以在程序运行时进行配置。下面对各层的功能做一些介绍。

(1)Vega Prime 模型：Vega Prime 程序利用各模型插件来达到其特殊的可视化效果，目前 Vega Prime 主要包含以下几个模型模块：特效模块(Special Effects)，环境模块(Environment)，大地地形管理模块(Large Area Database Manager)，运动策略模块(Motion Strategies)，输入设备模块(Input Devices)，分布式渲染模块(Distributed Rendering)，海洋模块(Marine)，第三方模型模块(Blue Berry 3D, DI-Guy, DIS-HLA)。

(2)VSG：Vega Scene Graph 是 Vega Prime 的基础。由于该 C++ API 是基于 OpenGL 的，因此具有跨平台、兼容 STL 和完全的可扩展的特性。其主要模块包括：场景图形库(VSGS)，主要负责模型的加载、输入/输出，同时管理多线程任务；Vega 场景图形渲染器(VSGR)，主要负责处理单个线程的应用程序，同时简单几何体、纹理的加载及窗口管理者的封装也由该模块负责；Vega 场景图形工具(VSGU)，主要负责处理操作系统、OpenGL、Direct3D 及 STL。

(3)Vega Prime：Vega Prime API 是由 VSG 抽象出来的一个高层。Vega Prime 主要包含 LynX Prime(向导)和一系列工具来帮助用户快速创建一个可视化仿真。该应用程序接口的各种函数类是基于 C++的，允许用户继承并进行扩展来满足用户的需要[33]。

3.6 水下机器人数值仿真应用案例

3.6.1 水下机器人 MATLAB 仿真应用案例

设水下机器人系统动力学模型采用状态空间表示为

$$\dot{X} = \begin{bmatrix} -0.5572 & -0.7814 \\ 0.7814 & 0 \end{bmatrix} X + \begin{bmatrix} 1 \\ 0 \end{bmatrix} U$$

$$Y = \begin{bmatrix} 1.9691 & 6.4493 \end{bmatrix} X$$

使用 MATLAB 编写 m 文件如下：

```
a = [-0.5572,-0.7814;0.7814,0];
b = [1;0];
c = [1.9691,6.4493];
sys = ss(a,b,c,0);
y = sys;
step(sys)
grid on
```

保存后运行，结果如图 3.8 所示。

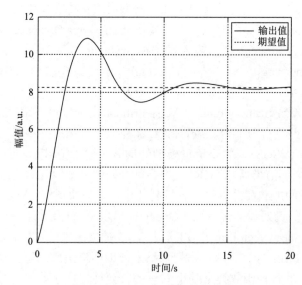

图 3.8　MATLAB 运行结果曲线

3.6.2　水下机器人 Simulink 仿真应用案例

下面为基于 Simulink 的水下机器人数值仿真的具体实现步骤。

1. 给出所设计控制系统的方框图

将设计好的控制系统画出详细方框图。控制器和被控对象环节既可以用传递函数来描述，也可以用零极点或状态空间表达式的形式来描述，在方框图中可按实际情况加入非线性环节，并且要确定在数学仿真时所需要的输入信号形式及要观察的系统变量。

图 3.9 是已经设计完成的控制系统的方框图。在该方框图中，控制器为比例+积分控制，控制对象为含有一个零点的二阶系统，并且在控制器输出端加入了非线性饱和环节，其饱和值 $\Delta=2$，同时在控制对象的反馈回路加入了非线性死区环节，死区宽度 $\delta=0.1$，输入信号为单位阶跃信号。

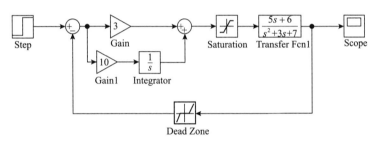

图 3.9　控制系统的方框图

2. 建立 Simulink 数学仿真模型

根据图 3.9，在 MATLAB/Simulink 中建立该方框图的数学仿真模型。

打开软件 MATLAB，设置好工作路径，并在 MATLAB 窗口中点击 Simulink 图标，Simulink 启动，在该窗口中可以点击左上角的图标，新建 Simulink 模型，或是选择 File→New→Model，此时出现一个新的用于建立控制系统方框图的数学模型窗口，将该模型文件定义为*.mdl，在该窗口点击图标，或选择 File→Save，保存后在该窗口的上部出现 test.mdl 文件名。

当所有的模块均加入 test 的窗口中后，将所有模块按图 3.9 的信号流向进行连接。具体的方法是用鼠标左键单击某模块，按住左键并移动鼠标到另一模块处再释放左键，将前一模块的输出端连接到后一模块的输入端，或者先用左键点击某个模块，然后按住 Ctrl 键再点击要与之连接的模块，即可完成两个模块之间的连接。按照图 3.9 完成模块连接后，就可以得到系统模型。

Start time 和 Stop time 是仿真的起始时间和结束时间。

Solver options 的 Type 栏目有两个选项：定步长和变步长算法。为了保证仿真的精度，一般情况下建议选择变步长算法。其后面的列表框中列出了各种各样的算法，如 ode45（Domand-Prince）、ode15s（stiff、NDF）算法等。可以选择合适的算法进行仿真分析，对于离散系统还可以采用定步长算法进行仿真。

仿真精度控制由 Relative Tolerance（相对误差限）选项、Absolute Tolerance（绝对误差限）等控制，对不同的算法还将有不同的控制参数，其中相对误差限的默认值设置为 10^{-3}，即千分之一的误差，该值在实际仿真中显得偏大，建议选择 10^{-6} 和 10^{-7}。值得指出的是，由于采用的是变步长算法，所以将误差限制设置到这样小的值也不会增加太大的运算量。

在仿真时还可以选定最大允许的步长和最小允许的步长，这样可以通过填写 Size 栏目和 Min step size 来实现，如果变步长选择的步长超过这个限制则弹出警告对话框。

一些警告信息和警告级别的设置可以从 Diagnostics 标签下的对话框来实现。

设置完仿真控制参数之后，就可以单击 Simulation-Start 菜单来启动仿真，也可以在 test 模型窗口上单击黑三角设置仿真时间。

该实验中设置仿真时间为 10s，双击示波器即可观察输出结果，如图 3.10 所示。

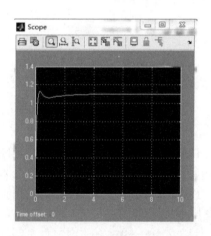

图 3.10　Simulink 示波器中输出结果

3.6.3　水下机器人 Google Earth 与 Visual C++联合仿真应用案例

Google Earth 与 Visual C++联合仿真软件启动后，用户单击打开 Google Earth 即可选择启动 Google Earth 并将其嵌入应用程序界面中，如图 3.11 所示。若用户仅想对实验数据进行相应处理获得结果文件，可以只对相关数据操作而不必打开 Google Earth。

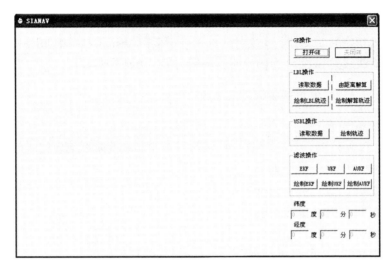

图 3.11　打开 Google Earth 后的程序界面

对实验数据文件进行提取、解算、滤波操作后会有对应的完成提示框并生成对应的结果文件于程序目录下。对载人潜水器组合导航选择各传感器，进行扩展卡尔曼滤波（EKF）、无色卡尔曼滤波（UKF）、自适应无色卡尔曼滤波（AUKF）数据融合处理后的结果如图 3.12 所示。

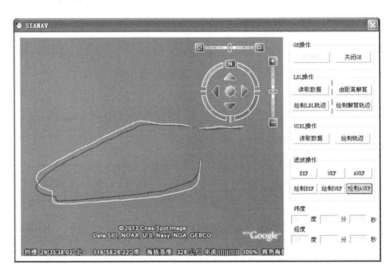

图 3.12　数据融合处理结果图

3.6.4　水下机器人 MATLAB 与 Visual C++联合仿真应用案例

在下面的联合仿真程序实例中，将会详细介绍利用 MATLAB Compiler 将 m

文件转化成 C/C++代码(即通常所用的 mcc 命令),然后将其加入 Visual C++工程中,并加入相应的库文件、头文件等即可。下面以 Visual C++中调用一个绘制系统阶跃响应曲线的 m 文件为例说明其调用的接口方法和步骤。

1. MATLAB 环境中函数编写及编译

1)编写 m 函数

在 MATLAB 中打开文本编辑器,编写一个绘制系统阶跃响应曲线的 m 文件,文件名为 stepplot.m。程序如下:

```
function y=stepplot()
a = [-0.5572,-0.7814;0.7814,0];
b = [1;0];
c = [1.9691,6.4493];
sys = ss(a,b,c,0);
y = sys;
step(sys)
grid on
```

2)编译环境的设置

首先在 MATLAB 命令窗口运行 mex 和 mbuild 命令来实现编译器的选择。编译器只需选择一次,除非用户想选择其他的编译器。

3)利用 mcc 命令进行编译

在 MATLAB 命令窗口中运行如下命令:

```
mcc t W libhg:dlltest T link:lib h libmmfile.mlib stepplot.m
```

运行后生成 dll 文件和调用 dll 所需要的文件,文件保存在当前目录。

2. Visual C++环境中函数编写及调用

(1)创建 Visual C++工程。在 Visual C++中,点击 File→New→Project,用 MFC Wizard (exe)创建一个基于对话框名为 stepplot 的工程。在面板上添加一个名为"PLOT",ID 为 IDC_BUTTON1 的按钮。

(2)设置头文件和库文件。在 Tool→Options 中,点击 Directories 标签,在 Include Files 中添加如下路径:D:\MATLAB6P5P1\EXTERN\INCLUDE 和 D:\MATLAB- 6P5P1\EXTERN\INCLUDE\CPP。

在 Library Files 中添加如下路径:D:\MATLAB6P5P1\EXTERN\LIB\WIN32\-MICROSOFT\MSVC60,D:\MATLAB6P5P1\BIN\WIN32,D:\MATLAB6P 5P1\BIN 和 D:\MATLAB6P5P1\EXTERN\LIB。

(3)将 dlltest.h、dlltest.lib 和 dlltest.dll 文件拷贝到当前工程目录下,并通过

Project→Add To Project→Files 选择拷贝到当前目录下的三个文件，将文件引入工程。

  (4)添加代码：

   ①在文件 stepplot Dlg.cpp 中添加头文件 dlltest.h 即

```
#include "dlltest.h"
```

   ②打开 dlltest.h 文件，找到如下语句：

```
extern mxArray* mlfstepplot (void);
extern void dlltestInitialize(void);
extern void dlltestTerminate(void);
```

   ③将其中的三个函数拷贝到 button 响应代码中，即

```
void CSinplotDlg::OnButton1()
{
  dlltestInitialize();
  mlfstepplot();
  dlltestTerminate();
}
```

  (5)点击 Project→Settings，点击 C/C++标签，进行配置环境设置。

  (6)完成并运行程序。对程序进行编译，检查没有错误后即可运行，点击 PLOT 按钮即可显示一条阶跃响应曲线。该曲线与图 3.8 曲线完全相同。

3.7　本章小结

  本章首先介绍了水下机器人数值仿真算法的稳定性和仿真精度等基本概念，其次介绍了连续系统、离散事件系统的数值仿真算法，再次在优化算法中介绍了常用的遗传算法、人工神经网络算法、模拟退火算法和蚁群算法等仿真优化算法知识，最后简要介绍了常用于数值仿真的 MATLAB、Simulink、Visual C++、Google Earth、Vega Prime 等专业软件及其联合数值仿真的应用示例。

参 考 文 献

[1] 董加强. 仿真系统与应用实例[M]. 成都: 四川大学出版社, 2013.

[2] 黄静. 基于内模控制的 PID 控制系统的研究与应用[D]. 北京: 北京化工大学, 2006.

[3] 丛国超. 批量到达的多服务台排队模型及其仿真研究[D]. 镇江: 江苏大学, 2006.

[4] 陈锋. 基于遗传算法的卫星通信干扰资源分配[J]. 指挥控制与仿真, 2011,33(5): 37-40.

[5] 王振飞. 基于 AHP 和模糊综合评价法对汽车服务备件的分类研究[D]. 长春: 吉林大学, 2011.

[6] 包子阳, 余继周, 杨杉. 智能优化算法及其 MATLAB 实例[M]. 2 版. 北京: 电子工业出版社, 2018.

[7] 辛华玺. 基于 BAM 神经网络的公路军事运输道路选择方法研究[D]. 长沙: 国防科学技术大学, 2013.

[8] 李进军, 许瑞明, 刘德胜, 等. 求解航路规划优化问题的改进蚁群算法[J]. 系统仿真学报, 2007, 19(14): 3276-3280.

[9] 王文博. 基于点估计法的概率性节点电价研究[D]. 北京: 华北电力大学, 2012.

[10] 刘金国, 高宏伟, 骆海涛. 智能机器人系统建模与仿真[M]. 北京: 科学出版社, 2014.

[11] 夏爱生, 刘俊峰. 数学建模与 MATLAB 应用[M]. 北京: 北京理工大学出版社, 2016.

[12] 张照. 基于吸引力模型的轴-辐式集装箱海运网络优化研究[D]. 大连: 大连海事大学, 2017.

[13] 王芳红. 有小水电并网配电网的继电保护研究[D]. 杭州: 浙江大学, 2011.

[14] 吴如坤. 维修母船稳性的研究与分析[D]. 镇江: 江苏科技大学, 2015.

[15] 杜永忠, 平雪良, 何佳唯, 等. 基于 Adams 的机器人系统仿真技术研究[J]. 工具技术, 2013, 47(12): 3-7.

[16] 赵蕾. 超声数控机床运动参数测控系统[D]. 北京: 北京工商大学, 2011.

[17] 黄根岭, 张清淼, 周利红. MATLAB/Simulink 在通信原理教学中的应用[J]. 郑州铁路职业技术学院学报, 2015(3): 94-97,105.

[18] 彭玉华. Visual C++面向对象程序设计[M]. 武汉: 武汉大学出版社, 2011.

[19] 李静. 基于声学定位的 HOV 组合导航算法研究与实现[D]. 沈阳: 中国科学院沈阳自动化研究所, 2013.

[20] 江宽, 龚小鹏. Google API 开发详解:Google Maps 与 Google Earth 双剑合璧[M]. 2 版. 北京: 电子工业出版社, 2010: 249-290.

[21] 马军海. 基于 GPS 的水面救助机器人导航方法研究与实现[D]. 沈阳: 中国科学院沈阳自动化研究所, 2011.

[22] 韩红芳, 方莉娟. Google Earth COM API 的高程提取[J]. 中国高新技术企业, 2013(10): 74-75.

[23] 潘艳秋. 乌梁素海湿地鸟类生态学地理信息系统的设计与研究[D]. 呼和浩特: 内蒙古大学, 2006.

[24] 常晓飞. 消防训练可视化仿真平台探讨[C]. 消防科技与工程学术会议, 中国消防协会, 北京, 2007.

[25] 董西荣. 基于 VP 的 UUV 视景平台设计与实现[D]. 沈阳: 中国科学院沈阳自动化研究所, 2010.

[26] 康强. 虚拟现实实时仿真解决方案 Vega Prime[J]. CAD/CAM 与制造业信息化, 2009(9): 37-40.

[27] 孙文静. 虚拟场景实时生成技术研究[D]. 西安: 西安电子科技大学, 2007.

[28] 杜霄, 唐涛. 三维视景仿真中动态模型的建立[J]. 微计算机信息, 2006 (1): 94-97.

[29] Reeves W T. Particle systems - a technique for modeling a class of fuzzy objects [J]. ACM Transactions on Graphics, 1983, 2(2): 91-108.

[30] 曹琦. 复杂自适应系统联合仿真建模理论及应用[M]. 重庆: 重庆大学出版社, 2012.

[31] 徐军. 飞行控制系统: 设计、原型系统及半物理仿真实验[M]. 北京: 北京理工大学出版社, 2015.

[32] 马洁, 李明, 韩迎朝. MATLAB 与 Visual C++的融合方法分析及应用实现[C]. 第十六届全国煤矿自动化学术年会暨中国煤炭学会自动化专业委员会学术会议, 徐州, 2006.

[33] 董西荣, 李一平. 基于 Vega Prime 的多水下机器人视景仿真系统的设计与实现[J]. 机器人, 2009, 31(s1): 59-62.

4

水下机器人半物理仿真技术及应用

众所周知，水下机器人控制系统是一套非常复杂的软硬件系统，包括传感器数据采集、信息处理、导航算法、顶层 p 决策、底层控制、能源管理、执行机构控制、载荷控制、故障诊断和应急控制等核心算法。同时，水下机器人控制系统软件的体系结构、控制逻辑、时序流程、优先级调度、算法的时间复杂度、空间复杂度等对实际水下机器人的实时性、安全性、可靠性具有非常重要的作用。另外，稳定可靠的水下机器人装备需要进行大量的外场试验，而外场湖试和海试需要花费大量的人力、物力和船时，因此，对水下机器人真实的控制系统软硬件在实验室进行充分的测试和验证十分必要。

上一章中的数值仿真技术对水下机器人的信号处理算法[1-3]、顶层决策算法[4]、底层控制算法[5-11]、系统状态估计算法[12-15]、故障诊断算法[16]等单项核心算法的设计、调试、验证研究具有十分重要的作用。但是，该种数值仿真无法对上述信号处理、顶层决策、底层控制等核心算法的水下机器人控制系统软件进行综合全面的研究和调试，也无法对控制系统软硬件的传感器数据、采样周期、控制周期、控制时序、进程优先级、逻辑互锁等进行全方位测试和验证。

为了在实验室对实际水下机器人核心部分——控制系统的功能和性能综合研究、测试和验证，水下机器人控制器在回路半物理仿真技术应运而生。半物理仿真技术主要包括控制器在回路[17-21]、传感器在回路[22]、执行机构在回路[23-26]和载荷在回路的半物理仿真技术[27]等。

本章主要研究水下机器人控制器在回路半物理仿真技术的构成及原理，其次以自主水下机器人和载人潜水器为例介绍控制器在回路半物理仿真技术及应用，最后介绍半物理仿真技术取得的经济效益。

4.1 水下机器人硬件在回路仿真技术

本节以水下机器人控制器在回路半物理仿真技术为例介绍水下机器人硬件在回路仿真技术。首先介绍水下机器人半物理仿真技术的研究对象——自主水下机器人和载人潜水器及其主要技术指标，然后介绍水下机器人控制器在回路半物理仿真技术。

4.1.1　水下机器人系统及相关参数

本章介绍的水下机器人控制器在回路半物理仿真系统主要针对三型水下机器人进行研制，它们分别为 CR-02 6000 米 AUV、远程自主水下机器人（远程 AUV）和 7000 米载人潜水器。其中前两型均属 AUV，最后一型属载人潜水器（HOV）[28]。

1. CR-02 6000 米 AUV

CR-02 6000 米 AUV 是我国在 CR-01 6000 米 AUV 研制成功的基础上研发的第二台 6000 米级 AUV。与 CR-01 相比，CR-02 在艉部增加了垂向推进器，从而使 CR-02 具有更好的垂向机动性和更高的适应复杂海底地形的能力，可应用于深海科学考察和海底资源调查等，包括海洋科学研究、水文物理测量、地形地貌探测、浅地层探测、水下摄像、拍照等方面。CR-02 6000 米 AUV 如图 4.1 所示，其主要技术指标见表 4.1。

图 4.1　CR-02 6000 米 AUV

表 4.1　CR-02 6000 米 AUV 主要技术指标

参数	技术指标
最大工作深度	6000m
主尺寸	4.5m(L) × 0.8m(D)
质量	1400kg
航行速度	巡航 2kn、最大 3kn
续航时间	25h
连续录像时间	5h
拍摄照片量	3000 张

参数	技术指标
适应海况	≤4 级
推进系统	4 个艉推进器、1 对艏水平推进器、1 对艏垂直推进器
观测系统	浅地层剖面仪、测深侧扫声呐、水下摄像机、水下照明灯
通信系统	无线电通信
导航定位系统	长基线、深度计、高度计、TCM、避碰声呐等

2. 远程自主水下机器人

远程自主水下机器人是中国科学院沈阳自动化研究所联合国内多家单位，在全面掌握了深海自主水下机器人技术的基础上，研究并突破了智能控制、精确导航、高效能源应用、海洋环境观测、海底地形地貌探测等关键技术，历经几百次湖上和海上试验，于 2010 年研制成功的我国首型远程自主水下机器人。

3. 7000 米载人潜水器

7000 米载人潜水器是针对勘查锰结核资源、富钴结壳矿床、热液硫化物和深海生物等深海资源的需求，研制的一台集成多种高新技术、新材料和新工艺的拥有自主知识产权的 7000 米载人潜水器。7000 米载人潜水器蛟龙号如图 4.2 所示，其主要技术指标见表 4.2。

图 4.2　7000 米载人潜水器蛟龙号

表 4.2　7000 米载人潜水器蛟龙号主要技术指标

参数	技术指标
最大工作深度	7000m
主尺寸	$8.2m(L) \times 3.4m(B) \times 3.4m(H)$
质量	22 000kg(空气中)
航行速度	巡航 1kn，最大 2.5kn
载员	共 3 名(1 名潜航员、2 名科学家)
推进系统	4 个艉推进器、2 个垂向可回转推进器、1 个艏水平推进器
作业工具	七功能主从机械手、五功能开关式机械手、取样器等

参数	技术指标
观测系统	成像声呐、测深侧扫声呐、水下摄像机、水下照明灯等
通信系统	水声通信机、水声电话、甚高频(VHF)通信等
导航定位系统	GPS、超短基线、长基线、运动传感器、多普勒计程仪、深度计、高度计等

4.1.2 水下机器人控制器在回路半物理仿真技术

1. 控制器在回路半物理仿真系统构成

本书共研究三套控制器在回路半物理仿真系统,即 CR-02 6000 米 AUV 半物理仿真系统 CR6000、远程 AUV 的半物理仿真系统 LAUV[29]和 7000 米载人潜水器半物理仿真系统 HOV7000[30]。虽然上述三种水下机器人功能不同,性能也有很大差异,为了降低研发成本,便于使用和维护,研究人员设计了统一的半物理仿真系统体系结构(图 4.3),该体系结构由四个部分组成[31],包括水下机器人控制系统的真实物理系统(图 4.3 中的自动驾驶单元)、虚拟系统、视景显示系统和以太网交换系统。

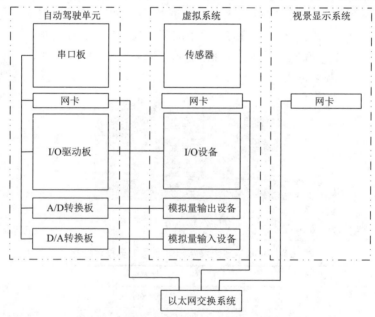

图 4.3 水下机器人半物理仿真系统构成

(1)自动驾驶单元采用实际水下机器人控制系统的软硬件系统,包括计算机硬件、操作系统、应用软件及软硬件接口等。

(2)虚拟系统计算机的硬件系统分为两个部分:一部分是固有的,即仿真计算机必要的硬件,包括主板、CPU 和内存等计算机的基本硬件;另一部分则是用户可选的 I/O 和通信接口板卡[32]。

本书研究的仿真系统共配有四类板卡,分别为 CP-114EL 多串口卡、PCL-818L A/D 采集板卡、PCL-726 D/A 板卡、PCL-730 DIO 板卡。

(1)CP-114EL 多串口卡。

CP-114EL 是一款智能型 PCI Express 多串口卡,它拥有 4 个 RS232/422/485 串口,最大通信速率高达 921.6kbit/s,芯片内建 128 字节的 FIFO 以及 H/W,S/W 流控。CP-114EL 支持各种主流操作系统,包括 Windows(Vista、2003、XP、2000 等)、WinCE5.0、Linux 和 UNIX 等,板载 15kV 静电放电(ESD)保护。

本板卡主要用于水下机器人 GPS、深度计、高度计、多普勒计程仪、光纤陀螺等虚拟传感器的串口信号输入和输出。

(2)PCL-818L A/D 采集板卡。

PCL-818L A/D 采集板卡为 PCI 接口,采样频率为 40kHz,16 路单端或 8 路差分模拟量输入,12 位 A/D 转换器,带有直接存储器访问(DMA)自动通道/增益扫描,每个通道增益可单独编程,板上带有 kB 的采样先进先出(FIFO)缓冲器和可编程中断,软件可选择单双极性模拟量输入范围。两个功能开关和 11 个跳线分别设置基地址、通道、DMA 通道、定时器时钟、数模转换(DAC)基准电压、内部基准电压源、触发源、FIFO 开关、FIFO 终端等。

本板卡主要接收自动驾驶单元各个推进器和舵机模拟量控制信号。

(3)PCL-726 D/A 板卡。

PCL-726 D/A 板卡为 PCI 接口,具有 6 路 12 位双缓冲的模拟量输出通道,输出范围可配置为单双极性 5V、10V 电压和 4~20mA 电流环(汇)。除模拟量输出外,PCL-726 还提供与晶体管-晶体管逻辑(TTL)兼容的 16 路数字量输入和 16 路数字量输出等。1 个功能开关和 7 个跳线分别设置基地址、等待状态、基准电压源和输出电压源模式等。

本板卡主要将各个推进器和舵机电流、转速等传感器模拟信号发送给自动驾驶单元。

(4)PCL-730 DIO 板卡。

PCL-730 DIO 板卡能够提供 16 路隔离数字量输入、16 路 TTL 输入、16 路隔离数字量输出、16 路 TTL 输出通道,隔离保护电压可达 2500VDC。一个功能开关和 4 个跳线分别设置基地址、中断请求优先级、中断触发方式和中断源等。

本板卡主要接收自动驾驶单元发送的入水传感器、下压载、设备开关等数字量控制信号。

2. 控制器在回路半物理仿真系统工作原理

水下机器人控制器在回路半物理仿真系统的基本工作原理是:以水下机器人

自动驾驶单元为核心，它所需要的输入信号全部由虚拟系统提供，而它发出的控制命令全部由虚拟系统接收。

水下机器人自动驾驶单元所需要采集的传感器信息通过虚拟系统提供，包括深度计、高度计、激光光纤陀螺、多普勒计程仪等串口信号，以及推进器和舵机电流、转速等经 A/D 转换的信号。自动驾驶单元发出的控制命令全部由虚拟系统接收，如推进器的控制电压、舵机控制电压等。

虚拟系统在接收到自动驾驶发出的推进器、舵机控制命令后，采集通过 A/D 转换的控制信号，计算推进器推力，合成运动坐标系下六自由度上的合力/合力矩，计算 AUV 动力学模型，更新 AUV 位姿，模拟传感器数据，发送传感器数据到自动驾驶单元。

视景显示系统主要显示当前 AUV 的位姿、传感器等信息。

3. 控制器在回路半物理仿真系统的信号流程

考虑水下机器人的真实工作情况，水下机器人是在各种力/力矩(包括推力、惯性力、黏性力、恢复力等)的作用下，实现由初始静止状态到运动状态的转变，再由安装的传感器测量其位姿，供自动驾驶单元实现决策与控制，如图 4.4 所示。自动驾驶单元根据一定的策略和算法发送相应的控制命令，通过推进系统产生推力，周而复始[33]。

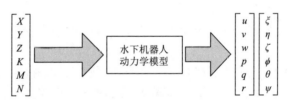

图 4.4　水下机器人真实工作情况

为了在实验室的水下机器人半物理仿真系统上实现水下机器人的虚拟航行和作业过程，采用"实虚结合"方式，利用现代建模与仿真技术实现水下机器人"由静到动"航行和作业的过程。即利用虚拟系统计算水下机器人模型的推力、惯性力、黏性力、恢复力等，计算出水下机器人模型的位置和姿态后，生成符合硬件接口和软件协议的相应传感器数据，通过硬件接口传送到真实的自动驾驶单元，自动驾驶单元发出的控制量由虚拟系统对应设备接收，计算出相应的推力，重新计算惯性力、黏性力、恢复力等。周而复始，实现虚拟水下机器人"由静到动"的过程[34]，如图 4.5 所示。

与真实水下机器人工作情况相对应，水下机器人半物理仿真系统中虚拟水下机器人的控制信号从自动驾驶单元获得，自动驾驶单元将控制命令发送给 PWM 舱。PWM 舱输出经调制的电压施加到水下机器人的艏部和艉部的直流电机上，直流电机的输出——转速作为螺旋桨的输入，螺旋桨根据电机转速和流速大小产生相应的推力，根据推进器在水下机器人上的安装位置和姿态，可以求得水下机

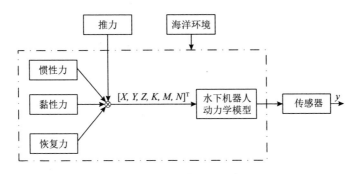

图 4.5　半物理仿真系统工作情况

器人载体六个自由度上推力的合力/合力矩；结合水下机器人惯性力/力矩、黏性力/力矩、恢复力/力矩，根据水下机器人动力学模型计算出它当前的位置以及姿态；根据它的位置和姿态，虚拟的各种位姿传感器(包括 GPS、运动传感器、多普勒计程仪、深度计等)、声呐传感器，以及其他传感器将反馈信息发送给自动驾驶单元和视景显示系统[35]。完成一个工作循环就进入下一个工作循环，周而复始。半物理仿真系统软件信号流程图如图 4.6 所示。

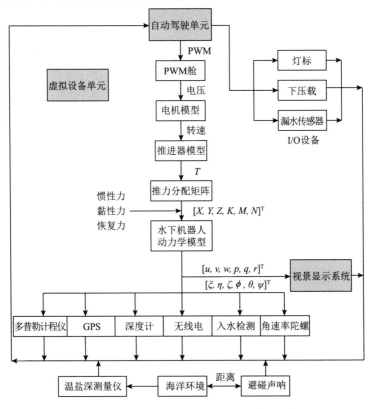

图 4.6　半物理仿真系统软件信号流程图

4.2 自主水下机器人控制器在回路仿真案例

CR6000 和 LAUV 半物理仿真系统(图 4.7)已经经过湖试和海试的检验。它们的研制大大缩短了水下机器人的调试时间和现场试验的周期,提高了研制效率,减少了外场试验的经费,提高了水下机器人系统的安全性和可靠性,无论是在实验室调试阶段还是在湖试、海试阶段均发挥了较大的作用。

图 4.7   LAUV 半物理仿真系统

4.2.1   控制策略及参数调试

半物理仿真系统的首要功能为辅助水下机器人控制系统软件的参数调试功能[36,37]。水下机器人 CR-02 和远程 AUV 已经经过湖试和海试,因此这两型水下机器人半物理仿真系统的主要功能已经得到了现场湖试和海试的检验,试验结果表明在半物理仿真系统上的控制效果与现场的控制效果基本吻合,达到了研制的预期目标。下面通过半物理仿真系统和现场试验数据对比来证明半物理仿真系统的控制效果。

1. LAUV 试验结果对比

LAUV 的试验分为自动定向、自动定深的阶跃响应对比试验和全航程的对比试验,包括航行轨迹、艏向角、纵倾角、深度、高度、东向位移、北向位移和速度。

1)阶跃响应对比试验

试验一:自动定向试验,AUV 初始在 3m 深度以 2kn 速度、230°艏向角进行巡航,然后将 AUV 期望艏向角设置为 50°。半物理仿真系统 LAUV 试验完成后,将半物理仿真系统 LAUV 自动驾驶单元的控制软件直接下载到远程 AUV 自动驾驶单元,布放到湖中重复执行上述试验。"归一化"后的艏向角阶跃响应对比曲线如图 4.8 所示。

试验二:自动定深试验,AUV 在水面以 2kn 速度巡航,初始深度为 5m,然后将期望深度设置为 10m。半物理仿真系统 LAUV 试验完成后,将半物理仿真系统 LAUV 自动驾驶单元的控制软件直接下载到 AUV 自动驾驶单元,布放到湖中重复执行上述试验。"归一化"后的深度阶跃响应对比曲线如图4.9所示。

　　LAUV自动定向、自动定深的阶跃响应试验结果表明，除个别点外，在半物理仿真系统LAUV上的控制效果与湖上试验结果基本吻合[38]。

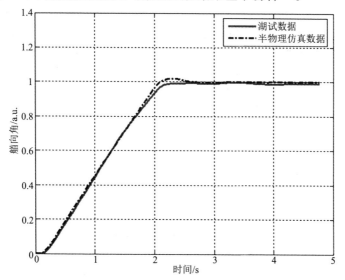

图4.8　仿真系统与试验的艏向角阶跃响应对比曲线

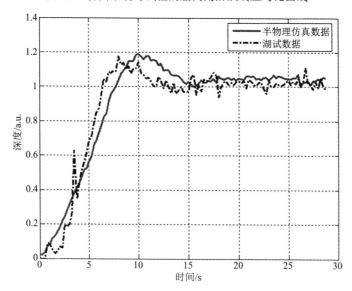

图4.9　仿真系统与试验的深度阶跃响应对比曲线

2) 全航程对比试验

　　全航程试验的航行轨迹如图4.10所示，水下机器人初始从 A 点出发，定深航行至 B 点后改为定高航行，到达 C 点后重新改为定深航行返回 D 点终止作业。

航行过程中艏向角、纵倾角、深度、高度、东向位移、北向位移和速度的对比曲线如图 4.11～图 4.17 所示。

由图 4.11～图 4.17 可知，当 AUV 运行至约 2200s 时，各图中的湖试数据滞后于半物理仿真系统数据约 60s，原因在于实际湖试时接收到有效 GPS 信号需要的时间略长。另外，图 4.13 中的 BC 段深度曲线和图 4.14 中的 AB 段高度曲线在半物理仿真系统和现场试验中结果差别较大，其原因在于半物理仿真系统中的湖底地形与现场环境地形不同。图 4.17 中的湖试速度曲线在拐弯时存在较大的脉冲现象，这与多普勒计程仪在艏向改变时测速误差较大有关。

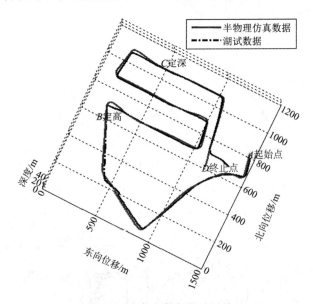

图 4.10　全航程航行轨迹对比

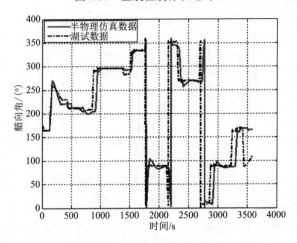

图 4.11　全航程艏向角对比曲线

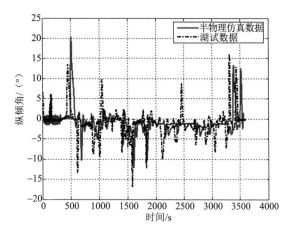

图 4.12　全航程纵倾角对比曲线

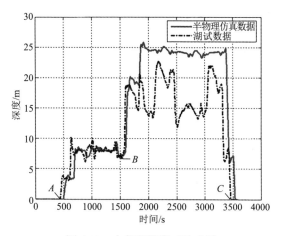

图 4.13　全航程深度对比曲线

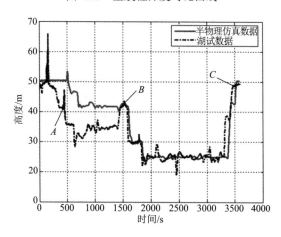

图 4.14　全航程高度对比曲线

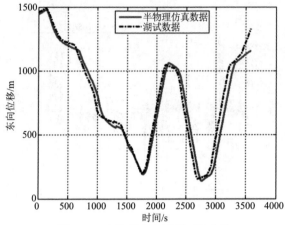

图 4.15　全航程东向位移对比曲线

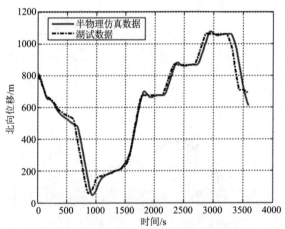

图 4.16　全航程北向位移对比曲线

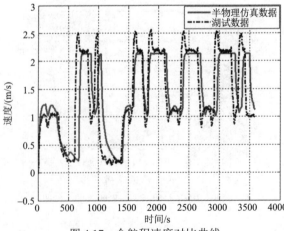

图 4.17　全航程速度对比曲线

2. CR6000 试验结果对比

1）自动定向控制结果对比

CR-02 6000 米 AUV 下水试验前在 CR6000 半物理仿真系统上进行控制参数仿真验证，设定 CR-02 6000 米 AUV 在水下 15m 以 1kn 航速向艏向角 241° 巡航，稳定航行后将艏向角由 241° 调整为 61°。调整好控制参数之后将程序直接下载到 CR-02，"归一化" 后的试验结果如图 4.18 所示。CR6000 半物理仿真系统的艏向角阶跃响应比实际系统略快，且略有超调。CR6000 上的自动定向阶跃响应曲线与现场响应曲线差别不大。

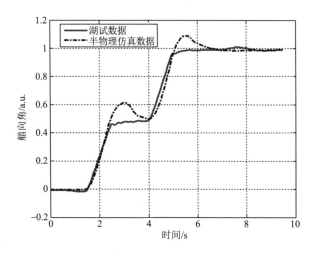

图 4.18　仿真系统与试验的艏向角阶跃响应对比曲线

2）自动定深控制结果对比

设定 CR-02 6000 米 AUV 在水下 15m 以 2kn 航速巡航，稳定航行后将深度给定值由 15m 设置为 5m。由于 CR-02 可下潜达 6000m 深度，黑匣子记录的深度数据精度为 1m，因此图 4.19 中的曲线出现阶跃变化。另外，CR6000 的响应曲线比实际系统曲线慢 1s 左右，但最终均达到设定的深度。CR6000 上的定深阶跃响应试验结果与现场试验结果基本吻合[39]。

半物理仿真系统 LAUV 和 CR6000 的试验结果表明，在半物理仿真系统上的控制策略和控制器参数调试效果与现场试验结果基本吻合，在半物理仿真系统上调试的控制策略和控制器参数具有较大的可信性。

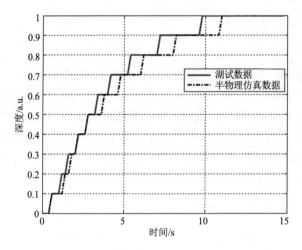

图 4.19　仿真系统与现场试验的自动定深阶跃响应对比曲线

4.2.2　辅助自主水下机器人实验室调试

水下机器人半物理仿真系统的首要功能为辅助水下机器人的控制参数初步调试。除了该功能外，它还可在水下机器人的实验室调试阶段，验证自动驾驶单元的硬件接口的正确性，验证自动驾驶单元软件逻辑流程的合理性，并可以初步调试自动驾驶单元控制器的参数，具体功能说明如下。

1. 硬件系统调试功能

实验室调试阶段，半物理仿真系统可以检查自动驾驶单元硬件接口及驱动程序的正确性，包括：

（1）验证串口通信接线的正确性、通信方式（如RS232/422/485）设置的正确性、自动驾驶单元串行通信设置的正确性（包括端口号、波特率、奇偶校验方式、数据位数、停止位和控制模式等）和通信周期设置的合理性；

（2）验证自动驾驶单元电机控制量 D/A 输出接口等的正确性、D/A 板卡设置（包括基地址、极性、输出范围等）的正确性；

（3）验证自动驾驶单元电流和深度检测量 A/D 输入接口的正确性、A/D 板卡设置[包括基地址、输入方式（单端输入或差分输入）、中断方式、输入范围等]的正确性；

（4）验证自动驾驶单元 GPS、运动传感器、多普勒计程仪、灯标、无线电等设备数字输出（DO）接口的正确性；

（5）验证自动驾驶单元漏水等设备数字输入（DI）接口的正确性；

（6）验证自动驾驶单元网络输入输出接口的正确性、网络设置的正确性（包括 IP 地址、端口号、传输控制协议/用户数据报协议（TCP/UDP）方式、服务器/

客户端模式）。

在实验室调试过程中，自动驾驶单元曾出现硬件接口方面的问题。半物理仿真系统及时发现并做了相应修正。

2. 软件逻辑流程调试功能

实验室调试阶段，半物理仿真系统可以检查自动驾驶单元控制软件逻辑流程的正确性，包括：

(1) 验证接收上层软件规划使命的正确性、完成使命后发送相应应答的正确性；

(2) 验证上层软件在线路径规划的合理性和正确性；

(3) 验证水下机器人避碰策略的正确性；

(4) 验证避碰与定深/定高航行优先级设置的合理性；

(5) 验证应急处理方案的正确性；

(6) 验证 A/D、D/A、DIO、网络、串行通信设备等驱动程序，以及各信号标度变换的正确性等。

4.2.3 辅助自主水下机器人湖试和海试

在湖试和海试阶段，多功能平台可以辅助水下机器人验证规划使命的正确性、路径规划的合理性及避碰算法的有效性。若在水下机器人下水试验的同时运行半物理仿真系统，则它还可以起到"伪在线"监视水下机器人工作状态的作用。当水下机器人试验完毕后，可以从黑匣子读取试验数据，在半物理仿真系统上对水下机器人的作业过程全程回放，以便安排后续试验。

1. 规划使命验证功能

规划使命的正确性直接关系到水下机器人执行使命和任务的正确与否，是现场湖试和海试的关键，因此对于它的验证具有重要意义[40]。水下机器人半物理仿真系统具有验证上层规划算法正确性的功能[41,42]。在水下机器人湖试和海试之前，都要在水下机器人半物理仿真系统上进行使命规划的正确性验证，如某航次使命规划的试验结果如下：

ID=2，T=0.149423，F=0.437761，S=(slon1, slat1)，E=(elon1, elat1)，V=v1，D=8.0，M=1；

ID=2，T=0.140492，F=0.525464，S=(slon2, slat2)，E=(elon2, elat2)，V=v2，D=20.0，M=1；

……

ID=2，T=0.179359，F=0.436799，S=(slon3, slat3)，E=(elon3, elat3)，V=v3，D=20.0，M=1；

ID=2，T=0.149094，F=0.411595，S=（slon4, slat4），E=（elon4, elat4），V=v4，D=8.0，M=1。

其中，ID 为行为序号，T 为完成该行为大约使用时间，F 为完成该行为大约需要的能源，S 为起点经度和纬度坐标，E 为终点经度和纬度坐标，V 为航行速度，D 为航行深度，M 为使命序号。

所规划的使命若在各航段设置的航向、深度/高度、巡航速度等合理，且在航路上没有障碍物等，则认为所规划的使命正确。

2. 路径规划验证功能

水下机器人的安全性与路径规划的正确与否直接相关，顺流航行或逆流航行时，又与能源的消耗和航程密切相关。水下机器人路径规划算法的正确性以及结果的合理性可以在半物理仿真系统上得到充分验证。水下机器人自动驾驶单元的软件是事件反馈监控体系结构的具体实现，其中的路径规划功能模块采用改进人工势场法的路径规划算法[43]，该算法分别嵌于水下机器人体系结构的全局和局部路径规划器中。在对该路径规划算法进行仿真试验时，通过硬件接口将水下机器人自动驾驶单元连接到虚拟系统上，由水下机器人自动驾驶单元软件驱动虚拟系统完成仿真试验。

下面给出在半物理仿真系统上，验证路径规划算法的仿真试验结果：仿真试验的区域为某海域，根据该海域的电子海图建立环境地图。利用环境地图分别建立引力场和斥力场（障碍物势场），其中引力场系数取 $\xi = 2 \times 10^{-4}$，障碍物势场系数取 $\eta = 0.05$，人工势场搜索步长取 $\delta \in [D, 4D]$，D 为电子海图网格大小。

试验一：离线全局路径规划仿真试验的起始点 S，目标点 G，用时 22s，规划结果如图 4.20 所示。航渡路径 $\overline{SABG}$ 的路径点分别为 S、A、B 和 G，共有三条直线路径段 $\overline{SA}$、$\overline{AB}$ 和 $\overline{BG}$。返航路径 $\overline{GCDEFS}$ 的路径点分别为 G、C、D、E、F 和 S，共有五条直线路径段 $\overline{GC}$、$\overline{CD}$、$\overline{DE}$、$\overline{EF}$ 和 $\overline{FS}$。从图 4.21 中可以看出 $\overline{SABG}$ 安全地避开了 A、B 点处的障碍区域。在 D、E、F 点处是比较复杂的障碍区域。该算法顺利规划出此条安全的返航路径。

试验二：改进人工势场法的路径规划算法既可用于离线路径规划，也可进行在线路径规划。试验一属于离线全局路径规划。在试验二中，首先离线规划出全局路径（起始点 S 和目标点 G 的坐标与试验一相同），水下机器人按照规划的全局路径 $\overline{SA}$ 航渡，在航渡过程中水下机器人发生偏航，然后利用改进人工势场算法在线规划从偏航点到目标点的局部路径，为水下机器人提供新的航渡路径。在线全局路径规划如图 4.21 所示。

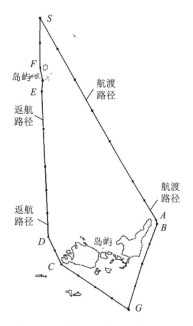

图 4.20 离线全局路径规划放大图

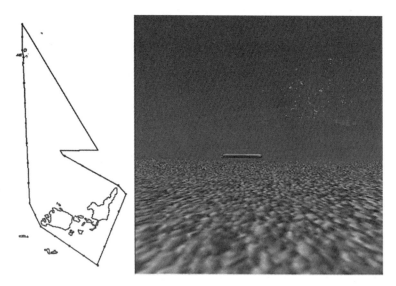

图 4.21 在线全局路径规划

3. 避碰算法验证功能

　　水下机器人的避碰功能对于系统的安全性至关重要。水下机器人半物理仿真系统同样具有验证避碰算法正确性的功能。在水下机器人湖试和海试入水之前，可在水下机器人半物理仿真系统上设置各种典型的障碍物进行避碰试验，得到充分验证后下载到自动驾驶单元执行现场使命[44,45]。

在水下机器人半物理仿真系统上，对基于模糊逻辑的水下机器人三维实时避碰算法[43]进行了仿真试验。该实时避碰算法嵌于水下机器人体系结构的行为执行层的实时避碰规划器中。具体的仿真环境和条件为：水下机器人在水深110m的海域，定高20m以4kn速度航行，分别遇到下列障碍物后进行实时避碰（为了能充分地验证该实时避碰算法，在下面的实时仿真试验中没有限制障碍物的大小）。

试验一：半球形障碍物（球半径100m，拱高50m），障碍物的拱顶相对于水下机器人的高度为30m，海流速度为1.5kn，流向指向障碍物，如图4.22所示。半球形障碍物的正面坡度小于水下机器人所提供最大航行倾角。水下机器人开始减速，首先以垂直跨越障碍控制为主，以水平绕障控制为辅，然后以水平绕障控制为主，以垂直跨越障碍控制为辅。实现了水下机器人对半球形障碍物的实时避碰，水下机器人在避碰过程中航行路径是一条三维的路径。

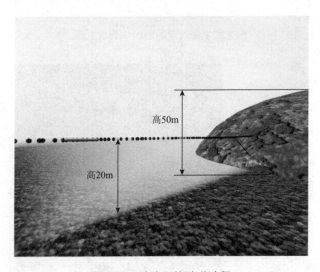

图4.22　试验一的避碰过程

试验二：山形障碍物（长300m，宽300m，高45m），山形障碍物的山顶相对于水下机器人的高度为25m，海流速度为1.5kn，流向指向障碍物，如图4.23所示。水下机器人首先减速随后进行避碰控制。山形障碍物的正面坡度比较平缓，并且小于水下机器人所提供最大航行纵倾角，水下机器人主要以垂直跨越障碍控制为主，实现了对山形障碍物的实时避碰。

高50m

高20m

图 4.23 试验二的避碰过程

4. 伪在线监视功能

由于工作环境的特殊性,水下机器人在水下执行使命时的实时位置、姿态、作业过程和作业效果无法现场获得。水下机器人半物理仿真系统的建立,为解决上述问题提供了可能。水下机器人现场布放入水的同时,半物理仿真系统软件也同时开始运行,由于采用全时间尺度 1:1 实时仿真技术,水下机器人的实时位置、姿态、作业过程与作业效果可以在半物理仿真系统上直观显示出来。而在以前水下机器人湖试和海试中没有此项功能,仅能等到水下机器人返回回收后方可查看其历史曲线。水下机器人半物理仿真系统"伪在线"监视的内容包括:

(1)水下机器人当前执行的使命和任务;
(2)水下机器人当前的位置和姿态;
(3)水下机器人航行的历史轨迹;
(4)水下机器人已经入水工作时间、尚需工作时间;
(5)水下机器人作业过程在线观测;
(6)水下机器人当前安全性在线监视等功能。

5. 故障诊断及处理验证功能

水下机器人半物理仿真系统还具有验证故障处理的功能[46-48]。水下机器人故障可分为水下机器人某设备故障和作业过程故障。设备故障包括系统漏水、设备开关故障、天线回收故障、电池电压故障等。作业过程故障包括长时间到达不了预定航向、深度、高度故障等。对于设备故障和作业过程故障,半物理仿真系统可以虚拟这两类故障，验证水下机器人抛载上浮、返航、等待回收等功能的合理性和正确性。

6. 作业过程回放功能

水下机器人回收到支持母船后，半物理仿真系统具有作业过程回放功能。在未构建半物理仿真系统前采用的方式为：首先查看黑匣子记录的主要时间和事件，然后查看相关数据的历史曲线分析该航次试验的效果。

采用半物理仿真系统后，水下机器人在水下的作业过程可以很直观地在三维视景仿真系统中显示，主要包括：

(1) 水下机器人的实际作业过程的直观显示；

(2) 水下机器人实际工作过程中位置和姿态的直观显示；

(3) 水下机器人实际航行轨迹的直观显示；

(4) 水下机器人完成各阶段任务的实际时间查看；

(5) 水下机器人作业效果的评价，为后续航次的试验提供科学依据等。

7. 辅助事故原因分析功能

建立水下机器人半物理仿真系统最基本目的就是减小湖试和海试的风险。但是水下机器人试验过程中发生事故在所难免，关键是要"吃一堑，长一智"。

半物理仿真系统具有事故发生后进行事故原因分析的功能，科研人员可以根据水下机器人工作期间气象条件和海况设置参数，结合水下机器人作业过程回放功能，在半物理仿真系统上模拟水下机器人真实海洋环境进行试验，从而分析事故原因。

4.3 7000 米载人潜水器控制器在回路仿真案例

7000 米载人潜水器蛟龙号已于 2012 年完成 7000 米级海上试验，最大下潜深度达到 7062m。2013 年，蛟龙号交付用户并已转入业务化运行阶段。HOV7000 半物理仿真系统(图 4.24)担负着辅助 7000 米载人潜水器自动控制算法验证、控制参数调试、实验室调试、辅助水池试验海试、下潜人员培训等使命[49]。

4.3.1 控制策略及参数调试

下面先后采用模糊比例-积分-微分(PID)控制和直接自适应控制策略对 7000

米载人潜水器进行位置闭环控制。

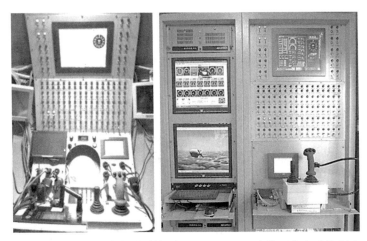

图 4.24　蛟龙号舱内控制系统(左)及 HOV7000 半物理仿真系统(右)

1. 模糊 PID 控制

鉴于水下机器人工作环境的复杂性，以及压力引起的海水密度增加、体积压缩等影响，水下机器人的动力学模型难以精确建模，同时由于海洋环境中海流扰动，传感器数据等也存在较大的不确定性，因此采用模糊 PID 控制方法对 7000 米载人潜水器的控制算法进行研究[50]。

1) 自动定向控制试验

7000 米载人潜水器 PID 的控制参数分别为：K_{p0}=1000，K_{d0}=1880，要求稳态误差小于 1°，因此加入积分项，但没有对其进行模糊修改，K_i=0.001。试验时艏向角初始值为 0°，目标给定值为 20°，控制周期为 200ms。分别采用 PID 控制和模糊 PID 控制，经"归一化"处理后的控制结果如图 4.25 和图 4.26。

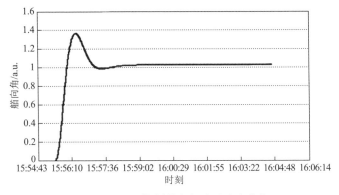

图 4.25　PID 控制艏向角阶跃响应曲线

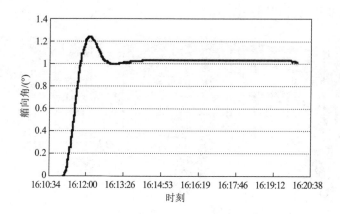

图 4.26　模糊 PID 控制艏向角阶跃响应曲线

由图 4.25 和图 4.26 可知，采用 PID 进行艏向角控制时上升时间为 21s，调节时间为 92s，稳态误差为−0.15°，超调量为 36.3%；采用模糊 PID 进行艏向角控制时上升时间为 26s，调节时间为 90s，稳态误差为−0.04°，超调量为 23.8%(表 4.3)。采用 PID 控制时调节时间较长，稳态误差偏大；采用模糊 PID 控制时超调量较小，稳态误差偏小。

由于 7000 米载人潜水器为载人型的，考虑到载人潜水器设备的安全性和下潜人员的舒适性，不希望超调量过大，而且希望尽可能减小稳态误差，因此，采用模糊 PID 控制方法对 7000 米载人潜水器进行自动定向控制在保证系统安全性和控制精度方面更有优势。而且通过调整模糊推理器的输入和输出变量的变化范围及优化输入输出隶属度函数和模糊规则，可以进一步降低超调量，降低稳态误差。

表 4.3　艏向角阶跃响应动态性能对比表

	超调量/%	调节时间/s	稳态误差/(°)	上升时间/s
PID	36.3	92	−0.15	21
模糊 PID	23.8	90	−0.04	26

2) 自动定深/定高控制试验

自动定深和自动定高控制原理相同，只是所用传感器不同(深度计和高度计)。因为在海底作业时，不能与海底相碰，以避免发生危险，因此在进行定高控制时超调量要尽可能小，所以此处仅进行了自动定深的试验。

7000 米载人潜水器 PID 的控制参数分别为：K_{p0} =500，K_{d0} =7000，初始深度为 0m，期望深度值为 1m。分别采用 PID 控制和模糊 PID 控制，模糊 PID 控制器的初始参数与 PID 的控制参数相等，即 $K_p = K_{p0}$ =500，$K_d = K_{d0}$ =7000。控制周期为 200ms。其经"归一化"处理后的控制结果分别如图 4.27 和图 4.28 所示。

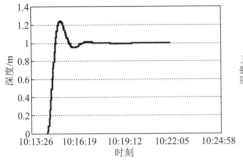 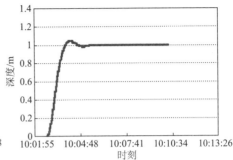

图 4.27　PID 控制深度阶跃响应曲线　　图 4.28　模糊 PID 控制深度阶跃响应曲线

由图 4.27 和图 4.28 可知，采用 PID 进行自动定深控制时上升时间为 23s，调节时间为 98s，稳态误差为 0m，超调量为 23.7%；采用模糊 PID 进行自动定深控制时上升时间为 53s，调节时间为 61s，稳态误差为 0m，超调量为 4.4%（表 4.4）。采用 PID 控制时上升时间较短，但调节时间较长；采用模糊 PID 控制时超调量较小。

由图 4.27、图 4.28 及表 4.4 可以看出，采用参数自调整模糊 PID 方法，虽然上升时间较长，但可以大大降低系统超调量，且减少调节时间。符合 7000 米载人潜水器对安全性和控制精度的要求。

表 4.4　自动定深阶跃响应动态性能对比表

	超调量/%	调节时间/s	稳态误差/m	上升时间/s
PID	23.7	98	0	23
模糊 PID	4.4	61	0	53

2. 直接自适应神经元网络控制

基于径向基神经网络水下机器人直接自适应控制策略在 HOV7000 半物理仿真系统上进行试验，包括北向位移、东向位移、深度及艏向角四个自由度的阶跃响应试验和抗干扰能力试验，以及水平面内的北向和东向轨迹跟踪试验、艏向角跟踪试验等[51]。试验主要控制器参数为：隐含层节点数为 201 个，高斯函数宽度为 0.5。

1) 阶跃响应试验

图 4.29 为 HOV7000 半物理仿真系统阶跃响应"归一化"处理后的动态响应

曲线。从图 4.29 中可以看出四个自由度方向上系统的上升时间均为 30s 左右，调节时间小于 80s，系统超调量小于 20%。

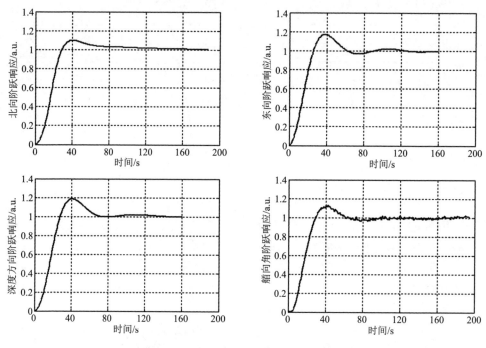

图4.29　半物理仿真系统阶跃响应试验结果

2) 抗干扰能力试验

在半物理仿真系统进行系统抗干扰试验时，采用操纵单杠的随机输入作为外界干扰力。干扰试验分别针对北向、东向、深度及艏向角四个自由度进行，图 4.30 为抗干扰能力试验结果。试验结果表明，该控制系统对外界的随机干扰力具有较强的鲁棒性，系统能够有效地学习外界干扰力。当干扰力消失后，系统能够自动回到定位点。

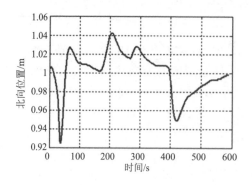
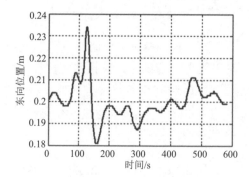

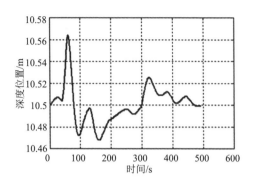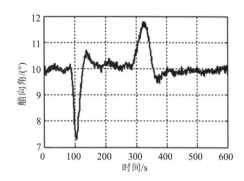

图 4.30 半物理仿真系统抗干扰能力试验结果

3）轨迹跟踪试验

水平面轨迹跟踪试验时，北向位置跟踪的期望轨迹为 $10\sin(0.1t)\,\mathrm{m}$，东向位置跟踪的期望轨迹为 $2\cos(0.01t)\,\mathrm{m}$，期望的速度和加速度轨迹为相应位置轨迹的一阶和二阶导数。跟踪试验过程中，艏向角、横滚角和俯仰角均保持为 0°，深度保持为 10m。图 4.31 为 7000 米载人潜水器跟踪试验输出的水平面实际轨迹，图 4.32 为跟踪的位置误差曲线。从试验结果可以看出，该控制系统具有较高精度的跟踪性能。

航向跟踪试验时，期望的艏向角轨迹为 $\left[60+50\sin(0.02t)\right]°$，期望的角速率和角加速度轨迹为相应的一阶和二阶导数，其他自由度保持状态不变。图 4.33 的艏向角跟踪试验结果表明，该控制系统在艏向方向上具有很强的跟踪能力，实际输出与期望数据之间的相位差很小。

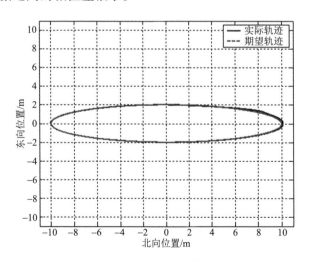

图 4.31 半物理仿真系统水平面位置跟踪试验轨迹

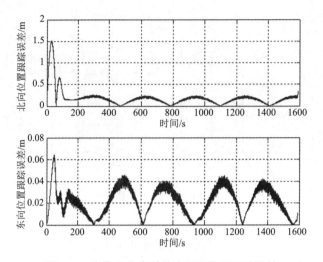

图 4.32　半物理仿真系统水平面位置跟踪误差

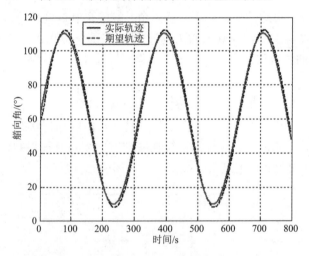

图 4.33　半物理仿真系统艏向角跟踪试验结果

4.3.2　辅助 7000 米载人潜水器的实验室调试

1. 硬件系统调试功能

7000 米载人潜水器控制系统是基于工业以太网的网络化控制系统。在实验室总装联调、水池试验等阶段，HOV7000 半物理仿真系统基于该套网络系统进行了以下功能的调试[52,53]。

(1)验证载人潜水器控制系统网络输入输出接口的正确性、网络设置的正确性[包括 IP 地址、端口号、传输控制协议/用户数据报协议(TCP/UDP)方式、服务器/客户端模式]。

(2) 验证载人潜水器推进系统各推进器控制量 D/A 输出接口等的正确性。

(3) 验证载人潜水器推进器电流、转速，温度、压力等检测量 A/D 输入接口的正确性。

(4) 验证载人潜水器串口通信接线的正确性、通信方式 (如 RS232/422/485) 设置的正确性、自动驾驶单元串行通信设置的正确性 (包括端口号、波特率、奇偶校验方式、数据位数、停止位和控制模式等) 和通信周期设置的合理性。

(5) 验证载人潜水器声学系统设备供电及信号调试，如超短基线、水声通信机、避碰声呐、多普勒计程仪、运动传感器等。

(6) 验证载人潜水器生命支持系统氧气浓度、二氧化碳浓度、舱内气压等各参数的采集调试。

(7) 验证载人潜水器推进器控制信号、电流、转速反馈信号的正确性，推进器敞水性能测试等。

(8) 验证载人潜水器液压系统电流、压力、补偿器位移等各参数，包括液压源、机械手、压载水箱、可调压载水舱、纵倾调节等。

(9) 验证载人潜水器观通系统控制信号的正确性，如照明灯、摄像机等。

(10) 验证载人潜水器潜浮与应急抛载系统控制信号、互锁逻辑的正确性，如采样篮、电池箱抛弃等。

2. 软件逻辑结构调试功能

在 HOV7000 半物理仿真系统硬件调试基础上，开展载人潜水器软件系统的调试，主要包括：

(1) 验证载人潜水器手动控制，以及自动定向、定深/定高、动力定位等航行控制算法的合理性和有效性；进行控制参数的调试。

(2) 验证载人潜水器卡尔曼滤波、无色卡尔曼滤波等导航算法的合理性和有效性。

(3) 验证载人潜水器设备控制，以及互锁控制逻辑的正确性和有效性。

(4) 验证载人潜水器漏水报警、补偿器报警阈值、报警等级设置的合理性和有效性。

(5) 验证载人潜水器应急处理控制逻辑的合理性和有效性。

(6) 验证各线程模块优先级设置的合理性。

(7) 验证推进器控制量、模拟量输入、网络、串行通信设备等驱动程序，以及各信号标度变换的正确性。

(8) 验证控制系统各子系统之间接口协议，以及控制系统与其他系统之间接口协议等。

4.3.3 辅助 7000 米载人潜水器水池试验及海试

在 7000 米载人潜水器水池试验和海试阶段，当载人潜水器下潜试验完毕后，HOV7000 半物理仿真系统可从黑匣子读取试验数据，对载人潜水器的作业过程全程回放。另外，HOV7000 半物理仿真系统还具有验证应急处理、辅助故障原因分析等功能。

1. 下潜全流程试验数据回放功能

载人潜水器回收到支持母船上以后，HOV7000 半物理仿真系统具有作业过程回放功能。载人潜水器在水下的全部作业流程可以很直观地在半物理仿真系统的三维视景系统中显示，包括：

(1)载人潜水器实际下潜、作业、上浮全流程的直观显示；

(2)载人潜水器实际全流程中位置和姿态的直观显示；

(3)载人潜水器实际航行作业轨迹的直观显示；

(4)载人潜水器完成各设备传感器数据、下发执行机构命令的查看；

(5)载人潜水器作业任务的评价，为后续试验任务提供决策依据等。

2. 故障诊断及处理验证功能

蛟龙号海上作业期间的故障按危害程度分为轻微故障、一般故障和严重故障三类。在 HOV7000 半物理仿真系统上开展的验证故障及处理的功能内容包括：

(1)根据潜水器传感器实际采集的数据，验证载人潜水器报警信号设置阈值的合理性和有效性；

(2)验证载人潜水器设备故障包括泄漏报警信号、油位补偿报警信号、电压、电流、压力、温度、浓度等参数的报警阈值、报警等级等；

(3)验证载人潜水器报警信号出现后，水声通信机、照明灯、摄像机、机械手、压载水箱、可调压载水舱等各系统设备互锁控制逻辑的正确性和有效性；

(4)验证载人潜水器在应急情况下，应急浮标、应急抛载、机械手抛弃等应急处理控制逻辑的合理性和有效性。

3. 辅助故障原因分析功能

载人潜水器是由声学系统、观通系统、液压系统、推进系统、生命支持系统等十多个系统组成的复杂系统。外场试验中出现故障在所难免，HOV7000 半物理仿真系统具有故障发生后进行辅助故障原因分析的功能。根据黑匣子记录数据和下潜人员对作业过程的描述，分析故障信号的时间、部位、现象、操作，以便分析故障的起因、过程、危害及可能的耦合影响。

根据故障树、因果分析等方法，利用载人潜水器半物理仿真系统辅助分析故障出现的精确部位，包括传感器、电子单元、耐压壳、电缆、接线盒、接口、控制信号等。针对不同故障起因，制订相应的解决方案，再进行充分测试和验证。

4.3.4 下潜人员培训和训练

蛟龙号载人潜水器可搭载一名潜航员和两名科学家参加下潜试验或应用。对下潜人员进行培训是 HOV7000 半物理仿真系统的一项重要功能，如图 4.34 和图 4.35 所示。图 4.34 中使用的系统为主要用于控制系统软硬件调试和验证的控制器在回路的半物理仿真系统，图 4.35 为专门用于潜航员驾驶与操纵模拟训练的蛟龙号载人潜水器模拟器。

对潜航员来讲，他们不但要熟悉各个系统及设备在潜水器上的各项功能，还要熟练掌握潜水器的使用条件、技术参数、报警级别、互锁控制，在应急情况下还要临危不乱，冷静果断地处理不同级别的故障，保证载人潜水器设备和下潜人员的安全。下潜的科学家则必须要掌握自动抛弃压载、手动抛弃压载、生命支持系统等基本操作。

在载人潜水器半物理仿真系统上，潜航员可以熟悉各设备在主控制面板、作业操作面板、应急操作面板上的各功能区域，各设备的通信状态、采集数据、显示和报警区域，以及故障情况下各参数的报警阈值、报警形式、报警区域、预警等级，以便实施应急控制等。

图 4.34　下潜人员操作培训　　　图 4.35　蛟龙号载人潜水器模拟器

4.4　水下机器人半物理仿真系统经济效益

水下机器人的研发是耗费大量人力物力的工作，大中型水下机器人的研发时间为 3～4 年。在此过程中，不但要对系统进行可行性论证、方案设计、详细方案设计、样机加工制造，还要进行大量的实验室总装联调、陆上联调、湖试和海试，水下机器人各阶段的所需时间各不相同。一般来讲，实验室调试、湖试和海试时间共占总时间的三分之一至二分之一。

根据有经验的水下机器人专家估计，借助水下机器人半物理仿真系统，水下机器人实验室调试、湖试和海试时间可以缩短为原来时间的三分之一至二分之一，试验的费用也可大幅度降低。

基于控制器在回路的 LAUV、CR6000、HOV7000 等水下机器人半物理仿真系统在实验室、湖试和海试的结果表明预定的功能已经全部实现。该项技术也支撑了潜龙一号、潜龙二号、潜龙三号等"潜龙"国际海底资源勘探系列自主水下机器人，探索 200、探索 1000、探索 4500 等"探索"科学研究系列自主水下机器人，深海勇士号和全海深等载人潜水器控制系统的研发与试验[53]。

4.5　本章小结

本章以水下机器人控制器在回路半物理仿真技术为例介绍了水下机器人硬件在回路仿真技术。首先研究了水下机器人系统及其控制器在回路半物理仿真系统构成、工作原理等，其次研究了 LAUV、CR6000 和 HOV7000 三套水下机器人控制器在回路半物理仿真的控制策略及参数调试、辅助水下机器人的实验室调试、辅助水下机器人湖试和海试、以及下潜人员培训等功能，最后研究了半物理仿真技术取得的经济效益。

参 考 文 献

[1] Mei D F, Liu K Z, Wang Y Y. MEFPDA-SCKF for underwater single observer bearing-only target tracking in clutter[C]. Proceedings of the IEEE/MTS OCEANS 2013, 2013: 1-6.

[2] Liu K Z, Wang G Q, Huang Y, et al. Research on error correction methods for the integrated navigation system of deep-sea human occupied vehicles [C]. Proceedings of the IEEE/MTS OCEANS 2015, 2015: 1-6.

[3] Liu B, Liu K Z, Wang Y Y, et al. A hybrid deep sea navigation system of LBL/DR integration based on UKF and PSO-SVM [J]. Robot, 2015, 37 (5): 614-620.

[4] Wang Y Y, Liu K Z, Feng X S. Optimal AUV trajectories for bearings-only target tracking and intercepting [C]. Proceedings of the Twenty-fourth (2014) International Ocean and Polar Engineering Conference, 2014: 429-435.

[5] 田甜, 刘健, 刘开周. 自适应模糊 PID 控制在 AUV 控制中的应用[J]. 微计算机信息, 2008, 24 (3-1): 4-6,81.

[6] 周焕银, 刘开周, 封锡盛. 基于神经网络的自主水下机器人动态反馈控制[J]. 电机与控制学报, 2011, 15 (7): 87-93.

[7] 周焕银, 李一平, 刘开周, 等. 基于 AUV 垂直面运动控制的状态增减多模型切换[J]. 哈尔滨工程大学学报, 2017, 38 (8): 1309-1315.

[8] Jin X, Liu K Z, Yuan G, et al. Motion control of thruster-driven underwater vehicle based on model predictive control [C]. Proceedings of the IEEE Cyber 2016, 2016: 512-517.

[9] Zhou H Y, Liu K Z, Li Y P, et al. Dynamic sliding modecontrol based on multi-model switching laws for the depth

control of an autonomous underwater vehicles [J]. International Journal of Advanced Robotic Systems, 2015, 12(3): 1-10.

[10] 周焕银, 刘开周, 封锡盛. 基于权值范围设置的多模型稳定切换控制研究[J]. 控制与决策, 2012, 27(3): 349-354.

[11] Liu K Z, Guo W, Wang X H, et al. Research on the control system of a class of underwater vehicle [C]. Proceedings of the Twentieth (2010) International Offshore and Polar Engineering Conference, 2010: 359-364.

[12] 王艳艳, 刘开周, 封锡盛. 基于强跟踪平方根容积卡尔曼滤波的纯方位目标运动分析方法[J]. 计算机测量与控制, 2016, 24(11): 136-140.

[13] Liu K Z, Li J, Guo W, et al. Navigation system of a class of underwater vehicle based on adaptive unscented Kalman filter algorithm [J]. Journal of Central South University of Technology, 2014, 21(2): 550-557.

[14] 王艳艳, 刘开周, 封锡盛. AUV 纯方位目标跟踪轨迹优化方法[J]. 机器人, 2014, 36(2): 179-184.

[15] 冀大雄, 封锡盛, 刘开周, 等. 综合权值递推最小二乘法估计从 UUV 航行参数[J]. 仪器仪表学报, 2008, 29(s4): 304-306.

[16] 林昌龙, 刘开周. 基于贝叶斯估计的水下机器人罗盘故障检测[J]. 控制工程, 2015, 22(3): 559-563.

[17] 林鲁超. 小卫星敏捷姿态控制及全物理仿真技术研究[D]. 长春: 中国科学院长春光学精密机械与物理研究所, 2019.

[18] 高东, 韩鹏, 毛博年, 等. 探空火箭箭头姿态控制系统物理仿真[J]. 航天控制, 2018, 36(2): 77-82.

[19] 高桦, 邢志钢. 基于 P-FUZZY-PID 的飞行器大角度机动控制物理仿真[J]. 计算机测量与控制, 2008, 16(9): 1286-1289.

[20] 吴冲. 旋翼飞行机器人动平台自主起降方法研究[D]. 沈阳: 中国科学院沈阳自动化研究所, 2015.

[21] 刘开周, 郭威, 王晓辉, 等. 基于结构奇异值的水下机器人鲁棒控制研究[C]. 第八届全球智能控制与自动化会议, 2010: 6446-6450.

[22] Brutzman D P. A virtual world for an autonomous underwater vehicles [D]. Monterey: Naval Postgraduate School, 1994.

[23] 李季苏, 曾海波, 牟小刚. 地球观测卫星轮控系统单通道全物理仿真[J]. 系统仿真学报, 2002, 14(2): 211-214.

[24] 贾杰, 秦永元, 周凤岐. 卫星天线指向复合控制全物理仿真与试验分析[J]. 火力与指挥控制, 2007, 32(6): 133-136.

[25] 刘明洋, 贺云, 徐志刚, 等. 空间站对日定向装置半物理试验台关键技术[J]. 宇航学报, 2019, 40(5): 596-603.

[26] 杨国永. 星载天线指向机构地面测试系统设计与实验研究[D]. 沈阳: 中国科学院沈阳自动化研究所, 2018.

[27] 张刘, 孙志远, 金光. 星载 TDI CCD 动态成像全物理仿真系统设计[J]. 光学精密工程, 2011, 19(3): 641-650.

[28] 刘开周. 水下机器人多功能仿真平台及其鲁棒控制研究[D]. 沈阳: 中国科学院沈阳自动化研究所, 2006.

[29] Liu K Z, Liu J, Zhang Y, et al. The development of autonomous underwater vehicle's semi-physical virtual reality system [C]. Proceedings of the 2003 IEEE International Conference on Robotics, Intelligent System and Signal Processing, 2003: 301-306.

[30] Liu K Z, Wang X H, Feng X S. The design and development of simulator system - for manned submersible vehicle [C]. Proceedings of the 2004 IEEE International Conference on Robotics and Biomimetics, 2004: 294-299.

[31] 张禹, 刘开周, 邢志伟, 等. 自治水下机器人实时仿真系统开发研究[J]. 计算机仿真, 2004, 21(4): 155-158.

[32] 徐军. 飞行控制系统: 设计、原型系统及半物理仿真实验[M]. 北京: 北京理工大学出版社, 2015.

[33] 林昌龙, 刘开周. 基于面向对象 Petri 网的水下机器人体系结构建模与可达性问题研究[J]. 机器人, 2013, 35(3): 332-338.

[34] 程大军. AUV 环境建模及行为优化方法研究[D]. 沈阳: 中国科学院沈阳自动化研究所, 2011.

[35] 林昌龙. 基于自主计算思想的水下机器人体系结构研究[D]. 沈阳: 中国科学院沈阳自动化研究所, 2010.

[36] 周焕银. 基于多模型优化切换的海洋机器人运动控制研究[D]. 沈阳: 中国科学院沈阳自动化研究所, 2011.

[37] 周焕银, 刘开周, 封锡盛. 基于神经网络补偿的滑模控制在 AUV 运动中的应用[J]. 计算机应用研究, 2011, 28(9): 3384-3386,3389.

[38] Liu K Z, Liu J, Feng X S. A comparison of digital AUV platform's result with lake experiment's [C]. Proceedings of the IEEE/MTS OCEANS 2005, 2005: 785-790.

[39] 于旭, 刘开周, 刘健. 螺旋桨驱动 UUV 推进系统研究[J]. 辽宁工学院学报, 2007, 27(3): 183-186.

[40] Lin C L, Feng X S, Li Y P, et al. Toward a generalized architecture for unmanned underwater vehicles [C]. Proceedings of the 2011 IEEE International Conference on Robotics and Automation, 2011: 2368-2373.

[41] 任申真. 目标跟踪中的 AUV 航路规划问题研究[D]. 沈阳: 中国科学院沈阳自动化研究所, 2011.

[42] 张禹. 远程自主潜水器体系结构的应用研究[D]. 沈阳: 中国科学院沈阳自动化研究所, 2003.

[43] 徐红丽. 自主水下机器人实时避碰方法研究[D]. 沈阳: 中国科学院沈阳自动化研究所, 2008.

[44] 徐红丽. 一种欠驱动 AUV 的三维实时避碰方法[J]. 机器人, 2009, 31(s1): 16-21.

[45] 程大军, 刘开周. 基于 UKF 的 AUV 环境建模方法研究[J]. 计算机应用研究, 2012, 29(s): 107-109.

[46] 刘开周, 刘健, 封锡盛. 一种海底地形和海流虚拟生成方法[J]. 系统仿真学报, 2005, 17(5): 1268-1271.

[47] 程大军, 刘开周. 一种基于 SUKF 的广义行为环境建模及在远程 AUV 推进系统的应用研究[J]. 机械工程学报, 2011, 47(19): 14-21.

[48] 刘开周, 祝普强, 赵洋, 等. 载人潜水器 "蛟龙号" 控制系统研究[J]. 科学通报, 2013,58(s2): 40-48.

[49] 杨凌轩. 载人潜水器航行与姿态控制方法研究[D]. 沈阳: 中国科学院沈阳自动化研究所, 2005.

[50] 俞建成. 7000 米载人潜水器动力定位系统研究[D]. 沈阳: 中国科学院沈阳自动化研究所, 2006.

[51] Meng X W, Liu K Z, Guo W, et al. A developed ethernet-based communication system for manned submersible vehicle [C]. Proceedings of the IEEE/MTS OCEANS 2005, 2005: 1934-1939.

[52] 孟宪伟, 王晓辉, 刘开周, 等. 载人潜器半物理虚拟仿真系统及其性能分析[J]. 系统仿真学报, 2006, 18(15): 71-75.

[53] Xue T, Zhao Y, Cui S G, et al. Design and implementation of manned submersible semi physical simulation system[C]. Proceedings of the 2016 IEEE International Conference on Robotics and Biomimetics, 2016: 155-160.

5

水下机器人全物理仿真技术及应用

水下机器人无论是论证、设计、联调、湖试、海试等研发阶段，还是装备的运行和维护阶段，都需要进行大量的系统建模与仿真研究。本书第 3、4 两章主要研究了水下机器人的数值仿真基础理论与方法，以及水下机器人控制器在回路的仿真方法及应用。数值仿真技术对水下机器人信号处理算法、顶层规划决策算法、底层控制算法、系统状态估计算法、故障诊断算法等单项核心算法的设计、调试、验证具有十分重要的作用。控制器在回路的仿真技术不仅可对上述水下机器人控制系统软件核心算法进行综合全面的研究和调试，而且也可对控制系统软硬件的传感器数据、采样周期、控制周期、控制时序、进程优先级、逻辑互锁等进行全方位测试和验证。数值仿真技术和控制器在回路的仿真技术为水下机器人全物理仿真技术的研究奠定了坚实的技术基础。但上述两种技术仅能基于水下机器人的数学模型或部分硬件进行测试，其他部件测试功能不够全面，测试结果的可信性也有待提高。为更好地辅助水下机器人的研发、运行和维护，需要研究能够将水下机器人本体纳入测试回路的全物理仿真技术。

全物理仿真技术在水下机器人和航空航天领域得到深入研究与应用，如盖美胜[1]对水下机器人推进器负载模拟技术进行了全物理仿真研究，徐高飞[2]研究了包括便携式水下机器人传感器、控制器和执行机构在内的全物理仿真技术。在航空航天全物理仿真技术研究方面，相关学者进行了飞行器大角度机动控制[3]、卫星姿态单通道控制[4]、卫星姿态多通道控制[5]、小卫星敏捷姿态控制[6]、探空火箭箭头姿态控制[7]、航天器姿态控制[8]、空间机器人协调控制[9]、星上 CCD 动态载荷研究[10]、卫星天线指向控制[11]等研究。

水下机器人全物理仿真技术主要包括运动特性全物理仿真技术、载荷特性全物理仿真技术和环境特性全物理仿真技术等。本书主要研究水下机器人运动特性全物理仿真技术。

本章首先研究水下机器人运动特性全物理仿真系统的系统组成和运行流程，其次研究水下机器人运动特性全物理仿真系统的姿态信号模拟器、深度信号模拟器、卫星定位信号模拟器和多普勒计程仪（DVL）信号模拟器等传感器负载的模拟技术，再次研究水下机器人运动特性全物理仿真系统的推进器负载模拟器和舵机负载模拟器等执行机构的负载模拟技术，最后给出小型水下机器人运动特性全物理仿真系统的典型应用案例。

5.1 水下机器人全物理仿真技术

本节以水下机器人运动特性全物理仿真技术为例介绍水下机器人全物理仿真技术。本节首先介绍水下机器人全物理仿真技术的研究对象——便携式水下机器人及其主要技术指标，然后介绍水下机器人全物理仿真技术。

5.1.1 便携式水下机器人及其相关参数

便携式水下机器人(图 5.1)最大工作水深为 100m，空气中质量为 50kg，航速为 3～5kn，续航时间为 24h，如表 5.1 所示。便携式水下机器人于 2013～2015年完成三次湖上试验和两次海上试验，试验对载体的主要性能指标进行了调试和验证。

图 5.1   便携式水下机器人

表 5.1   便携式水下机器人主要技术指标

参数	技术指标
最大工作水深	100m
主要尺寸(长 × 直径)	2m × 0.22m
质量(空气中)	50kg
航速	3～5kn
续航时间	24h

5.1.2 水下机器人运动特性全物理仿真技术

1. 运动特性全物理仿真系统组成

水下机器人运动特性全物理仿真系统主要由水下机器人（包括各种传感器和执行机构等）、推进器负载模拟器和舵机负载模拟器等执行机构负载模拟器，以及姿态信号模拟器、深度信号模拟器、卫星定位信号模拟器和 DVL 信号模拟器等传感器负载模拟器组成。便携式水下机器人运动特性全物理仿真系统硬件基本布局如图 5.2 所示。

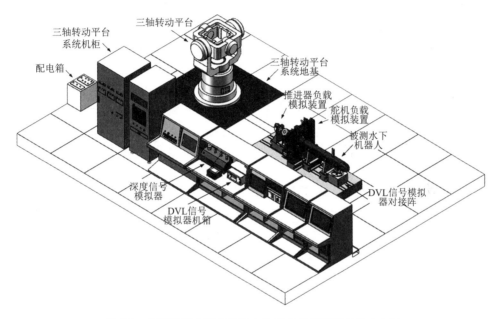

图 5.2　水下机器人运动特性全物理仿真系统硬件基本布局

2. 运动特性全物理仿真系统工作原理

水下机器人运动特性全物理仿真系统以仿真对象水下机器人为中心[12]，水下机器人通过安装板等机构布置在水下机器人仿真台上。在水下机器人布置在仿真台上之后，推进器负载模拟系统中的伺服加载电机和转矩转速传感器等通过安装支架安装到仿真台上靠近水下机器人正后方的位置。水下机器人推进电机的输出轴通过联轴器与转矩转速传感器的主轴连接，转矩转速传感器主轴再通过联轴器与伺服加载电机输出轴相连。

舵机负载模拟系统中的力矩电机加载装置同样布置在水下机器人仿真台上，使力矩电机加载单元中 4 个电机输出轴中线所在平面与水下机器人 4 个舵轴所在平面重合。通过垫板等装置调整力矩电机加载装置的安装高度，并通过安装机构使每个力矩电机的输出轴与水下机器人上对应的舵轴相连。

三轴转动平台系统中，水下机器人的自动驾驶单元通过负载安装机构布置在台体内轴的负载安装面上，随台体各轴的转动而呈现不同的姿态。自动驾驶舱与水下机器人其他各部分之间的通信通过台体上的导电滑环来实现。

水下机器人运动特性全物理仿真系统中，水下机器人上的深度计压力检测端与深度信号模拟器的压力输出端口之间通过液压软管相连，将深度信号模拟器输出的压力施加到深度计上。深度计信号输出端与水下机器人自动驾驶舱之间通过电缆和三轴转动平台系统中的导电滑环相连，将压力检测信号传输到自动驾驶舱。DVL 信号模拟器中的对接阵与水下机器人上的 DVL 传感器相对接，通过换能器产生 DVL 回波信号，输出到 DVL 传感器的接收端。卫星信号模拟器通过信号发射天线向外发射卫星信号，由水下机器人上的卫星定位装置接收。

3. 运动特性全物理仿真系统信号流程

水下机器人运动特性全物理仿真系统中，水下机器人及其传感器、执行机构与各传感器负载、执行机构负载之间的信号连接关系如图 5.3 所示。水下机器人与各负载模拟器之间仅有物理信号间的连接，除必要的设置管理及同步信息外，二者之间完全独立，各自独立运行[13]。

水下机器人运动特性全物理仿真系统工作时，模型仿真系统根据当前海洋环境信息、水下机器人当前运动状态信息、推进器负载模拟系统测得的水下机器人推进电机当前转速信息和舵机负载模拟系统测得的水下机器人各舵机当前偏角信息，根据水下机器人模型，通过运算得到水下机器人下一时刻的运动状态[14]。

在得到水下机器人下一时刻的运动状态后，其中的水下机器人三轴姿态信息发送到水下机器人三轴姿态模型，结合水下机器人姿态传感器当前状态和当前海洋环境等信息，生成三轴角位移、角速度等控制指令发送到三轴转动平台；水下机器人当前航速信息发送到水下机器人推进器负载模型，结合水下机器人推进器当前状态、当前海洋环境和当前推进电机转速等信息，生成水下机器人的推进器负载力矩指令发送到推进器负载模拟系统；水下机器人航速和姿态等信息发送到舵机负载模型，结合水下机器人舵系当前状态、当前海洋环境信息和当前舵机偏角信息，生成水下机器人的舵机负载力矩指令发送到舵机负载模拟系统；水下机器人当前所处深度信息发送到深度信号模型，结合水下机器人深度计当前纬度、重力加速度和当前水体密度等信息，生成压力指令发送到深度信号模拟器；水下机器人当前位置、速度等信息发送到卫星信号模型，结合水下机器人当前状态等，生成位置坐标指令发送到卫星信号模拟器；水下机器人当前航速和所处深度信息发送到 DVL 信号模拟器，结合水下机器人 DVL 传感器当前状态和当前海洋环境等信息，生成航行速度和离底高度等指令，发送到 DVL 信号模拟器[15]。

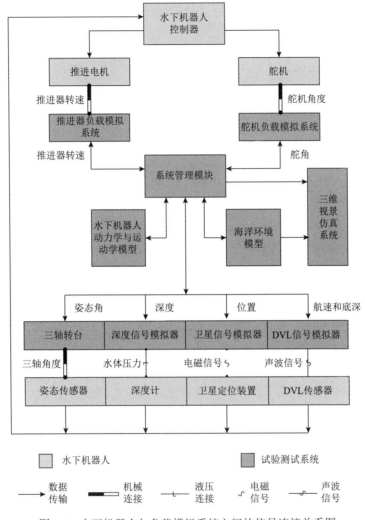

图 5.3 水下机器人与负载模拟系统之间的信号连接关系图

水下机器人运动特性全物理仿真系统中的三轴转动平台、推进器负载模拟系统、舵机负载模拟系统、深度信号模拟器、卫星信号模拟器和 DVL 信号模拟器在接收到各自的控制指令后，分别进行相应的动作。三轴转动平台带动姿态传感器运动，模拟水下机器人姿态的变化；推进器负载模拟系统向水下机器人的推进电机施加与其旋转方向相反的力矩，模拟水体对螺旋桨的阻碍作用；舵机负载模拟系统向水下机器人上的舵机施加力矩，模拟水体对舵机的阻力矩；DVL 信号模拟器生成声波信号，由 DVL 传感器换能器阵接收，模拟当前航速和深度情况下收到的回波信号；深度信号模拟器向水下机器人上的深度计施加压力，模拟当前深度条件下水体对深度计的压力；卫星信号模拟器向外发射电磁波信号，由水下机器人上的卫星定位设备接收，模拟当前位置情况下收到的卫星定位信号。

在负载模拟系统提供的模拟作业环境中，水下机器人推进电机和舵机受到与其在实际运行情况下相接近的力的作用，姿态传感器、深度计、卫星定位设备和 DVL 传感器产生与其在实际运行情况相接近的物理信号。水下机器人根据自身的作业使命和控制逻辑，执行对应动作，与实际作业情况下完全相同。

按照上述流程，水下机器人在模拟作业环境下持续运行，直至水下机器人作业使命结束。根据水下机器人在全物理仿真过程中的工作状况和记录数据，即可完成对水下机器人各种传感器和执行机构功能和性能的陆上调试和验证。

5.2 传感器负载的模拟技术

便携式水下机器人携带的传感器包括姿态传感器、深度计、卫星定位系统、DVL 传感器等。姿态传感器主要检测水下机器人的绕三轴的角位移、角速度、角加速度等，用于水下机器人导航、其他数据校准或姿态控制等。深度计主要测量水下机器人与水面的距离，用于水下机器人导航或自动定深、应急控制等。卫星定位系统测量水下机器人在地面坐标系下的经度和纬度，主要用于水下机器人导航、定点控制、轨迹跟踪控制等。DVL 传感器主要测量水下机器人相对于海底的速度，部分产品还可以测得相对海流的速度，主要用于水下机器人导航或航速控制等。下面分别研究该四种与航行控制相关的传感器及其数据模拟、信号模拟技术。

5.2.1 姿态信号模拟技术

1. 姿态传感器

水下机器人上安装的姿态传感器主要检测水下机器人的绕三轴回转的角位移、角速度和角加速度。其主要用于水下机器人导航、其他数据校准或姿态控制等。

水下机器人常用的姿态传感器主要有电子罗盘、倾角仪、角速率陀螺、惯导、光纤陀螺等。根据其物理原理的不同，姿态传感器可输出全部或部分姿态数据、角速率数据、三轴加速度数据、磁场强度数据等。姿态传感器检测精度可能受周围地磁场、地理纬度等因素的影响。

姿态传感器由三轴加速计、陀螺仪、磁强计以及数字信号处理器等组成，其低功耗信号处理器通过软件对空间姿态进行实时解算，提供三轴方向角位移、校准三轴加速度、三轴角速度以及三轴地球磁场数据，并使用通信数据波特率可设置的 RS232/RS422/RS485 串行通信或网络接口输出，传输协议按照标准的 NMEA-0183 协议 HDT、HPR、HDG 或自定义协议输出，如：

```
$HCHDG, x.x, x.x, a, x.x, a*hh<cr><lf>
```

2. 姿态传感器数据模拟

在已知水下机器人初始位置和初始运动状态等信息的情况下，通过水下机器人动力学与运动学模型，即可得到水下机器人各个时刻在地面坐标系下的位置、姿态、速度和角速度数据。通过第 2 章随机建模法可模拟出水下机器人姿态传感器数据，按照 NMEA-0183 协议或自定义协议打包，如：

```
$PTNTHPR, 323.8, N,  0.1, N, 21.5, N*3B<cr><lf>
```

该数据包通过 RS232/RS422/RS485 串口或 TCP/UDP 等通信方式发送给水下机器人姿态运动模拟装置的控制单元。

3. 姿态传感器信号模拟

1）三轴转台的功能和组成

在本书试验系统中，三轴转台主要用于复现水下机器人的姿态运动，同时姿态传感器 MTi 300 被安装在其中，以测量姿态运动并反馈到水下机器人控制计算机中。因此三轴转台的实时性以及动态和稳态精度必须满足一定的要求[16,17]。

三轴转台共有 3 个可旋转的框架，3 个框架的旋转轴与姿态传感器的测量轴重合，使得外框的旋转表示水下机器人的偏航运动，中框和内框的旋转则分别表示俯仰和横滚运动[18]。

三轴转台也是一个计算机控制系统，它根据来自虚拟环境计算机的姿态角度指令实现转台的角度运动，并且能以一定的精度跟踪指令。

2）三轴转台与虚拟环境仿真计算机的通信

在本书试验系统中，虚拟环境仿真机控制舵机采用 RS422 通信协议，数据包为 20 个字节。虚拟环境仿真机将各种指令信号通过串口线传输给三轴转台，经过三轴转台控制器转换为角度信号，从而模拟输入指令的信号。

3）三轴转台的数字接口

虚拟环境仿真系统与转台下位控制计算机之间采用异步全双工工作方式，硬件协议为 RS422，波特率为 921600bit/s，起始位为 1bit，停止位为 1bit，校验为无校验，数据位为 8bit，当前后指令存在控制冲突时，优先级以最新收到的指令为准。

4) 姿态传感器的安装

将陀螺仪安装在三轴转台上面，并且确保陀螺仪与三轴转台之间没有相对移动。为了提高陀螺仪的精度并消除陀螺仪本身以及在安装过程中产生的误差，需要对陀螺仪进行标定。

水下机器人姿态传感器广义作业环境的模拟通过三轴转动平台系统来实现，在仿真测试过程中，将水下机器人上的姿态传感器等安放到三轴转动平台上，三轴转动平台运动时带动姿态传感器运动，即可模拟水下机器人三轴姿态的变化。姿态传感器及相关电路与水下机器人其他部分之间的电气连接，通过三轴转动平台系统内框、中框和外框中的导电滑环及相关接口来实现。

5.2.2 深度信号模拟技术

1. 深度传感器

水下机器人上安装的深度计主要测量水下机器人与水面的距离，该深度值可用于水下机器人导航、自动定深控制和应急控制等。

水下机器人常用的深度计主要通过检测外界海水压力间接获得。根据其检测物理原理，深度计检测精度可能受周围水密度、重力加速度等因素的影响。

使用联合国教科文组织（UNESCO）标准公式［式（5.1）］，可以将深度计测量的压力值转换为深度值。

$$D = \frac{C_1(P_b \cdot 10) + C_2(P_b \cdot 10)^2 + C_3(P_b \cdot 10)^3 + C_4(P_b \cdot 10)^4}{g(\varphi) + 0.5g' \cdot P_b} + \Delta d / 9.8 \qquad (5.1)$$

式中，$g(\varphi) = 9.780318 \times (1.0 + 5.2788 \times 10^{-3} \sin^2 \varphi + 2.36 \times 10^{-5} \sin^4 \varphi)$；$g' = 2.184 \times 10^{-5} \text{m}/(\text{s}^3 \cdot \text{bar})$；$C_1 = 9.72659$；$C_2 = -2.2512 \times 10^{-5}$；$C_3 = 2.279 \times 10^{-10}$；$C_4 = -1.82 \times 10^{-15}$；$P_b$ 为流体压力（bar）；Δd 为地球的不规则形状引起的偏差，对标准海水（$S = 35$，$T = 0\,°C$）该值为 0；φ 为当地纬度。

深度计由压力传感器、A/D 转换器、数字信号处理等单元组成，其低功耗信号处理器通过软件对检测数据进行实时解算，提供高精度的深度数据，通信接口可配置为 RS232/RS422/RS485 串行通信或网络接口，波特率可设置为 9600、19200bit/s 等，压力的量纲可配置为 m、Bar、PSI（1PSI=0.00689MPa）等。传输协议按照标准协议或自定义协议输出。

2. 深度传感器数据模拟

在已知水下机器人当前时刻位置和姿态以及推进器等执行机构控制量的情况下，通过采用龙格-库塔法计算水下机器人动力学与运动学模型，水下机器人下一时刻在地面坐标系下的深度值可以实时获得。通过第 2 章随机建模法可模拟出水下机器人深度计传感器数据，按照标准协议或自定义协议打包，如：

$PRVAT, 00.107, M, 0000.000, dBar*3f<cr><lf>

该数据包通过串口或网络等通信方式发送给水下机器人压力模拟装置的控制单元。

3. 深度传感器信号模拟

深度传感器广义作业环境的模拟通过深度信号模拟器来实现，深度信号模拟器主要包括步进电机、液压活塞缸、电磁阀、标准压力传感器模块、液压管路系统及压力控制系统等。深度信号模拟器工作时，根据水下压力模型得到当前时刻水下机器人所受压力。压力控制系统根据需要达到的压力值和标准压力传感器模块检测到的当前实际压力值，向步进电机系统发送控制指令。步进电机通过机械机构推动活塞运动，调节活塞缸内压力。活塞缸内的压力通过液压管输出到水下机器人的深度计上，模拟水下机器人所在作业深度下海水的压力。另外，活塞缸内的压力还通过液压管施加到标准压力传感器模块上，标准压力传感器模块实时检测活塞缸内的压力，反馈到压力控制系统，用于完成整个压力控制的闭环控制。

5.2.3　卫星定位信号模拟技术

1. 卫星定位传感器

水下机器人上安装的卫星定位传感器主要测量水下机器人在地面坐标系下的经度和纬度。其主要用于水下机器人导航、定点控制、轨迹跟踪控制等。

水下机器人常用的卫星定位传感器主要有 GPS、北斗等。其原理是卫星的位置作为已知值，每个 GPS 卫星发送位置和时间信号，用户接收机测量信号到达接收机的时间延迟，相当于测量用户到卫星的距离。同时测量四颗卫星可以解算出用户的位置、速度和时间。卫星定位传感器检测精度可能受星历误差、对流层/电离层传播延迟、接收机延迟误差等因素的影响。

卫星定位系统由空间部分、控制部分和用户部分共三部分组成。用户部分由接收机、处理器和天线组成。信号处理器软件通过对空间位置进行实时解算，提供水下机器人的位置、速度、日期以及时间等信息，并使用 RS232/RS422/RS485 串行通信接口输出，传输协议按照标准的 NMEA-0183 协议 GPGGA、GNVTG 等协议输出，如：

$GPGGA, hhmmss.ss, llll.llll, a, yyyyy.yyyy, b, q, ss, x.x, x.x, M, x.x, M, xxx, xxxx, a*hh<CR><LF>

2. 卫星定位传感器数据模拟

在已知水下机器人初始位置、姿态和推进器等执行机构控制量的情况下，通过计算水下机器人动力学与运动学模型，水下机器人任意时刻在地面坐标系下的东向、北向的位移和速度即可获得，经过标度变换可计算出经纬度、速度等数据。通过第 2 章随机建模法可模拟出水下机器人经纬度和航速数据，按照 NMEA-0183 标准协议打包，如：

$GPGGA, 021159.00, 2935.5959, N, 11859.0087, E, 1, 07, 1.9, 99.38, M, 4.60, M, *62

该数据包通过串口或网络等通信方式发送给水下机器人卫星定位信号模拟器的控制单元。

3. 卫星定位传感器信号模拟

卫星定位装置的广义作业环境是接收到的 GPS 或北斗卫星定位信号，水下机器人运动特性全物理仿真系统中通过卫星信号模拟器来模拟卫星定位信号。卫星信号模拟器工作时，模型仿真系统根据水下机器人的运动模型等信息计算得到水下机器人在地面坐标系下的位置信息，通过设备控制与通信模块发送到卫星信号模拟器。卫星信号模拟器中的导航模拟测试控制系统根据水下机器人在地面坐标系下的位置信息、当前地球空间环境信息、电离层信息、大气层信息和卫星信号相关误差信息等，通过运算得到所需要模拟的卫星信号相关信息，发送到卫星信号模拟装置。卫星信号模拟装置通过伪随机码频率与时延精确控制、载波频率与相位精确控制以及相关电路实现对应卫星信号的模拟，生成对应的射频信号并通过卫星信号发射天线输出。

5.2.4 DVL 信号模拟技术

1. DVL 传感器

水下机器人上安装的 DVL 传感器主要测量水下机器人相对于海底的速度，部分产品还可以测得相对海流的速度。其主要用于水下机器人导航或航速控制等。

水下机器人在水下作业时，DVL 传感器按照一定规律向海底发射声波信号，并通过分析接收到的回波信号的频移和时延来估计水下机器人的航速和距离海底的高度。若 DVL 传感器沿航速方向斜向下发射声波信号，则回波信号频率与发射信号频率及航速之间的关系如式 (5.2) 所示[19]：

$$f_r = f_s + \frac{2V \sin\phi}{c} f_s \qquad (5.2)$$

式中，f_s 为发射信号频率；f_r 为回波信号频率；V 为水下机器人的速度；c 为水中的声速；ϕ 为发射信号波束与水下机器人中垂线的夹角。

水下机器人距离海底的高度通过发射信号与回波信号之间的时延求得，具体如下：

$$h = 0.5c\Delta T \cos\phi \tag{5.3}$$

式中，h 为水下机器人距离水底高度；ΔT 为发射信号与回波信号之间的时延。

由式（5.2）可知，多普勒计程仪的测速精度主要受声速、载体晃动、声波发射信号载频的变化、波束宽度等因素的影响。

多普勒计程仪主要由换能器阵和数字信号处理单元等组成，提供前进速度、侧移速度和垂向速度。新型多普勒计程仪内集成有简易的电子罗盘和温度计，从而可以输出仪器坐标系、运动坐标系或地面坐标系三轴线速度，并使用 RS232/RS422/RS485 串行通信或网络接口输出，传输协议按照给定协议输出。

2. DVL 传感器数据模拟

在已知水下机器人初始位置、姿态和推进器等执行机构控制量的情况下，通过计算水下机器人动力学与运动学模型，水下机器人各个时刻在地面坐标系下的位置、姿态、速度等数据即可获得，经过坐标转换可以得到多普勒计程仪所需的速度值。通过第 2 章随机建模法可模拟出水下机器人多普勒计程仪的前进速度、侧移速度和垂向速度数据，按照自定义协议打包，该数据包通过 RS232/RS422/RS485 串口或 TCP/UDP 等网络通信方式发送给水下机器人 DVL 信号模拟器的控制单元。

3. DVL 传感器信号模拟

负载模拟系统中，DVL 传感器在模拟作业环境下接收到的回波信号通过 DVL 信号模拟器来生成。在 DVL 信号模拟器工作时，通过对接装置中的换能器阵列采集水下机器人上的 DVL 传感器发射出的声信号。换能器将接收到的声信号转换成数字信号，输入到信号处理模块。信号处理模块根据当前预设的水下机器人航行速度、水下机器人距离海底高度、当前流层和流速等信息，对输入信号进行处理，使之产生对应的延时和频移。经处理后的信号经过高速 D/A 转换模块，以模拟信号的形式输出到信号调理模块。信号调理模块对输出信号进行增益调整等处理之后，通过与水下机器人上的 DVL 传感器相耦合的换能器阵列，生成回波信号输出到 DVL 传感器的换能器上，模拟水下机器人实际航行过程中 DVL 传感器收到的回波信号。

5.3 执行机构负载的模拟技术

5.3.1 推进器负载模拟技术

1. 推进器

水下机器人的推进方式主要有电动螺旋桨、液压推进器、泵喷推进器、浮力驱动推进器等。大多水下机器人采用电动螺旋桨方式推进，该类推进器主要包括 PWM 控制器、直流电机、螺旋桨等。

推进器在水下机器人上的布置方式主要依赖机动性需求。若需要水下机器人具有较强的机动能力，实现动力定位等功能，则大多采用多台推进器矢量布置，例如蛟龙号载人潜水器艉部安装了艉上、艉下、艉左、艉右四台推进器，舯部安装了舯左、舯右两台推进器，艏部安装了一台艏水平推进器。若需要高航速，则潜水器多采用艉部主推进器，且与潜水器外形融合，便于降低阻力、提高推进效率。

2. 推进器负载模型

推进器的广义作业环境是螺旋桨在水中旋转时，水体施加到桨叶上的阻力汇聚形成的推进电机负载力矩。水下机器人在水下航行时，其推进电机所受到的负载力矩与推进电机转速、水体密度和螺旋桨直径等之间的关系如式 (2.16) 所示，其中螺旋桨转矩系数是进速比 [进速比的定义见式 (2.14)] 的函数。该系数通常由螺旋桨的敞水试验获得。进而获得螺旋桨转矩系数和进速比之间的函数关系，最终获得敞水特性曲线。

推进电机及螺旋桨的机理模型详见本书第 2 章的有关内容。

3. 推进器负载模拟器

水下机器人运动特性全物理仿真系统中，推进器广义作业环境的模拟通过推进器负载模拟系统来实现。在推进器负载转矩模拟的同时，还需要对推进电机的转速进行实时测量。

水下机器人推进器负载模拟系统主要包括伺服电机、转矩转速传感器、推进器负载模拟控制系统和联轴器等。在推进器负载模拟系统工作时，根据推进器负载模型和当前水体密度、水下机器人航速和推进电机转速、水下机器人推进电机和螺旋桨的状态等信息，实时运算得到当前时刻水下机器人推进器的负载力矩、发送到推进器负载模拟控制系统。推进器负载模拟控制系统按照给定的负载力矩，结合转矩转速传感器测得的伺服电机当前输出力矩，通过伺服电机控制与驱动模块驱动伺服电机产生所给定的负载力矩。

推进器负载模拟系统主要机械结构如图 5.4 所示，其中，伺服电机和转矩转速传感器通过安装支架固定在试验台上，水下机器人通过安装板安放在试验台上，伺服电机、转矩转速传感器和水下机器人之间通过联轴器连接。

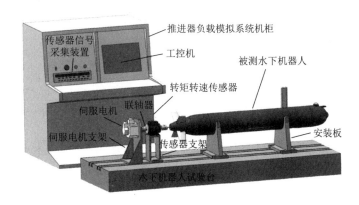

图 5.4　推进器负载模拟系统主要机械结构

5.3.2　舵机负载模拟技术

1. 电动舵机

1）电动舵机的功能和组成

电动舵机是控制水下机器人舵面的主要执行机构。舵机通过 RS232/CAN 总线接收水下机器人自动驾驶计算机发出的指令信号，经过运动控制器处理，形成舵机控制电信号，驱动电机转动。电机经过齿轮系的减速后，输出合适的转速及力矩，从而完成对水下机器人运动姿态的控制[20]。

舵机由电机套件、机械传动机构、机械支架、电磁铁等部分组成。其中，电机套件包括电机、磁编码器和运动控制器等部分。

2）电机和机械传动装置

电机和机械传动装置包括直流电机、齿轮减速箱、离合器、减速齿轮系等。

3）运动控制器的接口

运动控制器带有 RS232 和 CAN 接口，为电机提供驱动电压以及控制信号，实现电机的转向、转速及位置控制并向外输出电机转动位置及速度信号。

4）电动舵机的控制与通信

仿真机采用 RS232 通信协议发出舵机位置指令信号，运动控制器将指令信号转换成控制电机的电信号，从而驱动电机转动。

2. 舵机负载模型

舵的广义作业环境是水下机器人在水下航行时，水体施加到舵板上的阻力汇聚形成舵机负载力矩。水下机器人在水中航行时，舵板受到水的作用力如图 5.5 所示，记舵板剖面前缘为点 O、舵轴中心位置为点 A、舵板剖面后缘为点 B，P_t 为水动力的合力 P 在水平方向上的分力。设相对来流速度为 V 与舵板剖面中轴的夹角为 α，则舵轴所受到的力矩如式(5.4)所示：

$$M_r = P_n(x_p - a) \tag{5.4}$$

式中，P_n 为相对来流作用在舵板上的水动力的合力 P 在垂直于舵板弦长方向上的分力；a 为舵轴中心与舵板剖面前缘之间的距离；x_p 为相对来流作用在舵板上的水动力的压力中心与舵板剖面前缘的距离。

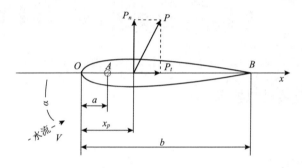

图 5.5　舵板受力示意图

舵板压力中心与舵板具体形式和来流攻角 α 有关，舵板压力中心与舵板剖面弦长之间的关系，可用压力中心系数表示，如式(5.5)所示：

$$C_p = \frac{x_p}{b} \tag{5.5}$$

式中，C_p 为舵板的压力中心系数；b 为舵板剖面的弦长。

对已知形式的舵板，其压力中心系数 C_p 与来流攻角 α 之间的关系可通过查表或相关水动力计算软件计算获得。

对某一舵板来说，相对来流作用在舵板上的水动力的合力 P 在垂直于舵板弦长方向上的分力 P_n，与水体密度、相对来流速度和舵板面积等因素有关，其关系如式(5.6)所示：

$$P_n = 0.5 C_n \rho V^2 A_R \tag{5.6}$$

式中，C_n 为舵板法向力无因次系数；ρ 为水体密度；A_R 为舵板面积。

舵板的法向力无因次系数 C_n 是用来表达舵板水动力性能的无因次系数之一，

其与舵板的另外两个常用的水动力参数（升力系数和阻力系数）之间的关系如式 (5.7) 所示：

$$C_n = C_x \sin\alpha + C_y \cos\alpha \tag{5.7}$$

式中，C_y 为舵板的升力系数；C_x 为舵板的阻力系数。

对某一已知形式的舵板，其升力系数 C_y 和阻力系数 C_x 与来流攻角 α 之间的关系可通过查表或相关水动力计算软件计算获得。

因此，若已知某舵板的外形参数、水动力性能曲线、当前水体密度、相对来流速度和相对来流方向，则可以计算出舵轴所受到的负载力矩。

3. 舵机负载模拟器

水下机器人运动特性全物理仿真系统中舵机负载的模拟通过舵机负载模拟系统来实现。在舵机负载转矩模拟的同时，还需要对舵机的偏角进行实时测量[21]。

舵机负载模拟系统主要包括力矩电机、力矩传感器、光电编码器、联轴器及相关连接装置、舵机负载模拟控制系统等。在水下机器人运动特性全物理仿真系统工作时，舵机负载模拟系统首先根据水体密度、水流速度、水流方向、各个舵机偏角以及各个舵机状态信息，计算得到当前时刻各个舵机的负载力矩。舵机负载模拟控制系统根据得到的负载力矩给定值和从传感器得到的测量值，通过力矩电机驱动器实现对各个力矩电机的闭环控制，进而实现舵机负载的模拟。在舵机负载模拟过程中，力矩传感器用于测量力矩电机加载到舵轴上的力矩大小，光电编码器用于测量力矩电机的旋转轴随水下机器人舵轴偏转的角度。

舵机负载模拟系统机械结构如图 5.6 所示，主要包括四通道力矩加载装置和控制机柜两部分。其中，四通道力矩加载装置用于向水下机器人的舵机施加负载力矩，其四个通道与水下机器人上舵机分布置相对应。四通道力矩加载装置的每个通道主要包括力矩电机、力矩传感器、光电编码器等。

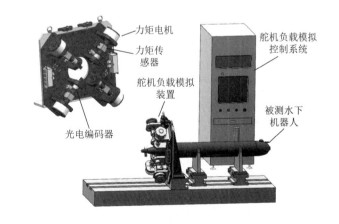

图 5.6　舵机负载模拟系统机械结构

5.4　便携式水下机器人运动特性全物理仿真案例

受场地等客观条件限制，水下机器人运动特性全物理仿真系统研制完成后尚未用于水下机器人全系统的测试。但相关子系统目前已应用于探索 100、潜龙二号、潜龙三号等多型水下机器人的子系统测试工作，具体如图 5.7 所示。

(a)推进器负载模拟系统用于其他水下机器人的推进电机测试

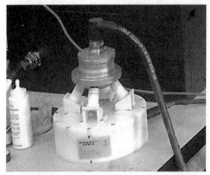

(b) DVL 信号模拟器测试　　　　(c) 卫星信号模拟器测试

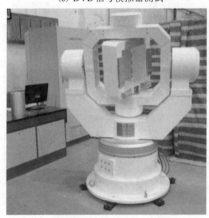

(d) 三轴转动平台系统测试　　　　(e) 舵机负载模拟系统测试

图 5.7　负载模拟系统的应用与测试

在水下机器人运动特性全物理仿真试验中，全物理仿真系统与水下机器人之间只有物理信号上的连接，二者完全独立运行，自成体系。在全物理仿真系统提供的模拟作业环境中，水下机器人执行机构和传感器受到的影响与在真实作业环境中相同。水下机器人可以按照与实际作业中完全相同的方式，根据自身的作业使命和控制逻辑，完成各种传感器和执行机构负载模拟，直至完成运动特性全物理仿真过程。

与水下机器人现场湖上和海上试验相比，水下机器人运动特性全物理仿真系统有以下优点。

(1)在水下机器人方案设计阶段即可对相关设计方案进行测试和验证，水下机器人运动特性全物理仿真系统能够应用于水下机器人的整个设计研发流程；

(2)在仿真测试过程中能够模拟现场测试中难以遇到的极端环境，覆盖现场测试的盲区，对水下机器人相关功能和性能指标的考核更加全面；

(3)能够降低试验成本、缩短试验周期、规避试验风险。

水下机器人运动特性全物理仿真系统在数值仿真和半物理仿真基础上，不但可以对水下机器人核心算法进行综合研究与试验、对控制器软硬件在内的控制系统核心算法综合研究与试验，而且可以对水下机器人本体的姿态传感器、深度计、卫星定位系统、DVL 等真实传感器和推进器、舵机等实际执行机构进行陆上测试和验证。

5.5 本章小结

本章以水下机器人运动特性全物理仿真技术为例介绍了水下机器人全物理仿真技术。首先研究了水下机器人运动特性全物理仿真系统组成、工作原理及信号流程，其次研究了姿态信号模拟器、深度信号模拟器、卫星定位信号模拟器和DVL 信号模拟器等传感器负载的模拟技术，再次研究了推进器负载模拟器和舵机负载模拟器等执行机构负载模拟技术，最后给出便携式水下机器人运动特性全物理仿真系统的典型应用案例。

本书第 2 章主要研究了水下机器人的系统建模技术，第 3、4、5 章分别研究了水下机器人的数值仿真、半物理仿真和全物理仿真技术及其简要应用。下面将重点分析利用本书中研究的水下机器人建模与仿真技术在水下机器人状态和参数估计算法、水下机器人控制算法研究方面的应用案例。

参 考 文 献

[1] 盖美胜. 水下机器人推进器负载模拟技术研究[D]. 沈阳: 东北大学, 2016.

[2] 徐高飞. 水下机器人故障诊断与试验测试方法研究[D]. 沈阳: 中国科学院沈阳自动化研究所, 2019.

[3] 高桦, 邢志钢. 基于 P-FUZZY-PID 的飞行器大角度机动控制物理仿真[J]. 计算机测量与控制, 2008, 16(9): 1286-1289.

[4] 李季苏, 曾海波, 牟小刚. 地球观测卫星轮控系统单通道全物理仿真[J]. 系统仿真学报, 2002, 14(2): 211-214.

[5] 李季苏, 牟小刚. 大型卫星三轴气浮台全物理仿真系统[J]. 控制工程(北京), 2001(3): 22-26,9.

[6] 林鲁超. 小卫星敏捷姿态控制及全物理仿真技术研究[D]. 长春: 中国科学院长春光学精密机械与物理研究所, 2019.

[7] 高东, 韩鹏, 毛博年, 等. 探空火箭箭头姿态控制系统物理仿真[J]. 航天控制, 2018, 36(2): 77-82.

[8] 张新邦, 曾海波, 张锦江, 等. 航天器全物理仿真技术[J]. 航天控制, 2015, 33(5): 72-78,82.

[9] 王颖, 韩冬, 刘涛. 空间机器人协调控制全物理仿真设计与验证[J]. 空间控制技术与应用, 2015, 41(2): 30-35.

[10] 张刘, 孙志远, 金光. 星载 TDI CCD 动态成像全物理仿真系统设计[J]. 光学精密工程, 2011, 19(3): 641-650.

[11] 贾杰, 秦永元, 周凤岐. 卫星天线指向复合控制全物理仿真与试验分析[J]. 火力与指挥控制, 2007, 32(6): 133-136.

[12] Xu G F, Liu K Z, Wang X H, et al. Design and development of an onshore testing system for autonomous underwater vehicle [C]. Proceedings of the 7th Annual IEEE International Conference on Cyber Technology in Automation, Control and Intelligent Systems, 2017: 359-363.

[13] Xu G F, Liu K Z, Zhao Y, et al. Research on the modeling and simulation technology of underwater vehicle [C]. Proceedings of the IEEE/MTS OCEANS 2016, 2016: 1-6.

[14] 李殿璞, 赵爱民, 迟岩. 水下机器人运动控制和仿真的数学模型[J]. 哈尔滨工程大学学报, 1997(3): 22-30.

[15] 董政伟. 基于模型预测控制算法的三轴转台伺服系统研究[D]. 沈阳: 东北大学, 2016.

[16] 徐军. 飞行控制系统: 设计、原型系统及半物理仿真实验[M]. 北京: 北京理工大学出版社, 2015.

[17] Liu X Y, Li Y P, Yan S X, et al. Adaptive attitude controller design of autonomous underwater vehicle focus on decoupling[C]. Proceedings of the 2017 IEEE Underwater Technology, 2017: 1-7.

[18] 曹泽玲. 小型无人机制导与控制半物理仿真系统研究与设计[D]. 南昌: 南昌航空大学, 2018.

[19] 蒋磊, 陈朋, 金峰, 等. 基于 FPGA 的海底回波信号模拟器[J]. 计算机工程, 2015,41(10): 66-70.

[20] 高荣华, 徐军, 章枧, 等. 通用飞机电动舵机的设计[J]. 科技资讯, 2014,3:127,129.

[21] Xu G F, Liu K Z, Wang X H, et al. Design and development of a rudder load simulator for the onshore testing of autonomous underwater vehicle [C]. Proceedings of IEEE/MTS Oceans 2017: 1-6.

6

水下机器人状态估计算法仿真研究

自主控制技术是更高智能水下机器人完成复杂使命任务的核心使能技术。AUV 的自主能力首先表现为对广义行为环境的自适应能力，AUV 经常需要面对不可预知的、存在时变扰动和噪声的海洋环境，这通常会导致系统动力学参数的变化，而预编程的 AUV 很难对此达到满意的控制效果。于是，对 AUV 系统动力学模型的状态和参数进行在线估计是解决这个问题的有效手段之一[1]。

本章在第 3 章数值仿真和第 4 章半物理仿真技术基础上，首先研究基于 UKF 的 AUV 动力学参数/状态联合估计的方法；其次研究基于滤波器估计的自适应 UKF 的 AUV 状态和参数联合估计方法；再次研究基于平方根 UKF 的 AUV 状态和参数联合估计方法；最后采用实际的 CR-02 动力学模型对三种水下机器人的状态和参数联合估计方法进行数值仿真和半物理仿真试验对比研究。

6.1 基于 UKF 的 AUV 状态和参数联合估计算法

6.1.1 UKF 算法

水下机器人是一种典型的非线性系统。水下机器人状态估计方法主要包括卡尔曼滤波及其改进算法，以及后来发展起来的粒子算法。作为卡尔曼滤波(KF)在非线性系统中的延续，EKF 具有计算负荷小、能够处理带噪声的数据等特点，是当前非线性系统在线建模的主要方法之一。但是 EKF 本身也存在一些很难克服的缺点，主要包括：①要求非线性方程必须一阶可微；②在强非线性、大初始估计误差情况下，会导致有偏估计等[2]。为了弥补 EKF 的不足，UKF 被适时地提了出来。与 EKF 需要对非线性系统方程进行线性化并取一阶截断不同，UKF 首先设计一些广义状态点(通常被称为 Sigma 点)，再利用 Sigma 点对系统状态和概率分布进行近似，即将 Sigma 点进行非线性变换，然后根据变换的点，计算得到系统状态的均值和方差[3]。由于 UKF 直接利用非线性系统方程而无须对其进行线性化近似，因此，它比 EKF 算法更容易实现，可以得出更加精确的结果。分析表明 UKF 和 EKF 具有相同的计算复杂度，计算精度与二阶截断 EKF 相同，且不用计算系统方程的 Jacobian 矩阵或 Hessian 矩阵。下面首先详细研究 UKF 算法。

1. 无色变换

无色变换 (UT) 是 UKF 算法实现的基础，也是区别于其他非线性滤波的本质特点。UT 的基础原理是用采样点的分布来近似随机变量的概率分布，如图 6.1 所示，由被估计量的"先验"均值和方差，产生一批离散的与被估计量具有相同概率统计特性的采样点，称为 Sigma 点，再根据经过非线性方程传递后的 Sigma 点，生成"后验"的均值和方差。

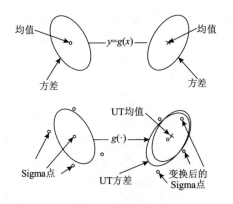

图 6.1　无色变换

如果已知非线性函数 $y = g(x)$，其中 $x \in R^n$ 为一状态向量，它的均值和方差分别为 $\bar{x}$ 和 P_x，求 y 的均值 $\bar{y}$ 和方差 P_y，其无色变换的步骤如下：

(1) Sigma 点的生成。

根据状态向量 x 的均值 $\bar{x}$ 和方差 P_x，可以构造一组关于 $\bar{x}$ 对称且分布于其附近的离散 Sigma 点，可以记为 χ_i，$i = 1, \cdots, 2l$ 分别对应各个 Sigma 点。我们可以用这一组 Sigma 点近似表示状态向量 x 的分布[4]，即

$$\begin{cases} \chi_0 = \bar{x} \\ \chi_i = \bar{x} + (\sqrt{l + \lambda P_x})_i & i = 1, \cdots, l \\ \chi_i = \bar{x} - (\sqrt{l + \lambda P_x})_{i-1} & i = l+1, \cdots, 2l \end{cases} \tag{6.1}$$

式中，$(\cdot)_i$ 表示矩阵 $(\cdot)$ 的第 i 列；l 为状态和噪声组成的扩展状态的维数；λ 为控

制 Sigma 点到均值距离的尺度常数。用这一组 Sigma 点近似表示状态向量的分布，Sigma 点具有与 $\boldsymbol{x}$ 相同的均值和方差。

(2) 计算非线性函数

$$\gamma_i = g(\chi_i) \quad (i = 0, 1, \cdots, 2l) \tag{6.2}$$

用 γ_i 近似非线性函数的分布。

(3) 计算非线性函数 $\boldsymbol{y}$ 的均值和方差

$$\begin{cases} \overline{\boldsymbol{y}} = \sum_{i=0}^{2l} w_i^m \boldsymbol{\gamma}_i \\ \boldsymbol{P}_y = \sum_{i=0}^{2l} w_i^c (\boldsymbol{\gamma}_i - \overline{\boldsymbol{y}})(\boldsymbol{\gamma}_i - \overline{\boldsymbol{y}})^{\mathrm{T}} \end{cases} \tag{6.3}$$

式中，w_i^m、w_i^c 为加权系数，且

$$\begin{cases} w_0^m = \dfrac{\lambda}{\lambda + l} \\ w_0^c = \dfrac{\lambda}{\lambda + l} + (1 - \alpha^2 + \beta) \\ w_i^m = w_i^c = \dfrac{1}{2(l + \lambda)} \quad (i = 1, \cdots, 2l) \end{cases} \tag{6.4}$$

其中，α 控制 Sigma 点分布的范围，取值区域为 $0 \leqslant \alpha \leqslant 1$，一般取 1；$\beta$ 是非负常数，其作用是使变换后的方差含有部分高阶信息，对于高斯分布有 $\beta = 2$；滤波器参数 $\lambda = \alpha^2(l + \kappa) - l$，其中 κ 为常数，它与估算的高阶项(等于或高于 4 阶的高阶项为其函数)有关，通常状态估算取 0，参数估算取 $3 - l$[5,6]。

理论证明[7]UT 对均值的计算能精确到 3 阶，而对方差可精确到 2 阶水平。随着系统维数 l 的增加，Sigma 点到均值的距离变大，可通过 κ 控制[8]。对特殊情形如参数估计可取 $3 - l$ 以保证距离与系统维数无关。然而当维数较大时可能导致 $w_0 < 0$。Julier[9]进一步提出了比例 UT[比例无色变换(SUT)]方法，通过引入附加的控制参数来解决 UT 变化 w_0 可能为负以及计算的协方差非正定的问题。

2. 非线性系统的 UKF

考虑非线性系统

$$\begin{cases} \boldsymbol{x}_{k+1} = f(\boldsymbol{x}_k, \boldsymbol{u}_k) + \boldsymbol{w}_k \\ \boldsymbol{y}_k = h(\boldsymbol{x}_k) + \boldsymbol{v}_k \end{cases} \tag{6.5}$$

式中，$x_k \in R^n$ 为状态矢量；$y_k \in R^m$ 为测量矢量；$u_k \in R^r$ 为输入矢量；w_k、v_k 为不相关的零均值白噪声，其方差为 D^w、D^v。

UKF 是 KF 在非线性系统的延伸，UKF 基本采用 KF 框架，只是在求状态非线性方程传递后的均值时，对该非线性方程实施了 UT，如图 6.2 所示。

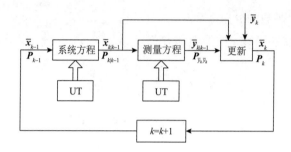

图 6.2 UKF 滤波过程

UKF 的具体算法[2,10]如下所述。

（1）初始化：

$$\begin{cases} \bar{x}_0 = E[x_0] \\ P_0 = E[(x_0 - \bar{x}_0)(x_0 - \bar{x}_0)^T] \end{cases} \tag{6.6}$$

（2）计算 Sigma 点：

$$\chi_{k-1} = [\bar{x}_{k-1}, \bar{x}_{k-1} + \sqrt{(n+\lambda)P_{k-1}}, \bar{x}_{k-1} - \sqrt{(n+\lambda)P_{k-1}}] \tag{6.7}$$

（3）时间更新：

$$\begin{cases} \chi^*_{k|k-1} = f(\chi_{k-1}, u_k) \\ \bar{x}_{k|k-1} = \sum_{i=0}^{2n} w_i^m \chi^*_{i,k|k-1} \\ P_{k|k-1} = \sum_{i=0}^{2n} w_i^c (\chi^*_{i,k|k-1} - \bar{x}_{k|k-1})(\chi^*_{i,k|k-1} - \bar{x}_{k|k-1})^T + Q^w \\ \chi_{k|k-1} = [\bar{x}_{k|k-1}, \bar{x}_{k|k-1} + \sqrt{(n+\lambda)P_{k|k-1}}, \bar{x}_{k|k-1} - \sqrt{(n+\lambda)P_{k|k-1}}] \\ \gamma_{k|k-1} = h(\chi_{k|k-1}) \\ \bar{y}_{k|k-1} = \sum_{i=0}^{2n} w_i^m \gamma_{i,k|k-1} \end{cases} \tag{6.8}$$

（4）测量更新：

$$
\begin{cases}
\boldsymbol{P}_{\bar{y}_k\bar{y}_k} = \sum_{i=0}^{2n} w_i^c (\boldsymbol{\gamma}_{i,k|k-1} - \bar{\boldsymbol{y}}_{k|k-1}) \cdot (\boldsymbol{\gamma}_{i,k|k-1} - \bar{\boldsymbol{y}}_{k|k-1})^{\mathrm{T}} + \boldsymbol{Q}^v \\[2mm]
\boldsymbol{P}_{\bar{x}_k\bar{y}_k} = \sum_{i=0}^{2n} w_i^c (\boldsymbol{\chi}_{i,k|k-1} - \bar{\boldsymbol{x}}_{k|k-1})(\boldsymbol{\gamma}_{i,k|k-1} - \bar{\boldsymbol{y}}_{k|k-1})^{\mathrm{T}} \\[2mm]
\boldsymbol{K}_k = \boldsymbol{P}_{\bar{x}_k\bar{y}_k} \boldsymbol{P}_{\bar{y}_k\bar{y}_k}^{-1} \\[2mm]
\boldsymbol{P}_k = \boldsymbol{P}_{k|k-1} - \boldsymbol{K}_k \boldsymbol{P}_{\bar{y}_k\bar{y}_k} \boldsymbol{K}_k^{\mathrm{T}} \\[2mm]
\bar{\boldsymbol{x}}_k = \bar{\boldsymbol{x}}_{k|k-1} + \boldsymbol{K}_k (\boldsymbol{y}_k - \bar{\boldsymbol{y}}_{k|k-1})
\end{cases}
\tag{6.9}
$$

式中，$\boldsymbol{Q}^w$ 为 $n\times n$ 正定矩阵，$\boldsymbol{Q}^v$ 为 $m\times m$ 正定矩阵，分别是对系统的过程噪声和测量噪声方差的估计，是 UKF 的输入参数，通常 $\boldsymbol{Q}^w = \boldsymbol{D}^w$，$\boldsymbol{Q}^v = \boldsymbol{D}^v$。此外我们定义了列向量与矩阵相加的线性代数操作符，即 $\boldsymbol{A} \pm \boldsymbol{u}$，用于表示该列与矩阵的每一列相加。

6.1.2 基于 UKF 的 AUV 状态和参数联合估计

1. AUV 动力学模型和推进器故障建模

AUV 的动力学建模不是本节研究的重点，其建模过程可以参考文献[11]～[14]，下面直接给出 AUV 的动力学模型：

$$
\boldsymbol{M}\ddot{\boldsymbol{q}} + \boldsymbol{C}(\dot{\boldsymbol{q}})\dot{\boldsymbol{q}} + \boldsymbol{D}(\dot{\boldsymbol{q}})\dot{\boldsymbol{q}} + \boldsymbol{G}(\boldsymbol{q}) = \boldsymbol{u}
\tag{6.10}
$$

式中，$\boldsymbol{M}$ 是 6×6 维的惯性质量矩阵；$\boldsymbol{C}(\dot{\boldsymbol{q}})$ 是包含离心力和科里奥利力的 6×6 维矩阵；$\boldsymbol{D}(\dot{\boldsymbol{q}})$ 是 6×6 维的黏性力矩阵；$\boldsymbol{G}(\boldsymbol{q})$ 是包含重力和浮力的 6×1 维矩阵；$\boldsymbol{q}$ 和 $\boldsymbol{u}$ 分别为 6×1 维的状态和力/力矩控制向量。

AUV 推进器的故障表现为系统输入的变化，为此我们重新建立 AUV 的动力学模型[15]如下：

$$
\boldsymbol{M}\ddot{\boldsymbol{q}} + \boldsymbol{C}(\dot{\boldsymbol{q}})\dot{\boldsymbol{q}} + \boldsymbol{D}(\dot{\boldsymbol{q}})\dot{\boldsymbol{q}} + \boldsymbol{G}(\boldsymbol{q}) = F(\boldsymbol{u})
\tag{6.11}
$$

式中，$F(\boldsymbol{u})$ 为推进器的故障函数，定义如下：

$$
F_k(\boldsymbol{u}_k) = \boldsymbol{u}_k + \boldsymbol{U}_k \boldsymbol{b}_k
\tag{6.12}
$$

$$
\boldsymbol{U}_k = \begin{bmatrix} -u_k^1 & 0 & \cdots & 0 \\ 0 & -u_k^2 & \cdots & 0 \\ \vdots & \vdots & & \vdots \\ 0 & 0 & \cdots & -u_k^6 \end{bmatrix}, \quad \boldsymbol{b}_k = \begin{bmatrix} b_k^1 \\ b_k^2 \\ \vdots \\ b_k^6 \end{bmatrix}
\tag{6.13}
$$

其中，b_k^i 表示推进器的效率损失因子，上标 i 表示第 i 个推进器。当 $b_k^i = 0$ 时，表示第 i 个推进器正常；当 $b_k^i = 1$ 时，表示第 i 个推进器发生了硬性故障，即损失因子为 100%；当 $0 < b_k^i < 1$ 时，表示第 i 个推进器发生了软性故障，即部分失效。这种推进器故障模型克服了以往故障建模只考虑推进器工作正常和完全损失两种情况的缺点。

2. AUV 状态和参数的联合估计

因为 UKF 本质是一种状态估计的方法，其对 AUV 参数的估计通过联合估计来实现。联合估计即采用同一种方法对系统的状态和参数同时进行估计。在联合估计中，将模型的参数也作为系统的动态变量，简单地追加在真实的状态矢量后，组成增广的状态变量，再使用 UKF 对其增广的动力学模型进行估计。

在 AUV 状态和参数的联合估计中，系统的状态和参数相互促进，提高了估计的准确度[3]。但需要指出的是，即使是在线性系统中，这种状态和参数的联合估计方法也是非线性的。

扩展非线性系统时，含有未知/时变参数的系统状态方程为

$$\begin{cases} \boldsymbol{x}_{k+1} = f(\boldsymbol{x}_k, \boldsymbol{\theta}_k, \boldsymbol{u}_k) + \boldsymbol{w}_k \\ \boldsymbol{\theta}_{k+1} = f_\theta(\boldsymbol{x}_k, \boldsymbol{\theta}_k, \boldsymbol{u}_k) + \boldsymbol{w}_{k\theta} \\ \boldsymbol{y}_k = h(\boldsymbol{x}_k, \boldsymbol{\theta}_k) + \boldsymbol{v}_k \end{cases} \tag{6.14}$$

式中，$\boldsymbol{\theta}_k \in R^p$，是 k 时刻的未知/时变参数矢量；$\boldsymbol{w}_{k\theta}$ 为参数模型的系统噪声，是零均值的高斯噪声。如果参数 θ 变化规律未知，则可将参数视为不相关的随机漂移矢量，其递归表达式为

$$\boldsymbol{\theta}_k = \boldsymbol{\theta}_{k-1} + \boldsymbol{w}_{\theta k} \tag{6.15}$$

在基于 UKF 的联合估计中，将系统的参数追加到系统的真实状态后，组成增广的状态矩阵，即 $\boldsymbol{x}_k^a = (\boldsymbol{x}_k^T, \boldsymbol{\theta}_k^T)^T$，把系统方程改写为增广状态方程的形式：

$$\begin{cases} \boldsymbol{x}_{k+1}^a = \tilde{f}(\boldsymbol{x}_k^a, \boldsymbol{u}_k) + \boldsymbol{w}_k^a \\ \boldsymbol{y}_k = \tilde{h}(\boldsymbol{x}_k^a) + \boldsymbol{v}_k \end{cases} \tag{6.16}$$

式中，$\boldsymbol{w}_k^a = (\boldsymbol{w}_k^T, \boldsymbol{w}_{\theta k}^T)^T$ 为增广的系统噪声矢量。用 UKF 对上述增广状态方程进行估计，得到增广状态矢量的估计结果，进而可得到参数的估计值。

6.1.3 仿真验证

为了验证 UKF 算法对 AUV 状态和参数的估计性能，我们针对 AUV 的非线性动力模型建模，并进行仿真试验[15]。在仿真试验中，我们根据系统的可观测状态，估计出系统其他状态和推进器的故障信息。

1. 数值仿真验证

1) 仿真原理

AUV 的运动分为水平面的运动和垂直面的运动[16]，水平面的运动又由纵向运动、横向运动和转艏运动组成。本节采用 6000 米自主水下机器人的非线性动力学模型，以水平面运动为例，验证 UKF 算法的有效性。

定义 AUV 的状态向量 x 和测量向量 y 分别为

$$\begin{cases} x = [\xi,\eta,\psi,u,v,r]^T \\ y = [\xi,\eta,\psi]^T \end{cases} \quad (6.17)$$

式中，AUV 状态向量的前三维为系统的位姿信息，分别表示地面坐标系下的 ξ 轴位置、η 轴位置和艏向角；后三维表示速度信息，分别表示运动坐标系下的纵向速度、横向速度和转艏角速度。

考虑到 AUV 推进器的故障信息，则广义的状态向量和测量向量可以表示为

$$\begin{cases} x^a = [\xi,\eta,\psi,u,v,r,b_1,b_2,b_3]^T \\ y = [\xi,\eta,\psi]^T \end{cases} \quad (6.18)$$

AUV 广义状态向量的前六维定义同式(6.17)，最后三维分别表示 AUV 纵向推进器、横向推进器和转艏推进器的故障参数。我们需要做的是根据 AUV 的测量向量(三维位姿信息)，采用 UKF 算法估计 AUV 的速度信息和推进器的故障信息。在数值仿真中，将系统的动力学模型改写为状态空间形式，并在系统的测量输出和状态方程中加入噪声，以模拟"真实系统"。然后根据每个采样周期"真实系统"的观测向量(位姿信息)，采用 UKF 算法实时估计 AUV 的其他状态(速度信息)和推进器故障信息[17]。

2) 仿真结果

采用 CR-02 的非线性模型，以水平面运动的纵向运动和转艏运动为例，验证算法的有效性。

假设 AUV 的真实初始状态为 $x_0 = 0$，采样周期为 $T_s = 0.2s$，仿真时间为 600s，假设在 300s 时纵向推进器和转艏推进器发生故障，期望的速度信息和推进器故障信息的设置如下：

$$\begin{cases} u = 2m/s, v = 0m/s, r = 2°/s \\ b_1 = b_2 = b_3 = 0 \quad 0 \leqslant t < 300s \\ b_1 = 50\%, b_2 = 0, b_3 = 40\% \quad t \geqslant 300s \end{cases}$$

系统真实的过程噪声和测量噪声皆为均值为零的高斯白噪声，方差为

$$\begin{cases} D^w = \text{diag}\{10^{-4},10^{-4},10^{-4},10^{-4},10^{-4},10^{-4}\} \\ D^y = \text{diag}\{10^{-2},10^{-2},10^{-4}\} \end{cases}$$

UKF 的参数设置如下:

$$\begin{cases} \bar{\boldsymbol{x}}_0 = \boldsymbol{x}_0 \\ \boldsymbol{P}_{x0} = \mathrm{diag}\{10^{-4}, 10^{-4}, 10^{-4}, 10^{-4}, 10^{-4}, 10^{-4}, 10^{-4}, 10^{-4}, 10^{-4}\} \\ \boldsymbol{Q}^w = [\boldsymbol{D}^w, \mathrm{diag}\{4^{-0}, 4^{-0}, 4^{-0}\}] \\ \boldsymbol{Q}^v = \boldsymbol{D}^v \\ \alpha = 0.1, \beta = 2 \end{cases}$$

利用 UKF 算法通过位姿信息估计 AUV 的速度信息,相当于滤除系统的噪声,得到较为真实的速度信息,由图 6.3 可以看出,滤波后的速度曲线虽然没有真实的速度曲线那么平滑,但是有很好的估计效果,但推进器故障发生时,能够快速地跟踪速度的变化。故障发生时,故障损失因子的变化规律是未知的,故在利用 UKF 进行估计时,假设故障损失因子是如式(6.15)所示的噪声驱动的。由图 6.4 可以看出,在 300s 时推进器发生故障后,利用 UKF 算法可以快速地跟踪到故障,并能够较精确地估计出故障的大小。

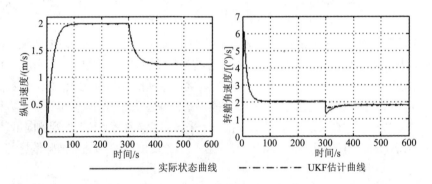

图 6.3 状态估计曲线

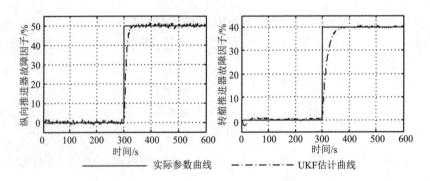

图 6.4 推进器故障损失估计曲线

2. 半物理仿真系统验证

1) 半物理仿真系统[18]

AUV 的种类较为繁多,不同的 AUV 实现的功能不同,结构也有很大的差异,研究人员设计了半物理仿真系统框架结构[19,20](图 4.3),该结构由四部分组成,包括 AUV 的控制系统的真实物理系统(自动驾驶单元)、虚拟系统、视景显示系统和以太网交换系统。

在真实的情况下,AUV 是在各种力/力矩(包括推力、惯性力、黏性力、恢复力等)的作用下,实现由初始静止状态到运动状态的转变,再由相关的传感器测量其当前的位姿,供自动驾驶单元实现决策和控制。

采用"实虚结合"的方式,利用现代仿真技术在实验室的 AUV 半物理仿真系统上实现虚拟 AUV 的航行和作业过程,。即利用虚拟系统计算 AUV 模型的推力、惯性力、黏性力、恢复力等,计算出 AUV 模型的位置和姿态后,生成符合软硬件接口协议的相应传感器数据,通过实际接口传送到真实的自动驾驶单元,自动驾驶单元发出的控制量由虚拟设备单元接收,计算相应的推力,重新计算惯性力、黏性力、恢复力,实现虚拟 AUV 的航行和作业过程[21]。

2) 半物理仿真系统试验结果

为了验证 UKF 算法的有效性,同时又不影响半物理仿真系统的其他功能,我们建立了一个独立于自动驾驶单元的主动建模系统,同时修改虚拟系统,增加设置推进器故障的功能。主动建模系统通过网络获取自动驾驶单元的推进器信息和虚拟系统的 AUV 状态信息,根据获取的信息,在线实时地估计出 AUV 的状态和推进器的故障参数。UKF 算法的半物理仿真系统验证方法如图 6.5 所示。

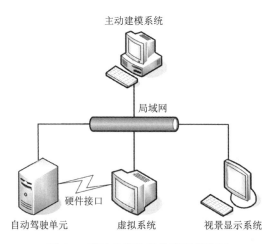

图 6.5　算法的半物理仿真系统验证

以 CR-02 6000 米 AUV 的纵向运动为例,在仿真过程中加入故障,仿真结果如图 6.6 所示。可以看出，大约在 60s 的时候人为地设置推进器的故障，故障损失因子为 40%，然后在大约 190s 的时候取消故障。由仿真图可以看出，采用 UKF 算法可以很快地跟踪上故障并能够较为精确地估计出系统的速度信息和推进器故障的信息。

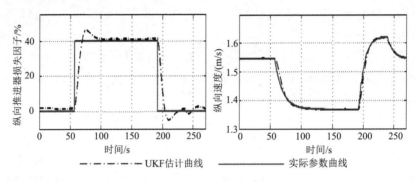

图 6.6　半物理仿真系统结果

6.2　基于自适应 UKF 的 AUV 状态和参数联合估计算法

虽然上节研究的基于 UKF 的实时状态/参数估计方法在准确性、实时性等方面已经表现出了较好的性能，但是 UKF 本质上还是一种 KF 算法，其良好的估计性能是以精确的已知系统先验噪声分布为前提的[22]。然而在实际应用过程中，由于系统本身元器件的不稳定以及外部环境的不确定性因素，很难事先准确建立过程噪声和观测噪声的统计模型。而当 UKF 算法中的先验噪声统计特性与实际系统中的噪声不相符时，其性能将会严重下降，甚至出现发散[23]，使 UKF 对噪声统计特性具有自适应能力是克服上述缺点的有效手段之一。当系统噪声统计特性未知或者变化时，自适应机制能够自动地调节滤波器参数，以满足某种准则的要求，减小系统先验噪声信息对滤波器性能的影响，从而能够有效地提高滤波器的稳定性和估计的准确性[2,24]。

6.2.1　自适应 UKF 算法

自从 KF 及 EKF 出现以来，人们就一直致力于对自适应 KF 和自适应 EKF 的研究，并提出了大量的自适应滤波算法，这些算法可分为四类：基于贝叶斯估计的算法、基于极大似然估计的算法、自相关函数法和方差匹配法。近年来，人们对自适应算法的研究主要有两种趋势：一种是对原有的自适应算法进行改进，另一种是将滤波器与新的自适应机制相结合[2]。

由于 UKF 估计算法出现的时间不长，所以人们对自适应 UKF 的研究有限，只有 Lee 等[25]研究了基于 Maybeck 方差匹配方法的自适应 UKF 算法，但是方差匹配算法本身的收敛性还有待证明，而且存在数值不稳定问题。

本节对自适应 UKF 算法进行研究，采用基于滤波器估计的自适应 UKF 算法，该方法包括主 UKF 滤波器和辅助滤波器。主 UKF 滤波器与 6.1 节中的 UKF 滤波器作用相同，用于估计系统的状态和参数。辅助滤波器用于估计主 UKF 滤波器的参数：噪声方差阵的对角线元素使主 UKF 滤波器能够感知到系统的噪声变化，实现自适应滤波[2,26]。两个滤波器并行，辅助滤波器的噪声方差阵估计结果作为主 UKF 滤波器的参数用于状态估计，主 UKF 滤波器的状态新息估计值作为辅助滤波器的测量值用于噪声方差阵估计。

1. 自适应参数的选择

UKF 有 6 个输入参数，分别是初始值 $\bar{x}_0$、初始方差矩阵 P_0、过程噪声方差 Q^w、测量噪声方差 Q^v 以及无色变换参数 α 和 β。其中初始值 $\bar{x}_0$ 和初始方差矩阵 P_0 对 UKF 估计方法的影响随着滤波过程的进行可以忽略不计。而无色变换的参数 α 和 β 的值，只影响非线性系统的高阶近似项，对改善 UKF 性能影响不大。Q^w 和 Q^v 作为系统的主要先验信息，对 UKF 估计性能和稳定性有重要的意义。如果 Q^w 和 Q^v 的取值小于实际噪声分布，就会造成真值的不确定范围过小，导致有偏估计；如果 Q^w 和 Q^v 的取值大于实际噪声分布，在统计意义上可能会导致滤波发散。并且不准确的先验信息会影响具有较弱可观测性元素的估计准确程度。因此，构造自适应 UKF，Q^w 和 Q^v 应作为在线调节的主要参数。原则上，自适应滤波器能够同时对 Q^w 和 Q^v 进行调节。但是，由于通常很难区分由过程噪声引起的误差和由测量噪声引起的误差，所以同时对 Q^w 和 Q^v 进行更新的自适应滤波算法的鲁棒性很差。因此，我们只研究当 Q^w 和 Q^v 二者中有一个的先验信息不准确时的情况，系统的自适应 UKF 通常情况下 Q^w 和 Q^v 为对角矩阵，所以对 Q^w 和 Q^v 的更新可以简化为对其对角线元素的更新[3]。

2. 自适应指标函数

由于新息来自真实的测量值，所以经常被用于监视卡尔曼估计方法的性能。大多数基于新息的自适应滤波方法是以最小化新息即测量值与估计值的差为目标的。但是由于过程噪声和测量噪声的存在，这一标准只能够得到最小的新息，而不能使所得到的 Q^w 和 Q^v 真实反映实际系统的统计特性，所以不一定能够保证滤波器的性能最优[27]。本节以最小化新息方差的估计值和真实值的差作为自适应滤波的指标函数。

系统新息方差的真实值，近似地可用系统实际的新息方差在尺度为 N 的移动窗口内的均值 $\boldsymbol{S}_k$ 来表示[2]：

$$S_k = \frac{1}{N} \sum_{i=k-N+1}^{k} \boldsymbol{v}_k \boldsymbol{v}_k^{\mathrm{T}} \tag{6.19}$$

式中，$\boldsymbol{S}_k$ 为新息方差；$\boldsymbol{v}_k$ 为新息，也可以称为残差，表示如下：

$$\boldsymbol{v}_k = \boldsymbol{y}_k - \overline{\boldsymbol{y}}_{k|k-1} \tag{6.20}$$

其中，$\boldsymbol{y}_k$ 为时刻 k 的测量值，$\overline{\boldsymbol{y}}_{k|k-1}$ 为相应的 UKF 估计值。

由 UKF 算法的测量更新［式(6.9)］，可得新息方差的 UKF 估计值为

$$\hat{\boldsymbol{S}}_k = \sum_{i=0}^{2n} w_i^c (\boldsymbol{\gamma}_{i,k|k-1} - \overline{\boldsymbol{y}}_{k|k-1})(\boldsymbol{\gamma}_{i,k|k-1} - \overline{\boldsymbol{y}}_{k|k-1})^{\mathrm{T}} + \boldsymbol{Q}^v \tag{6.21}$$

选取自适应的指标函数为

$$\boldsymbol{J}_k = \mathrm{tr}\Big((\mathrm{ddiag}(\Delta \boldsymbol{S}_k))^2\Big) = \mathrm{tr}\Big((\mathrm{ddiag}(\boldsymbol{S}_k - \hat{\boldsymbol{S}}_k))^2\Big) \tag{6.22}$$

式中，ddiag(·) 表示与矩阵 (·) 对角线元素相同的对角矩阵；tr(·) 表示矩阵 (·) 的迹。与新息本身相比，$\Delta \boldsymbol{S}_k$ 对系统统计特性的变化更加敏感[27]。自适应参数 $\boldsymbol{Q}^w$ 或 $\boldsymbol{Q}^v$ 的调整标准是使指标函数最小。

3. 基于滤波器估计的自适应 UKF 算法原理

如图 6.7 所示，该自适应滤波由主 UKF 滤波器和一个辅助滤波器组成。在每个控制周期中，主 UKF 滤波器接收当前辅助滤波器的估计值——噪声方差，对系统状态和参数进行估计。辅助滤波器则根据主 UKF 滤波器新息值，对噪声方差阵进行估计。如果不加入辅助滤波器，主 UKF 滤波器仍可以正常工作，这时主 UKF

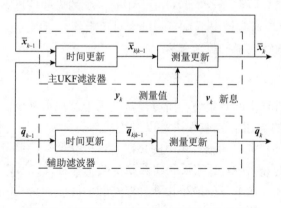

图 6.7　基于滤波器估计的自适应 UKF 结构图

滤波器是具有定常噪声方差阵的常规 UKF。这种主、辅双滤波器结构，不仅不需要对主 UKF 滤波器内进行改造，而且当系统的噪声统计特性变化不大时，可以暂停辅助滤波器，以减轻系统的计算负荷[26]。

4. 辅助滤波器

辅助滤波器的选择取决于系统噪声分布的变化规律[2]。若已知系统噪声分布的变化规律是非线性的，辅助滤波器可以选择 UKF，从而构成双 UKF 结构；若已知系统噪声分布的变化规律是线性的，为了减少计算量，可以选择 KF 作为辅助滤波器；更一般的情况，系统噪声分布的变化规律是未知的，此时通常将其视为噪声驱动的不相关随机漂移量，显然可以选择 KF 作为其辅助滤波器。本节主要研究以 KF 作为辅助滤波器的滤波算法。若使用 UKF 作为辅助滤波器，其状态空间和测量空间的设置方法与 KF 相同。

在实际应用中，系统噪声统计特性的变化，使系统的先验信息不能准确地反映系统的真实状态，是导致 UKF 滤波性能下降的主要原因。因此，滤波器噪声方差阵参数 Q^w、Q^v 的选取对滤波性能有着重要的影响。本节主 UKF 滤波器的自适应估计，是通过辅助滤波器对其噪声统计方差阵 Q^w、Q^v 的在线估计实现的。本节中我们仅考虑单独估计 Q^w 或单独估计 Q^v 的情形。噪声方差阵中，起主要作用的是对角线元素，所以为了减少计算量，这里只对对角线元素进行估计。

假设主 UKF 滤波器噪声方差阵的对角线元素为 q，可得辅助滤波器的状态方程：

$$q_k = f_q(q_{k-1}) + w_{qk} \tag{6.23}$$

式中，f_q 为 q 的时变函数；w_{qk} 为零均值的高斯白噪声。若 q 的变化规律未知，可将其视为噪声驱动不相关的随机漂移向量，此时辅助滤波器的状态方程为

$$q_k = q_{k-1} + w_{qk} \tag{6.24}$$

对于不同的噪声方差阵的估计，辅助滤波器具有不同的观测方程。

如果估计系统的过程噪声方差阵 Q^w 的对角线元素，则以主 UKF 滤波器的新息方差阵的对角线元素作为系统的观测信号，此时辅助滤波器的观测方程为

$$\overline{S}_{q_k} = g(\overline{q}_k) = \mathrm{vdiag}[(K_k^T K_k)^{-1} K_k^T (P_{k|k-1} - P_k) K_k (K_k^T K_k)^{-1}] \tag{6.25}$$

式中，vdiag(·) 表示一个向量，其分量为矩阵(·)的主对角线元素；$P_{k|k-1}$、P_k、K_k 含义见式(6.8)和式(6.9)。由式(6.8)可以看出，式(6.25)中 $P_{k|k-1}$ 与系统的过程噪声有关，这样我们就可以建立辅助滤波器的测量向量与状态向量间的关系。为了对过程噪声阵进行估计，我们希望将式(6.25)最终整理为状态空间形式。根据式(6.8)，并设 $KP_k = (K_k^T K_k)^{-1} K_k^T$，可得

$$\overline{\boldsymbol{S}}q_k = \text{vdiag}\left\{\boldsymbol{KP}_k\left[\sum_{i=0}^{2n}w_i^c(\boldsymbol{\chi}_{i,k|k-1}^* - \overline{\boldsymbol{x}}_{k|k-1})(\boldsymbol{\chi}_{i,k|k-1}^* - \overline{\boldsymbol{x}}_{k|k-1})^{\text{T}} + \boldsymbol{Q}^w - \boldsymbol{P}_k\right]\right\}$$

$$= \text{vdiag}\left\{\boldsymbol{KP}_k\left[\sum_{i=0}^{2n}w_i^c(\boldsymbol{\chi}_{i,k|k-1}^* - \overline{\boldsymbol{x}}_{k|k-1})(\boldsymbol{\chi}_{i,k|k-1}^* - \overline{\boldsymbol{x}}_{k|k-1})^{\text{T}} - \boldsymbol{P}_k\right]\right\} + \text{vdiag}(\boldsymbol{KP}_k\boldsymbol{Q}^w\boldsymbol{KP}_k^{\text{T}})$$

$$= \boldsymbol{Bp}_k + \text{vdiag}(\boldsymbol{KP}_k\boldsymbol{Q}^w\boldsymbol{KP}_k^{\text{T}})$$

$$= \boldsymbol{Bp}_k + \boldsymbol{HP}_k \cdot \boldsymbol{q}_k \tag{6.26}$$

式中，$\boldsymbol{Bp}_k$ 为常值向量；$\boldsymbol{HP}_k$ 为常值矩阵。若 $\boldsymbol{KP}_k \in R^{m_q \times n_q}$，且

$$\boldsymbol{KP}_k = \begin{pmatrix} kp_{11} & kp_{12} & \cdots & kp_{1n_q} \\ kp_{21} & kp_{22} & \cdots & kp_{2n_q} \\ \vdots & \vdots & & \vdots \\ kp_{m_q1} & kp_{m_q2} & \cdots & kp_{m_qn_q} \end{pmatrix} \tag{6.27}$$

由于 $\boldsymbol{Q}^w$ 为对角矩阵，则可得 $\boldsymbol{HP}_k \in R^{m_q \times n_q}$，且有

$$\boldsymbol{HP}_k = \begin{pmatrix} kp_{11}^2 & kp_{12}^2 & \cdots & kp_{1n_q}^2 \\ kp_{21}^2 & kp_{22}^2 & \cdots & kp_{2n_q}^2 \\ \vdots & \vdots & & \vdots \\ kp_{m_q1}^2 & kp_{m_q2}^2 & \cdots & kp_{m_qn_q}^2 \end{pmatrix} \tag{6.28}$$

辅助滤波器的测量值为

$$\boldsymbol{S}q_k = g(\boldsymbol{q}_k) = \text{vdiag}\left(\frac{1}{N}\sum_{i=k-N+1}^{k}\boldsymbol{v}_k\boldsymbol{v}_k^{\text{T}}\right) \tag{6.29}$$

其中新息的表示如式(6.20)所示。

如果估计测量噪声方差阵 $\boldsymbol{Q}^v$ 的对角线元素，此时以主 UKF 滤波器的状态新息方差阵的对角线元素作为系统的观测信号，根据主 UKF 算法可建立辅助滤波器的观测方程为

$$\overline{\boldsymbol{S}}q_k = g(\overline{\boldsymbol{q}}_k) = \text{vdiag}\left(\boldsymbol{P}_{\overline{y}_k\overline{y}_k}\right)$$

$$= \text{vdiag}\left[\sum_{i=0}^{2n}w_i^c(\boldsymbol{\gamma}_{i,k|k-1} - \overline{\boldsymbol{y}}_{k|k-1})(\boldsymbol{\gamma}_{i,k|k-1} - \overline{\boldsymbol{y}}_{k|k-1})^{\text{T}} + \boldsymbol{Q}^v\right]$$

$$= \text{vdiag}\left[\sum_{i=0}^{2n}w_i^c(\boldsymbol{\gamma}_{i,k|k-1} - \overline{\boldsymbol{y}}_{k|k-1})(\boldsymbol{\gamma}_{i,k|k-1} - \overline{\boldsymbol{y}}_{k|k-1})^{\text{T}}\right] + \text{vdiag}(\boldsymbol{Q}^v)$$

$$= \boldsymbol{Bp}_k + \boldsymbol{HP}_k \cdot \boldsymbol{q}_k \tag{6.30}$$

显然这里的常值向量 $\boldsymbol{Bp}_k$ 和常值矩阵 $\boldsymbol{HP}_k$ 与式(6.26)有所不同。辅助滤波器

的测量值与估计过程噪声方差阵的测量值相同，由式(6.29)给出。

由上述的分析可知，当主 UKF 滤波器的测量噪声的变化规律未知时，辅助滤波器的状态方程和测量方程都是线性的，此时可以使用算法简单、计算量小的 KF 作为辅助滤波器。

完整的辅助滤波器 KF 算法[2]如下。

(1)初始化：

$$\begin{cases} \overline{\boldsymbol{q}}_0 = E[\boldsymbol{q}_0] \\ \boldsymbol{P}_{q_0} = E[(\boldsymbol{q}_0 - \overline{\boldsymbol{q}}_0)(\boldsymbol{q}_0 - \overline{\boldsymbol{q}}_0)^{\mathrm{T}}] \end{cases} \tag{6.31}$$

(2)时间更新：

$$\begin{cases} \overline{\boldsymbol{q}}_{k|k-1} = \overline{\boldsymbol{q}}_{k-1} \\ \boldsymbol{P}_{q_{k|k-1}} = \boldsymbol{P}_{q_{k-1}} + \boldsymbol{Q}_q^w \\ \overline{\boldsymbol{S}}\boldsymbol{q}_{k|k-1} = g(\overline{\boldsymbol{q}}_{k-1}) \end{cases} \tag{6.32}$$

(3)测量更新：

$$\begin{cases} \boldsymbol{K}_{q_k} = \boldsymbol{P}_{q_{k|k-1}} \cdot \boldsymbol{HP}_k^{\mathrm{T}}(\boldsymbol{HP}_k \cdot \boldsymbol{P}_{q_{k|k-1}} \cdot \boldsymbol{HP}_k^{\mathrm{T}} + \boldsymbol{Q}_q^v)^{-1} \\ \boldsymbol{P}_{q_k} = (\boldsymbol{I} - \boldsymbol{K}_{q_k} \cdot \boldsymbol{HP}_k)\boldsymbol{P}_{q_{k|k-1}} \\ \overline{\boldsymbol{q}}_k = \overline{\boldsymbol{q}}_{k|k-1} + \boldsymbol{K}_{q_k}(\boldsymbol{Sq}_k - \overline{\boldsymbol{S}}\boldsymbol{q}_{k|k-1}) \end{cases} \tag{6.33}$$

式中，$\boldsymbol{Q}_q^w$ 为 KF 的过程噪声方差参数；$\boldsymbol{Q}_q^v$ 为 KF 的测量噪声方差参数。

6.2.2 仿真验证

1. 数值仿真验证[1]

1)仿真参数的设置

下面仿真试验的 AUV 动力学模型及其状态向量和测量向量的设定值见 6.2.3 节。试验中我们将主 UKF 滤波器需要进行估计的噪声方差看作不相关的随机漂移向量，如式(6.24)所示。这样，辅助滤波器的状态方程都是线性的，为了节省计算量，我们的辅助滤波器选用 KF。

随后的仿真试验验证了当系统的过程噪声未知和推进器发生故障时，采用自适应 UKF 算法的有效性。

2) 自适应 UKF 算法对过程噪声统计特性未知时的自适应能力

下面的试验，用于检验当 AUV 系统的过程噪声未知时，自适应 UKF 的估计性能。这时先验的过程噪声估计值与真实的噪声值之间存在一定的偏差。

假设 AUV 的初始状态为 $x_0 = 0$，采样周期为 $T_s = 0.2$s，仿真时间为 600s。假设系统真实的过程噪声和测量噪声皆为均值为零的高斯白噪声，方差为

$$\begin{cases} \boldsymbol{D}^w = \text{diag}\{10^{-4}, 10^{-4}, 10^{-4}, 10^{-2}, 10^{-2}, 10^{-2}\} \\ \boldsymbol{D}^v = \text{diag}\{10^{-4}, 10^{-4}, 10^{-4}\} \end{cases}$$

UKF 的参数设置如下：

$$\begin{cases} \bar{\boldsymbol{x}}_0 = \boldsymbol{x}_0 \\ \boldsymbol{P}_{x0} = \text{diag}\{10^{-4}, 10^{-4}, 10^{-4}, 10^{-4}, 10^{-4}, 10^{-4}\} \\ \alpha = 0.1, \beta = 2 \end{cases}$$

而 UKF 的先验噪声方差为

$$\begin{cases} \boldsymbol{Q}^w = \text{diag}\{10^{-6}, 10^{-6}, 10^{-6}, 10^{-4}, 10^{-4}, 10^{-4}\} \\ \boldsymbol{Q}^v = \boldsymbol{D}^v \end{cases}$$

KF 的参数设置如下：

$$\begin{cases} \bar{\boldsymbol{q}}_0 = \boldsymbol{Q}^w \\ \boldsymbol{P}_{q0} = \{10^{-17}, 10^{-17}, 10^{-17}, 10^{-14}, 10^{-14}, 10^{-14}\} \\ \boldsymbol{Q}_q^w = \{10^{-17}, 10^{-17}, 10^{-17}, 10^{-14}, 10^{-14}, 10^{-14}\} \\ \boldsymbol{Q}_q^v = \{10^{-12}, 10^{-12}, 10^{-12}\} \end{cases}$$

设定的系统先验过程噪声和实际过程噪声有很大的差别。

图 6.8 给出了 UKF 和自适应 UKF 在过程噪声方差未知时的状态估计误差。对于普通的 UKF，由于先验知识不能够正确地反映实际的系统过程噪声，而使 UKF 具有较大的估计误差。而自适应 UKF 通过其辅助 KF 对过程噪声方差的在线估计，保证了主 UKF 滤波器在噪声未知时，能具有相对正确的噪声先验信息，减小了噪声未知对 UKF 估计结果的影响，使得主 UKF 滤波器具有良好的估计性能[1]。

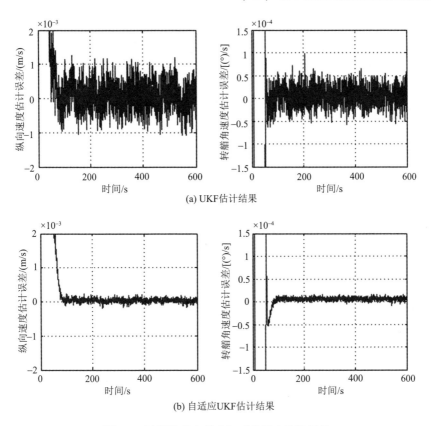

(a) UKF估计结果

(b) 自适应UKF估计结果

图 6.8　过程噪声方差未知时的状态估计误差

3) 自适应 UKF 算法对系统参数变化的自适应能力

为了检验自适应 UKF 在参数变化时的估计性能，假设过程噪声未知且系统参数发生变化，验证自适应 UKF 的自适应能力。在本小节中，我们将主 UKF 滤波器的状态和参数的过程噪声方差阵的对角线元素作为辅助 KF 的状态进行在线估计。

下面仿真试验的 AUV 动力学模型及其状态向量和测量向量的设定值见 6.1.3 节。

假设系统真实的过程噪声和测量噪声皆为均值为零的高斯白噪声，方差为

$$\begin{cases} \boldsymbol{D}^w = \mathrm{diag}\{10^{-4},10^{-4},10^{-4},10^{-4},10^{-4},10^{-4}\} \\ \boldsymbol{D}^v = \mathrm{diag}\{10^{-3},10^{-3},10^{-3}\} \end{cases}$$

UKF 的参数设置如下：

$$
\begin{cases}
\bar{\boldsymbol{x}}_0 = \boldsymbol{x}_0 \\
\boldsymbol{P}_{x0} = \mathrm{diag}\{10^{-8},10^{-8},10^{-8},10^{-8},10^{-8},10^{-8},10^{-3},10^{-3},10^{-3}\} \\
\boldsymbol{Q}^w = \mathrm{diag}\{10^{-8},10^{-8},10^{-8},10^{-8},10^{-8},10^{-8},10^{-6},10^{-6},10^{-6}\} \\
\boldsymbol{Q}^v = \boldsymbol{D}^v \\
\alpha = 0.1, \beta = 2
\end{cases}
$$

KF 的参数设置如下：

$$
\begin{cases}
\bar{\boldsymbol{q}}_0 = \boldsymbol{Q}^w \\
\boldsymbol{P}_{q0} = \{10^{-17},10^{-17},10^{-17},10^{-17},10^{-17},10^{-17},10^{-14},10^{-14},10^{-14}\} \\
\boldsymbol{Q}_q^w = \{10^{-17},10^{-17},10^{-17},10^{-17},10^{-17},10^{-17},10^{-14},10^{-14},10^{-14}\} \\
\boldsymbol{Q}_q^v = \{10^{-12},10^{-12},10^{-12}\}
\end{cases}
$$

图 6.9 和图 6.10 给出了 UKF 和自适应 UKF 对 AUV 状态和推进器故障参数的估计情况。UKF 在推进器故障参数发生突变时，过程噪声的强度过小，对参数的"驱动力"不够，使得其对参数的突变反应迟缓，不能有效地估计出状态和参数的变化。

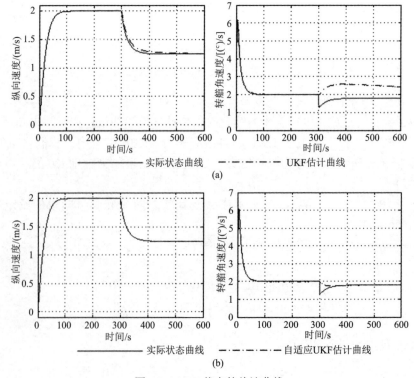

图 6.9　AUV 状态的估计曲线

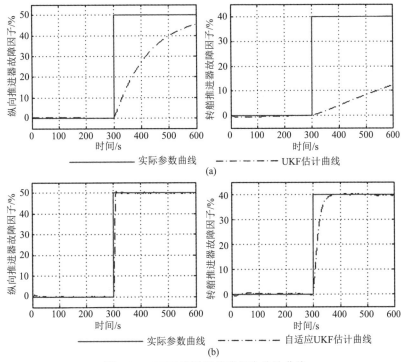

图 6.10　AUV 推进器故障损失估计曲线

　　而对于自适应的 UKF，通过辅助滤波器 KF 对过程噪声进行在线估计，给出了较为适当的过程噪声的强度值，从而加快了 UKF 状态和参数估计的收敛速率，大大缩小了参数的跟踪误差。

　　图 6.11 对 AUV 推进器故障参数变化时 UKF 和自适应 UKF 的估计结果进行了比较。由于参数估计不准确，UKF 对状态的估计出现了明显的估计误差，致使整个系统不能正常地完成跟踪任务。而对于自适应 UKF，由于状态和参数的过程噪声的自适应机制，其能够对参数变化做出快速的反应，这也使得状态的跟踪误差明显小于常规的 UKF。

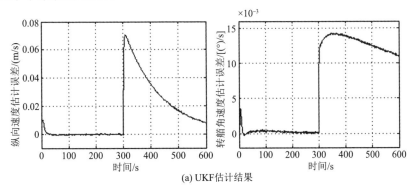

(a) UKF估计结果

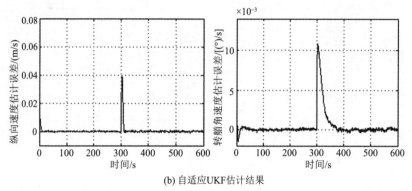

(b) 自适应UKF估计结果

图 6.11　推进器故障参数变化时的状态估计误差

2. 半物理仿真系统验证

半物理仿真系统验证的原理同 6.1.3 节[1]，以 CR-02 6000 米 AUV 的纵向运动为例，在 CR6000 半物理仿真试验中，我们在大约 40s 的时候设置 40%的纵向推进器故障，然后在大约 200s 时取消设置的故障，由图 6.12 可以看出，采用自适应 UKF 算法能够跟踪系统状态和推进器故障参数的变化，并能够较精确地估计系统的状态和推进器故障参数。

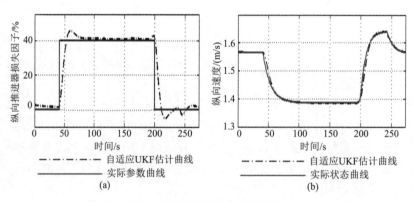

图 6.12　半物理仿真系统结果

6.3　基于平方根 UKF 的 AUV 状态和参数联合估计算法

6.2 节的 UKF 算法中，在每次 Sigma 点更新时都要计算矩阵的平方根，对矩阵开方会产生两方面的问题：一是 UKF 的计算负荷主要来自每次 Sigma 点更新中矩阵平方根的计算，增加了计算量，可能会对实时性造成一定的影响[28]；二是计算误差和噪声信号等因素可能引起方差矩阵负定，导致滤波结果发散，故必须

保证矩阵的正定。针对上述两个问题，我们可以采用平方根 UKF 算法[29]，该算法将状态方差矩阵的平方根直接用于传递和更新，既减少了计算量，又保证了算法的稳定性。

6.3.1 平方根 UKF 算法

完整的平方根 UKF 算法[15]定义如下。

（1）初始化：

$$\begin{cases} \bar{\boldsymbol{x}}_0 = E[\boldsymbol{x}_0] \\ \boldsymbol{S}_0 = \text{cholupdate}\{E[(\boldsymbol{x}_0 - \bar{\boldsymbol{x}}_0)(\boldsymbol{x}_0 - \bar{\boldsymbol{x}}_0)^{\mathrm{T}}]\} \end{cases} \tag{6.34}$$

（2）Sigma 点的计算及时间更新：

$$\begin{cases} \boldsymbol{\chi}_{k-1} = [\bar{\boldsymbol{x}}_{k-1}, \bar{\boldsymbol{x}}_{k-1} + \sqrt{l+\lambda}\boldsymbol{S}_{k-1}, \bar{\boldsymbol{x}}_{k-1} - \sqrt{l+\lambda}\boldsymbol{S}_{k-1}] \\ \boldsymbol{\chi}_{k|k-1}^* = f(\boldsymbol{\chi}_{k-1}, \boldsymbol{u}_k) \\ \bar{\boldsymbol{x}}_{k|k-1} = \sum_{i=0}^{2l} w_i^m \boldsymbol{\chi}_{k|k-1}^* \\ \boldsymbol{S}_{k|k-1} = \text{qr}\{[\sqrt{w_i^c}(\boldsymbol{\chi}_{1:2l,k|k-1}^* - \bar{\boldsymbol{x}}_{k|k-1}), \sqrt{\boldsymbol{Q}^w}]\} \\ \boldsymbol{S}_{k-1} = \text{cholupdate}\{\boldsymbol{S}_{k|k-1}, \boldsymbol{\chi}_{0,k|k-1}^* - \bar{\boldsymbol{x}}_{k-1}, w_0^c\} \\ \boldsymbol{\chi}_{k|k-1} = [\bar{\boldsymbol{x}}_{k|k-1}, \bar{\boldsymbol{x}}_{k|k-1} + \sqrt{l+\lambda}\boldsymbol{S}_{k|k-1}, \bar{\boldsymbol{x}}_{k|k-1} - \sqrt{l+\lambda}\boldsymbol{S}_{k|k-1}] \\ \boldsymbol{\gamma}_{k|k-1} = h(\boldsymbol{\chi}_{k|k-1}) \\ \boldsymbol{y} = \sum_{i=0}^{2l} w_i^m \boldsymbol{\gamma}_{i,k|k-1} \end{cases} \tag{6.35}$$

（3）测量更新：

$$\begin{cases} \boldsymbol{S}_{\bar{y}_k} = \text{qr}\{[\sqrt{w_1^c}(\boldsymbol{\gamma}_{1:2l,k|k-1} - \bar{\boldsymbol{y}}_{k|k-1}), \sqrt{\boldsymbol{Q}^v}]\} \\ \boldsymbol{S}_{\bar{y}_k} = \text{cholupdate}\{\boldsymbol{S}_{\bar{y}_k}, \boldsymbol{\gamma}_{0,k|k-1} - \bar{\boldsymbol{y}}_{k|k-1}, w_0^c\} \\ \boldsymbol{P}_{\bar{x}_k \bar{y}_k} = \sum_{i=0}^{2l} w_i^c (\boldsymbol{\chi}_{i,k|k-1} - \bar{\boldsymbol{x}}_{k|k-1})(\boldsymbol{\gamma}_{i,k|k-1} - \bar{\boldsymbol{y}}_{k|k-1})^{\mathrm{T}} \\ \boldsymbol{K}_k = (\boldsymbol{P}_{\bar{x}_k \bar{y}_k} / \boldsymbol{S}_{\bar{y}_k}^{\mathrm{T}})\boldsymbol{S}_{\bar{y}_k} \\ \bar{\boldsymbol{x}}_k = \bar{\boldsymbol{x}}_{k|k-1} + \boldsymbol{K}_k(\boldsymbol{y}_k - \bar{\boldsymbol{y}}_{k|k-1}) \\ \boldsymbol{U} = \boldsymbol{K}_k \boldsymbol{S}_{\bar{y}_k} \\ \boldsymbol{S}_k = \text{cholupdate}\{\boldsymbol{S}_{k|k-1}, \boldsymbol{U}, -1\} \end{cases} \tag{6.36}$$

在标准的 UKF 算法中，每次迭代都要计算方差 P 的平方根 S，而在平方根 UKF 中，我们利用了三种线性代数技术，即 QR 分解、Cholesky 因子更新和高效最小二乘法，实现了平方根 S 的直接传递[30]。下面简要介绍三种线性代数技术。

1. QR 分解

这里的 QR 分解是指对矩阵 $A \in R^{n \times l}$ 的转置进行 QR 分解 $A^{\mathrm{T}} = QR$，其中 $Q \in R^{l \times l}$ 为正交矩阵，$R \in R^{n \times l}$ 为上三角矩阵且 $l > n$。矩阵 R 的上三角部分为 $\tilde{R}$，有 $\tilde{R}^{\mathrm{T}} R = AA^{\mathrm{T}}$。若方差矩阵 $P = AA^{\mathrm{T}}$，则 $\tilde{R}$ 为 P 的 Cholesky 因子的转置，即 $\tilde{R} = S^{\mathrm{T}}$。在平方根算法中，用 qr{·} 表示只有一个返回值 $\tilde{R}$ 的矩阵 {·} 的 QR 分解。

2. Cholesky 因子更新

如果 S 是 P 的 Cholesky 因子，则 S 的秩为 1 的加减更新 $P \pm \sqrt{w} uu^{\mathrm{T}}$，表示为 $S = \text{cholupdate}\{S, u, \pm w\}$。若 u 是一个矩阵而不是向量，其结果就是用 u 的 M 个列向量对 Cholesky 因子进行 M 次顺序的更新。

3. 高效最小二乘法

方程 $(AA^{\mathrm{T}})x = A^{\mathrm{T}}b$ 的解相当于超定最小二乘问题 $Ax = b$ 的解。这可以利用选主元的 QR 分解来实现。

相对 UKF 算法，平方根 UKF 算法具有相同(或者更好)的估计精度，但是却具有更高的效率以及更好的稳定性(特别是在保证方差矩阵的半正定方面)[31]。

6.3.2 仿真验证

1. 数值仿真验证

下面仿真试验的 AUV 动力学模型及其状态向量和测量向量的设定值见 6.1.2 节[1]。与实际参数不同的参数为系统过程噪声和测量噪声信息，设置如下。

假设系统真实的过程噪声和测量噪声皆为均值为零的高斯白噪声，方差为

$$\begin{cases} D^w = \text{diag}\{10^{-4}, 10^{-4}, 10^{-4}, 10^{-4}, 10^{-4}, 10^{-4}\} \\ D^v = \text{diag}\{10^{-3}, 10^{-3}, 10^{-3}\} \end{cases}$$

UKF 的参数设置如下。

$$\begin{cases} P_{x0} = \text{diag}\{10^{-8}, 10^{-8}, 10^{-8}, 10^{-8}, 10^{-8}, 10^{-8}, 10^{-3}, 10^{-3}, 10^{-3}\} \\ Q^w = \text{diag}\{5 \times 10^{-8}, 5 \times 10^{-8}, 5 \times 10^{-8}, 5 \times 10^{-8}, 5 \times 10^{-8}, 5 \times 10^{-8}, 10^{-3}, 10^{-3}, 1.3 \times 10^{-3}\} \\ Q^v = \text{diag}\{10^{-7}, 10^{-7}, 10^{-7}\} \end{cases}$$

在仿真过程中第 300s 时加入故障,纵向速度和转艏角速度状态估计仿真结果如图 6.13 所示,纵向推进器故障因子和转艏推进器故障因子估计结果如图 6.14 所示。

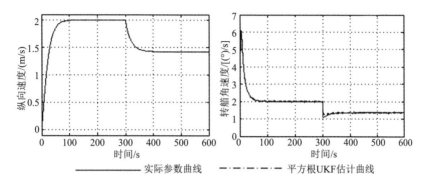

图 6.13　状态估计曲线

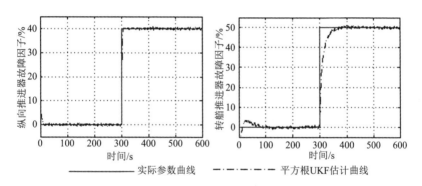

图 6.14　推进器故障损失估计曲线

由图 6.13 和 6.14 可以看出,采用平方根 UKF 算法可以跟踪系统状态和参数的变化,且有较高的估计精度。

2. 半物理仿真系统验证

半物理仿真系统验证的原理同 6.1.3 节[1],以 CR-02 6000 米 AUV 的纵向运动为例,在 CR6000 半物理仿真试验中,在 50s 时设置 40% 的纵向推进器软性故障,然后在 230s 左右取消设置的故障。由图 6.15 可以看出,采用平方根 UKF 算法能够跟踪系统状态和推进器故障参数的变化,并能够较精确地估计系统的状态和推进器故障参数[15]。

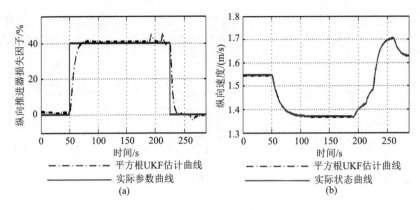

图 6.15　半物理仿真系统结果

6.4　UKF 及其相关算法的比较

　　判断算法好坏的一个重要指标就是算法的估计精度，但是由于 UKF 算法、自适应 UKF 算法和平方根 UKF 算法中的过程噪声方差矩阵和测量噪声方差矩阵的设置没有现成的规则可用，只能够按经验进行调节。三种算法表现出较好的估计性能时，过程噪声方差阵和测量噪声方差阵的值可能会相差很大，前面的试验可以说明这一点。因此，我们很难用估计精度来评价这三种算法的好坏，因为噪声方差阵如果设置相同，三种算法的估计性能差别会很大，一种算法估计效果很好，另一种算法可能发散。

　　综合考虑，我们选取算法的实时性、稳定性、对噪声的适应性和初始参数调节的难易程度来分析三种算法的优缺点。其中实时性可以定量地分析，其他的性能只能定性地说明[1]。

　　为了验证算法的实时性，数值仿真试验的时间都是 600s，我们比较各种算法总的滤波估计时间和每次滤波估计的平均时间，结果如表 6.1 所示。由表 6.1 可以看出，平方根 UKF 算法的实时性最好，UKF 算法的实时性次之，自适应 UKF 算法的实时性较差。

表 6.1　算法实时性的比较

算法	总时间/s	平均时间/s
UKF 算法	7.078	0.002
自适应 UKF 算法	11.141	0.004
平方根 UKF 算法	5.984	0.002

对于算法的稳定性，从理论上来说平方根 UKF 算法的稳定性应该最好，UKF
算法的稳定性次之，自适应 UKF 算法由于增加了一个辅助滤波器，如果辅助滤
波器不稳定，系统也不会稳定，故其稳定性最差。但是在实际的仿真试验中发现，
平方根 UKF 算法在一定的噪声方差矩阵的取值范围内稳定，而在这个范围外很
容易发散，且这个范围远小于使 UKF 算法稳定的取值范围，该问题有待在以后
的工作中进行更深入研究。

对噪声的适应性很明显是自适应 UKF 算法优于另外两种算法。对于初始参
数(主要为过程噪声方差矩阵和测量噪声方差矩阵)调节的难易程度，根据作者在
仿真试验中的经验，是 UKF 算法的初始参数最好调节，自适应 UKF 算法次之，
平方根 UKF 算法最困难，这主要是由使算法稳定的噪声方差阵的取值范围决定
的。综合考虑三种滤波算法的优缺点，如表 6.2 所示。

表 6.2　算法的性能比较

性能指标	UKF 算法	自适应 UKF 算法	平方根 UKF 算法
实时性	良	差	优
稳定性	良	良	优
对噪声的适应性	良	优	差
初始参数调节的难易程度	容易	较难	较难

由表 6.2 可以得出以下结论：如果过程噪声和测量噪声的先验信息已知，建
议采用平方根 UKF 算法(如果其不存在稳定性的问题)；如果过程噪声和测量噪
声的先验信息未知，但是噪声的统计特性不变，可以先采用自适应 UKF 算法，
估计出噪声统计特性后去掉辅助滤波器，只采用 UKF 算法；如果过程噪声和测
量噪声的先验信息未知，而且噪声的统计特性时变，建议采用自适应 UKF 算法。

6.5　本章小结

本章首先研究了基于 UKF 非线性系统状态预测估计方法，该方法利用 UT 对
非线性函数状态的均值和方差进行近似，以 KF 为框架对系统的状态和参数进行
预测估计。由于 UKF 方法直接利用非线性系统方程而无须对其进行线性化近似，
故 UKF 比 EKF 算法更容易实现，而且可以得到更精确的估计结果。通过引入 AUV
推进器故障损失因子，建立了推进器故障的模型，采用 UKF 算法对系统的状态
和推进器的故障损失因子进行在线估计。

其次，为了改进 UKF 算法在先验信息不足情况下的估计性能、实时性、稳定性等，采用了自适应 UKF 算法。在自适应 UKF 算法中，以新息方差的实际值与估计值的差为指标函数，采用相应的自适应机制，在线对 UKF 的噪声方差参数进行调节，从而提高 UKF 估计方法对噪声和参数变化的自适应能力。采用基于 KF 估计的自适应 UKF 算法，该算法由主、辅两个滤波器构成。估计时两个滤波器同时运行，主 UKF 滤波器与 UKF 的作用相同，用于估计系统的状态，辅助滤波器用于估计主 UKF 滤波器的参数——噪声方差阵的对角线元素。这种双重估计方法，通过在线实时估计系统的噪声方差阵，使 UKF 在噪声或参数变化时，能够自动调整自身参数，弥补由于先验知识不足而产生的估计误差。同时给出了自适应 UKF 算法的仿真结果。

再次，UKF 的计算量主要集中在每次 Sigma 点更新中矩阵平方根的计算，而且由于存在对矩阵开方的运算，这就要求矩阵必须是正定的，否则对其开方会造成不可预料的后果。基于以上原因，我们可以采用平方根 UKF 算法。在平方根 UKF 算法中，是将状态方差矩阵的平方根直接用于传递和更新，解决了算法实时性和稳定性方面的一些问题。同时也给出了相应的仿真结果。

最后，以 CR-02 6000 米 AUV 的动力学模型验证了算法的有效性，并在实验室半物理仿真系统 CR6000 上进行仿真验证，结果也证明了算法的有效性。比较了 UKF 算法、自适应 UKF 算法和平方根 UKF 算法的优缺点，比较采用的性能指标为算法的实时性、稳定性、对噪声的适应性和初始参数调节的难易程度。针对这三种算法的优缺点，给出了它们的适用条件和场合。

参 考 文 献

[1] 程大军. AUV 环境建模及行为优化方法研究[D]. 沈阳: 中国科学院沈阳自动化研究所, 2011.

[2] 宋崎. 面向自主移动机器人的主动建模及控制方法研究[D]. 沈阳: 中国科学院沈阳自动化研究所, 2007.

[3] 齐俊桐. 基于 MIT 规则的自适应 Unscented 卡尔曼滤波及其在旋翼飞行机器人容错控制的应用[J]. 机械工程学报, 2009, 45(4): 115-124.

[4] 宋崎, 周波, 姜哲, 等. 基于主动建模的自主移动机器人自适应容错控制[J]. 高技术通讯, 2006, 16(7): 691-696.

[5] 宋崎, 韩建达. 基于 UKF 的移动机器人主动建模及模型自适应控制方法[J]. 机器人, 2005, 27(3): 226-230,235.

[6] 张苏林. 基于移动传感器阵列的气味源定位[D]. 天津: 天津大学, 2013.

[7] Oriolo G, Ulivi G, Vendittelli M. Fuzzy maps: a new tool for mobile robot perception and planning [J]. Journal of Robotics System, 1997, 14(3): 179-197.

[8] 孔令国. 基于在线估计的柔性针穿刺系统控制方法研究[D]. 沈阳: 东北大学, 2014.

[9] Julier S J. The scaled unscented transformation[C]. Proceedings of the 2002 American Control Conference, 2002(6): 4555-4559.

[10] 刘本. 基于信息融合的深海水下机器人组合导航方法研究[D]. 沈阳: 中国科学院沈阳自动化研究所, 2016.

[11] 蒋新松, 封锡盛. 水下机器人[M]. 沈阳: 辽宁科学技术出版社, 2000.

[12] 李殿璞. 船舶运动与建模[M]. 哈尔滨: 哈尔滨工程大学出版社, 2005.

[13] Fossen T I. Guidance and Control of Ocean Vehicles [M]. New York: Wiley, 1994.

[14] Newman J N. Marine Hydrodynamics [M]. Cambridge: MIT Press, 1977.

[15] 程大军, 刘开周. 一种基于 SUKF 的广义行为环境建模及在远程 AUV 推进系统的应用研究[J]. 机械工程学报, 2011, 47(19): 14-21.

[16] 杨培培. 大型 AUV 水下自主航行控制策略研究[D]. 宜昌: 三峡大学, 2016.

[17] 姜哲, 赵新刚, 齐俊桐, 等. 基于主动建模的无人直升机增强 LQR 控制[J]. 吉林大学学报(信息科学版), 2007, 25(5): 553-559.

[18] 刘开周. 水下机器人多功能仿真平台及其鲁棒控制研究[D]. 沈阳: 中国科学院沈阳自动化研究所, 2006.

[19] Liu K Z, Liu J, Zhang Y, et al. The development of autonomous underwater vehicle's semi-physical virtual reality system [C]. Proceedings of the 2003 IEEE International Conference on Robotics, Intelligent System and Signal Processing, 2003: 301-306.

[20] Liu K Z, Wang X H, Feng X S. The design and development of simulator system—for manned submersible vehicle [C]. Proceedings of the 2004 IEEE International Conference on Robotics and Biomimetics, 2004: 294-299.

[21] 张禹, 刘开周, 邢志伟, 等. 自治水下机器人实时仿真系统开发研究[J]. 计算机仿真, 2004, 21(4): 155-158.

[22] Jazwinski H. Stochasitc Process and Filtering Theory [M]. New York: Academic Press, 1970.

[23] 谷丰, 周楹君, 何玉庆, 等. 非线性卡尔曼滤波方法的实验比较[J]. 控制与决策, 2014, 29(8): 1387-1393.

[24] 姜哲, 宋崎, 赵新刚, 等. 基于反馈线性化和自适应 UKF 的直升机航向控制[C]. 第五届全国信息获取与处理学术会议, 2007: 345-348.

[25] Lee D, Alfriend K T. Adaptive sigma point filtering for state and parameter estimation [C]. AIAA/AAS Astrodynamics Specialist Conference and Exhibit, 2004: 1-20.

[26] 李静. 基于声学定位的 HOV 组合导航算法研究与实现[D]. 沈阳: 中国科学院沈阳自动化研究所, 2013.

[27] Garcia-Velo J B. Determination of noise covariance for extended Kalman filter parameter estimators to account for modeling errors [D]. Cincinnati: University of Cincinnati, 1997.

[28] 霍帆. 基于 UKF 的永磁同步电机无传感器控制方法的研究[D]. 沈阳: 东北大学, 2008.

[29] Merwe R V D, Wan E A. The square-root unscented Kalman filters for state and parameter estimation [C]. Proceedings of the International Conference on Acoustics, Speech, and Signal Process, 2001: 3461-3466.

[30] 王艳艳, 刘开周, 封锡盛. 基于强跟踪平方根容积卡尔曼滤波的纯方位目标运动分析方法[J]. 计算机测量与控制, 2016, 24(11): 136-140.

[31] Merwe R V D. Sigma-point Kalman filters for probabilistic inference in dynamic state-space model [D]. Portland: Oregon Health and Science University, 2004.

7

水下机器人控制算法仿真研究

目前水下机器人控制系统大多采用经典的自动控制方法，但对于控制精度要求较高的轨迹精确跟踪、精确导引对接、水下作业等场合经典控制方法难以满足需要。海洋流体的作用、水下机器人系统执行机构的饱和、传感器的延迟、控制器的多个环节存在非线性及延迟等问题的存在，对现有水下机器人的控制提出了挑战，这里将上述问题概括为不确定性，按照它们在水下机器人控制系统回路中所处的位置，将上述特性分为以下几类(图 7.1)：被控对象的不确定性(浮力等)、水下机器人所处复杂海洋环境(海流、波、浪、涌等)的不确定性、传感器的不确定性、控制器的不确定性和执行机构不确定性等[1]。具体而言，水下机器人的高精度控制受如下因素的制约[2]。

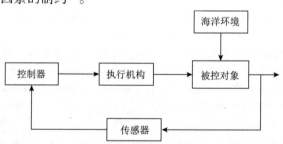

图 7.1　水下机器人不确定性来源

第一，水下机器人各运动自由度之间存在强耦合，属于多输入多输出的非线性时变系统。水下机器人本体重力(重力加速度引起)、浮力(海水密度、重力加速度、排水体积引起)具有不确定性。另外，水下机器人每次作业时，作业工具、作业人员、工作地点等工作条件的变化，也会使得实际被控对象参数发生变化，导致模型误差[3-8]。

具体来讲，对于水下机器人的强耦合性和非线性，从动力学模型式(2.39)～式(2.44)可以看出，各自由度的运动与当前六自由度的速度/角速度存在强耦合关系。系统的输入为六自由度的力/力矩，输出为与这六自由度输入均有关系的速度和位移，是个典型的多输入多输出(MIMO)系统。水下机器人作业工具重量、采集样品重量的变化均可导致系统本体的恢复力/力矩的变化。由于每次工作海域和深度的不同，海水密度、排水体积的变化会引起系统的浮力、黏性水动力和惯性水动力变化。

第二，水下机器人所处环境的不确定性。由于受到海流，尤其是近水面的波浪、涌等的外界扰动作用，水下机器人的运动状态受到很大的影响。水下机器人的运动状态不仅与作用在水下机器人上的扰动力/力矩的大小有关，而且与这些信号的频率有关。一般的控制系统对于高频噪声信号具有较好的抑制作用。但近海面的外界扰动的频率并非完全处于高频段，因此，对水下机器人如何克服这些扰动提出了挑战[7,9]。

第三，水下传感器的不确定性。由于受到目前水下技术水平的限制，声波几乎是唯一有效的传输手段，水下声学传感器的延迟、非线性、不确定性，影响水下机器人系统的稳定性及总体控制性能[10,11]。例如多普勒计程仪、深度计和避碰声呐等传感器的测量精度与声波在该处的传播速度密切相关，而传播速度又是当前海洋环境温度、盐度、压力等的非线性函数，如 Wilson 声速公式，该传播速度约为 1500m/s，相对电磁信号要慢得多，因此控制系统接收到的信号为前段时间的测量值，具有一定的延迟。依赖声波的传感器与其他类型传感器一样，具有一定程度的静态偏差和动态偏差等非线性和不确定性。

第四，控制器的不确定性。当控制器参数依赖实时被控对象的估计值时，控制器数值计算采用算法的时间复杂度、空间复杂度、NP 完备性以及算法的收敛性在一定程度上影响系统的实时控制。参数不确定线性系统、线性时变系统、非线性和混杂系统、鲁棒控制系统、随机最优控制系统的稳定性也受到一定的影响[12]。

第五，执行机构不确定性。其具体主要包括饱和、死区非线性等。几乎所有执行机构均具有死区和饱和非线性特性。饱和特性不但容易引起系统的不稳定，而且影响执行机构的使用寿命。死区非线性主要影响系统的稳态精度。延迟也影响系统的稳定性。例如图 2.17 推进系统控制电压的死区约为 0.5V，推力曲线具有很强的非线性，而且其正转和反转的推力大小也不一致。当它需要超过其最大推力时，控制电压将进入饱和区域。

国内外科研人员已经对水下机器人的控制投入很大精力，做过大量深入的研究，在先进 PID 控制、自适应控制、滑模控制、模糊控制、人工神经元网络控制等方面开展过很多有意义的研究工作。但水下机器人是慢时变、非线性、强耦合的多输入多输出系统，且受到推进器非线性、海流等恶劣环境的影响，上述控制方法虽然在一定场合能够满足需求，但对控制精度要求较高的场合，控制系统的总体性能成为制约水下机器人进一步深入实际应用的严重障碍。因此，将执行机构的非线性、不确定性、延迟纳入控制器设计中的鲁棒控制算法有待于深入研究[8,13]。

本章在第 3 章数值仿真和第 4 章半物理仿真技术基础上，针对 7000 米载人潜水器高精度控制面临的机器人动力学模型、复杂海洋环境(海流、波、浪、涌等)、传感器、控制器和执行机构等不确定性难题，首先研究基于改进的线性二次型高斯问题(MLQG)控制算法的水下机器人动力定位控制方法，在构建 HOV 动力学模型基础上，采用 MLQG 控制算法，利用数值仿真技术研究存在海流扰动和参数时变情况下的动力定位试验结果。其次研究基于混合灵敏度的水下机器人 H_∞ 鲁棒控制方法，基于 H_∞ 鲁棒控制和混合灵敏度控制理论设计了基于混合灵敏度的水下机器人鲁棒控制器。再次研究基于结构奇异值的水下机器人鲁棒控制方法，基于结构奇异值控制理论，设计了基于结构奇异值的水下机器人鲁棒控制器，验证设计控制器后系统在频域的鲁棒稳定性和鲁棒性能，利用半物理仿真系统 HOV7000 研究水下机器人阶跃响应和动力定位时的鲁棒控制效果。

7.1 基于 MLQG 控制算法的仿真研究

动力定位控制是 HOV 的典型控制模式之一，它要求对水下机器人的多个自由度同时进行控制。HOV 是一个具有各个自由度强耦合、系统参数时变、大惯性、纯滞后等特点的非线性系统。由于存在海洋环境的不确定性、系统参数时变的不确定性、传感器的不确定性等[1,14]，加上系统实时性方面的考虑，一般的控制方法很难对其实时控制或很难得到理想的控制效果，传统的控制大都基于单自由度的控制，如 PID 控制在工作点附近可以得到相当好的控制效果，且整定比较迅速，但对多自由度控制以及上述不确定性却有一定难度。现代控制理论对于线性系统具有相当成熟的理论与方法，但对于解决复杂的强耦合、非线性时变系统控制问题比较困难。最近发展起来的智能控制[1,15]由于系统实时性方面的要求，实际的系统很少使用该类控制方法。

针对以上问题，比较可行的方案就是将 HOV 看作慢时变的对象，采用系统辨识的方法辨识其时变参数[16-18]，然后采用现代控制理论方法对其进行控制器设计。该种方法也已经有成功的案例，如日本的载人水下机器人 SHINKAI 6500 号[19,20]等。

7.1.1 HOV 系统数学模型

为研究问题方便，需建立两个坐标系，地面坐标系 $E\text{-}\xi\eta\zeta$ 和水下机器人运动坐标系 $O\text{-}xyz$。u、v、w 为运动坐标系下沿三个轴向的线速度；ξ、η、ζ

分别为地面坐标系下沿三个轴向的位移。HOV 的动力学模型通常用以下方程表示[21]：

$$M\dot{v} + C(v)v + D(v)v + g(\eta) = \tau \tag{7.1}$$

$$\dot{\eta} = J(\eta)v \tag{7.2}$$

式中，M 为 HOV 的惯性质量（包括附加质量）矩阵；$C(v)$ 为 HOV 的离心力及科里奥利力矩阵；$D(v)$ 为 HOV 的黏性力矩阵；$g(\eta)$ 为受到的恢复力向量；τ 为受到的力/力矩控制向量；v 为 HOV 在运动坐标系中的线速度和角速度向量，$v = [u, v, w, p, q, r]^{\mathrm{T}}$；$\eta$ 为 HOV 在地面坐标系中的位置和姿态向量，$\eta = [\xi, \eta, \zeta, \varphi, \theta, \psi]^{\mathrm{T}}$；$J(\eta)$ 为运动坐标系到地面坐标系的转换矩阵，$J(\eta) = \mathrm{diag}\{J_1(\eta), J_2(\eta)\}$。

由于文中符号过多，以下如不特别说明，符号均与文献[21]中意义一致。

7.1.2 MLQG 控制器设计

线性二次型高斯问题（LQG）控制即线性二次型最优控制，是采用性能指标为状态变量和控制变量的二次型函数积分的动态系统最优控制方法。线性二次型问题的最优解可以写成统一的解析表达式，实现求解过程的规范化，且可导致一个简单的状态线性反馈控制律而构成闭环最优反馈系统，在现代控制领域中具有十分重要的意义。同时，该方法还可以兼顾系统性能指标（如调节时间、稳态误差、稳定性和灵敏度等）的多方面因素[22]。但是 LQG 控制算法是一种适合线性系统且被控对象模型已知的控制方法，所以本节将 HOV 看作慢时变的对象，采用系统辨识的方法辨识其慢时变参数，然后采用现代控制理论方法对其进行控制器设计[23]。下面首先比较两种辨识算法，然后进行 MLQG 控制器的设计。

1. 递推辨识系统参数方法比较

HOV 是一个参数时变的复杂非线性系统，在每一个控制周期内，其近似的线性动力学模型表达式都不一定相同，所以需要通过采集系统传感器数据以及控制量输出在线修改状态方程中各个参数，从而使用 LQG 控制算法进行控制器输出。因此需要一种既不占用大量内存又不需要很大计算量的递推式的辨识方法。基于现阶段系统辨识方法[24]及以上考虑，需先对以下辨识算法进行比较后，再决定实际控制器采用何种方法。

1）带遗忘因子的递推最小二乘辨识算法

HOV 是一种 MIMO 系统。其离散辨识模型如式（7.3）的形式，这里假设该 3 输入 3 输出的系统状态方程如式（7.3）所示，并以此为例说明该辨识方法。设 $k+1$ 时刻状态仅与 k 时刻的状态 x 和输入 u 有关，则有

$$\begin{bmatrix} x_1(k+1) \\ x_2(k+1) \\ x_3(k+1) \end{bmatrix} = \begin{bmatrix} f_{11}(k) & f_{12}(k) & f_{13}(k) \\ f_{21}(k) & f_{22}(k) & f_{23}(k) \\ f_{31}(k) & f_{32}(k) & f_{33}(k) \end{bmatrix} \begin{bmatrix} x_1(k) \\ x_2(k) \\ x_3(k) \end{bmatrix}$$
$$+ \begin{bmatrix} g_{11}(k) & g_{12}(k) & g_{13}(k) \\ g_{21}(k) & g_{22}(k) & g_{23}(k) \\ g_{31}(k) & g_{32}(k) & g_{33}(k) \end{bmatrix} \begin{bmatrix} u_1(k) \\ u_2(k) \\ u_3(k) \end{bmatrix} \tag{7.3}$$

递推最小二乘算法通常用于辨识单输入单输出(SISO)系统的差分方程,因此可对式(7.3)这样的 MIMO 系统进行逐行辨识。以辨识第一行为例:

$$x_1(k+1) = f_{11}x_1(k) + f_{12}x_2(k) + f_{13}x_3(k) + g_{11}u_1(k) + g_{12}u_2(k) + g_{13}u_3(k) \tag{7.4}$$

$$\theta_k = [f_{11}(k), f_{12}(k), f_{13}(k), g_{11}(k), g_{12}(k), g_{13}(k)] \tag{7.5}$$

$$\phi_{k+1} = [x_1(k+1), x_2(k+1), x_3(k+1), u_1(k+1), u_2(k+1), u_3(k+1)]^{\mathrm{T}} \tag{7.6}$$

选取参数估计的指标函数:

$$J_{k+1}(\theta) = \rho J_k(\theta) + (y_{k+1} - \theta_k \phi_{k+1})^2 \tag{7.7}$$

式中, ρ 为遗忘因子,亦称为衰减因子或加权因子, $0 < \rho < 1$,遗忘因子能够减小过去数据的影响,增强新数据的作用。 $x_1(k+1)$ 为 $k+1$ 时刻观测到的数据,这里 $y_{k+1} = x_1(k+1)$ 。递推步骤如下[25,26]:

$$K(k) = \frac{P(k)\phi(k+1)}{\rho + \phi^{\mathrm{T}}(k+1)P(k)\phi(k+1)} \tag{7.8}$$

$$P(k+1) = \frac{P(k)}{\rho}\left[I - \frac{\phi(k+1)\phi^{\mathrm{T}}(k+1)P(k)}{\rho + \phi^{\mathrm{T}}(k+1)P(k)\phi(k+1)}\right] \tag{7.9}$$

$$\hat{e}(k+1) = y(k+1) - \hat{\theta}(k)\phi(k+1) \tag{7.10}$$

$$\hat{\theta}(k+1) = \hat{\theta}(k) + K(k)\hat{e}(k+1) \tag{7.11}$$

其中,初值 $P_0 = c^2 I$, c 为一个充分大的实数,遗忘因子 ρ 一般选择范围为 $0.95 < \rho < 1$ 。

2)平方根算法

递推参数估计是由自动驾驶单元来实现的,在运行中要进行上万次迭代运算,具有很大的不确定性。因此,参数估计算法的数值性质,特别是数值稳定性十分重要,但是前面所述的递推算法不一定能保证数值的稳定性,一旦 P_k 变负,估计的参数就不稳定,直到 $|P_k\phi_{k+1}^2| > 1$ 时为止[26]。为了避免这种问题的产生,应该在递推的过程中始终保持协方差矩阵的非负定性,平方根算法可以很好地解决这

个问题，并在阿波罗登月舱的控制系统设计中获得了成功的应用。平方根算法既可以防止协方差矩阵 $\boldsymbol{P}_k$ 丧失正定性，也可以防止有效数字的丢失，对克服数值发散和提高估计精度都有明显效果。

在平方根算法中，由于 $\boldsymbol{P}_k$ 正定，故可分解为

$$\boldsymbol{P}_k = \boldsymbol{D}_k \boldsymbol{D}_k^{\mathrm{T}} \tag{7.12}$$

式中，$\boldsymbol{D}_k$ 为奇异矩阵或上三角矩阵，称 $\boldsymbol{D}_k$ 为 $\boldsymbol{P}_k$ 的平方根。如果在每次迭代时，实时修正的是 $\boldsymbol{D}_k$ 而不是 $\boldsymbol{P}_k$，就能保证 $\boldsymbol{P}_k$ 的非负定性。渐消记忆递推平方根法估计的协方差矩阵的递推公式[26]为

$$\boldsymbol{h}_k = \boldsymbol{D}_{k-1}^{\mathrm{T}} \boldsymbol{\phi}_k \tag{7.13}$$

$$\beta_k = \rho + \boldsymbol{h}_k^{\mathrm{T}} \boldsymbol{h}_k \tag{7.14}$$

$$\alpha_k = \frac{1}{\beta_k + (\rho \beta_k)^{\frac{1}{2}}} \tag{7.15}$$

$$\boldsymbol{K}_k = \frac{\boldsymbol{D}_{k-1} \boldsymbol{h}_k}{\beta_k} \tag{7.16}$$

$$\boldsymbol{\theta}_k = \boldsymbol{\theta}_{k-1} + \boldsymbol{K}_k (y_k - \boldsymbol{\phi}_k^{\mathrm{T}} \boldsymbol{\theta}_{k-1}) \tag{7.17}$$

$$\boldsymbol{D}_k = \frac{1}{\sqrt{\rho}} (\boldsymbol{I} - \alpha_k \beta_k \boldsymbol{K}_k \boldsymbol{\phi}_k^{\mathrm{T}}) \boldsymbol{D}_{k-1} \tag{7.18}$$

以上为平方根算法的计算步骤，由于 $\boldsymbol{P}_0 = \boldsymbol{D}_0 \boldsymbol{D}_0^{\mathrm{T}}$，$\boldsymbol{P}_0 = c^2 \boldsymbol{I}$，$c$ 为充分大的实数，所以 $\boldsymbol{D}_0$ 是非 0 元素为充分大实数的上三角矩阵。

2. MLQG 控制算法

对 HOV 进行多自由度控制，尤其是动力定位控制，要求对速度、姿态和位移同时进行控制。根据 HOV 的特性及推进器的布置情况，采用 PID、自校正等控制方法，多是针对单自由度的，往往是把其他自由度的耦合看作是对本自由度的干扰，然而 HOV 各自由度之间耦合十分严重，所以控制时很难达到良好的控制效果。

HOV 的非线性特性决定了其近似动力学模型的参数是时变的。由前面所述的两种 LQG 控制算法可知，有限时间调节控制的系统参数可以是时变的，但它要求知道 $t_0 \rightarrow t_f$ 各个时刻的系统模型（$\boldsymbol{F}(k)$、$\boldsymbol{G}(k)$），用来离线计算各个时刻的最优控制量。

针对以上所述的控制难点，利用系统辨识方面的成果以及现代控制理论中 LQG 控制算法的优点，对 HOV 采用了一种 MLQG 控制算法。

LQG 方法控制器分为有限时间和无限时间状态控制器。这里采用离散系统 LQG 无限时间状态控制方法[22]。

对于离散系统：

$$x_{k+1} = Fx_k + Gu_k \tag{7.19}$$

最优反馈控制量：

$$U_k = -K_g(x_k - r) \tag{7.20}$$

离散系统 Riccati 方程：

$$F^{\mathrm{T}}PF - P + Q - F^{\mathrm{T}}PG(R + G^{\mathrm{T}}PG)^{-1}G^{\mathrm{T}}PF = 0 \tag{7.21}$$

最优状态反馈增益：

$$K_g = (R + G^{\mathrm{T}}PG)^{-1}G^{\mathrm{T}}PF \tag{7.22}$$

式中，r 为目标状态向量。

7.1.3　仿真验证

以下将以 7000 米 HOV 的非线性模型进行仿真，通过该仿真试验来验证 MLQG 控制算法的有效性。

采用 MLQG 控制算法对 HOV 的四个自由度进行动力定位控制，包括位移、角度、速度和角速度。输入为 x 方向推力 T_x，y 方向推力 T_y，z 方向推力 T_z，绕 z 轴转矩 M_z。输出为地面坐标系 $E\text{-}\xi\eta\zeta$ 下的位移 ξ、η、ζ 和艏向角 ψ，即为一个 4 输入 4 输出的 MIMO 系统。

设 $x = [\mu, v, w, r, \xi, \eta, \zeta, \psi]^{\mathrm{T}}$，$u = \left[T_x, T_y, T_z, M_z\right]^{\mathrm{T}}$，则 HOV 的动力学模型如式(7.23) 所示：

$$\dot{x} = Ax + Bu \tag{7.23}$$

式中，$A = M^{-1}\tilde{A}$，$B = M^{-1}\tilde{B}$，其中，

$$M = \begin{bmatrix} m - 0.5\rho L^3 X_{\dot{u}}' & 0 & 0 & 0 & 0 & 0 & 0 & 0 \\ 0 & m - 0.5\rho L^3 Y_{\dot{v}}' & 0 & 0.5\rho L^4 N_{\dot{v}}' & 0 & 0 & 0 & 0 \\ 0 & 0 & m - 0.5\rho L^3 Z_{\dot{w}}' & 0 & 0 & 0 & 0 & 0 \\ 0 & 0.5\rho L^4 Y_{\dot{r}}' & 0 & I_z - 0.5\rho L^5 N_{\dot{r}}' & 0 & 0 & 0 & 0 \\ 0 & 0 & 0 & 0 & 1 & 0 & 0 & 0 \\ 0 & 0 & 0 & 0 & 0 & 1 & 0 & 0 \\ 0 & 0 & 0 & 0 & 0 & 0 & 1 & 0 \\ 0 & 0 & 0 & 0 & 0 & 0 & 0 & 1 \end{bmatrix}$$

$$\tilde{A} = \begin{bmatrix} 0.5\rho L^2 X'_{uu} u_0 & 0 & 0 & 0 & 0 & 0 & 0 & 0 \\ 0.5\rho L^2 Y'_* u_0 & 0.5\rho L^2 Y'_v u_0 & 0 & 0.5\rho L^3 Y'_r u_0 & 0 & 0 & 0 & 0 \\ 0.5\rho L^2 Z'_* u_0 & 0 & 0.5\rho L^2 Z'_w u_0 & 0 & 0 & 0 & 0 & 0 \\ 0.5\rho L^3 N'_* u_0 & 0.5\rho L^3 N'_v u_0 & 0 & 0.5\rho L^4 N'_r u_0 & 0 & 0 & 0 & 0 \\ 1 & 0 & 0 & 0 & 0 & 0 & 0 & 0 \\ 0 & 1 & 0 & 0 & 0 & 0 & 0 & 0 \\ 0 & 0 & 1 & 0 & 0 & 0 & 0 & 0 \\ 0 & 0 & 0 & 1 & 0 & 0 & 0 & 0 \end{bmatrix}$$

$$\tilde{B} = \begin{bmatrix} 1 & 0 & 0 & 0 & 0 & 0 & 0 & 0 \\ 0 & 1 & 0 & 0 & 0 & 0 & 0 & 0 \\ 0 & 0 & 1 & 0 & 0 & 0 & 0 & 0 \\ 0 & 0 & 0 & 1 & 0 & 0 & 0 & 0 \end{bmatrix}^{\mathrm{T}}$$

根据控制系统采样周期，离散化后可得系统状态空间方程：

$$x(k+1) = F(k)x(k) + G(k)u(k) \tag{7.24}$$

式中，$F(k)$ 和 $G(k)$ 初始值分别为

$$F(0) = \begin{bmatrix} 0.99985 & 0 & 0 & 0 & 0 & 0 & 0 & 0 \\ 0 & 0.9996 & 0 & -0.00246 & 0 & 0 & 0 & 0 \\ -4.3237\times10^{-5} & 0 & 0.9996 & 0 & 0 & 0 & 0 & 0 \\ 0 & 4.0879\times10^{-6} & 0 & 0.9994 & 0 & 0 & 0 & 0 \\ 0.01 & 0 & 0 & 0 & 1 & 0 & 0 & 0 \\ -2.16\times10^{-7} & 0.01 & 0 & -1.233\times10^{-5} & 0 & 1 & 0 & 0 \\ 0 & 0 & 0.01 & 0 & 0 & 0 & 1 & 0 \\ 0 & 2.0444\times10^{-8} & 0 & 0.01 & 0 & 0 & 0 & 1 \end{bmatrix}$$

$$G(0) = \begin{bmatrix} 2.168\times10^{-7} & 0 & 0 & 0 \\ 0 & 1.3952\times10^{-7} & 0 & -3.2893\times10^{-9} \\ -4.6877\times10^{-12} & 0 & 1.3943\times10^{-7} & 0 \\ 0 & -3.2237\times10^{-9} & 0 & 5.2247\times10^{-8} \\ 1.084\times10^{-9} & 0 & 0 & 0 \\ 0 & 6.9762\times10^{-10} & 0 & -1.634\times10^{-11} \\ -1.5626\times10^{-14} & 0 & 6.9718\times10^{-10} & 0 \\ 0 & -1.6122\times10^{-11} & 0 & 2.6128\times10^{-10} \end{bmatrix}$$

HOV 运动线性模型初始状态转移矩阵和输入矩阵分别为 $F(0)$ 和 $G(0)$，可根

据航模试验处理后获得。

采用平方根最小二乘辨识方法逐行对状态转移矩阵和输入矩阵进行参数辨识。遗忘因子 $\rho = 0.99$ ；D_0 为一个 12×12 维上三角矩阵，矩阵中非 0 元素为 1.0×10^6。设系统状态初值和期望值分别为

$$x_0 = [0, 0, 0, 0, 0, 4, 0]^T, \quad x_d = [0, 0, 0, 0, 2, 1, 3, 0.05]^T$$

由于系统辨识过程中的干扰等问题，所辨识的系统参数可能会发生突变，引起控制系统不稳定，所以要限制参数变化范围，即

$$F_{ij} \in F(0)_{ij} \cdot [0.7, 1.3], \quad G_{ij} \in G(0)_{ij} \cdot [0.7, 1.3]$$

由于 HOV 推力有限，所以对 HOV 的控制输入量作了如下限制，即

$$T_x \in [-1067, 1067], \quad T_y \in [-1123, 1123], \quad T_z \in [-799, 799], \quad M_z \in [-1894, 1894]$$

以下研究 MLQG 控制算法在海流扰动时以及系统参数变化时的动力定位控制效果。

1. 海流扰动时动力定位仿真试验

分别采用 LQG、最小二乘 LQG 及平方根 LQG 控制算法进行海流扰动动力定位仿真试验，由图 7.2 可知，在 0.3kn 水平海流扰动下，三种控制算法在北向位移 2m 阶跃响应时的稳态误差分别为 0.0737m、0.0137m 和 0.0595m，2σ 标准偏差分别为 0.0010、0.1434 和 0.0193。LQG 控制算法本身在海流扰动下虽然稳态误差较大，但最平稳；最小二乘 LQG 控制算法虽然稳态误差较小，但变化过于剧烈；而平方根 LQG 控制算法较前两者在稳态误差和标准偏差均处于中间位置，综合性能更好，平方根 LQG 控制算法对超调量、上升速度、调节时间等控制要求也能满足。采用 LQG、最小二乘 LQG 及平方根 LQG 三种控制算法进行动力定位控制均可以取得满意的结果。

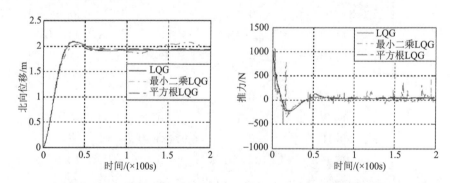

图 7.2　海流扰动时，系统的阶跃响应及 T_x 方向上的推力对比曲线

2. 系统参数变化时定位仿真试验

从图 7.3 可知，当系统参数存在时变时，在 7000 米载人潜水器动力学模型线性水动力系数发生变化时，LQG、最小二乘 LQG 及平方根 LQG 三种控制算法在北向位移 2m 阶跃响应时的稳态误差分别为 0.0036m、0.0106m 和 −0.0101m，2σ 标准偏差分别为 0.0014、0.0144 和 0.0446。上述数据表明，LQG 控制算法本身在参数时变下稳态误差最小，也最平稳；平方根 LQG 控制算法虽然稳态误差较小，但变化略微剧烈；而最小二乘 LQG 控制算法与前两者比较，稳态误差和标准偏差均处于中等位置。采用 LQG、最小二乘 LQG 及平方根 LQG 三种控制算法进行动力定位控制，对超调量、上升速度、调节时间等控制要求均能满足。

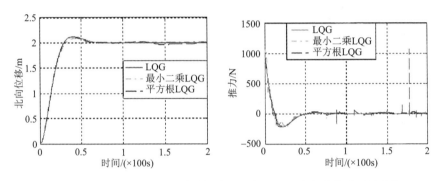

图 7.3 系统参数变化时，系统的阶跃响应及 T_x 方向上的推力对比曲线

3. 试验结果分析

由图 7.2 和图 7.3 可以看出，无论是在海流的扰动还是在系统参数发生变化时，采用 LQG、最小二乘 LQG 及平方根 LQG 控制算法进行动力定位控制，均可以取得比较满意的效果，同时对四个自由度控制，超调量、上升速度、调节时间、稳态误差等控制要求均能满足。由于系统的状态加权矩阵以及控制量加权矩阵是在无扰动和系统参数较准确的情况下调整的，因此 LQG 控制算法调整的效果也相当不错。

从控制器的实时性方面加以分析，对系统进行多次分析后，采用 LQG、最小二乘 LQG 以及平方根 LQG 控制算法所需的时间大约分别为 36.05ms、51ms 和 51.9ms。而除去动力学模型计算所消耗的时间约 30ms，则上述三种控制算法所实际消耗时间分别为 6.05ms、21ms 和 21.9ms。可得出求解 Riccati 方程所需时间约为 15ms。从应用角度讲，由于 HOV 系统参数的慢时变性，可以采用多个控制周期辨识一次的方法来实现。

7.2 基于 H_∞ 混合灵敏度的水下机器人鲁棒控制仿真研究

以系统无穷范数为性能指标的 H_∞ 鲁棒控制理论是目前解决鲁棒控制问题比较成熟的理论体系，已成为自动控制理论及工程应用研究的热门课题之一[27-32]。H_∞ 鲁棒控制理论有如下几个特点。

(1)克服了经典控制理论和现代控制理论各自的不足，使得经典的频率概念和现代的状态空间方法融合在一起。

(2)在实际应用中，很多控制系统的设计问题都可以转换为标准 H_∞ 控制问题，如灵敏度极小化问题、鲁棒稳定性问题、混合灵敏度优化问题、跟踪问题、干扰抑制问题和模型匹配问题等，可以最大限度地调整被控对象频率响应的曲线，使它更接近实际情况，并满足实际研究对象的需要和性能指标的要求。

(3) H_∞ 鲁棒控制系统的状态空间设计方法，充分考虑了系统不确定性的影响，不仅能保证控制系统的鲁棒稳定性，而且能优化某些性能指标。尽管它回到了输入输出模型，但仍保持了现代控制理论状态方法中的某些计算上的优点。

(4) H_∞ 鲁棒控制理论是频域中的最优控制理论，但 H_∞ 鲁棒控制器的参数设计比最优控制器更加直观。

目前线性系统的 H_∞ 鲁棒控制理论已基本成熟，形成了一套完整的频域设计理论和方法，而时域状态空间的 Riccati 方法和线性矩阵不等式(LMI)方法，由于能够揭示系统内部结构、基于计算机辅助设计等优点而备受重视。

7.2.1 H_∞ 鲁棒控制基础理论

1. 标准 H_∞ 鲁棒控制问题

图 7.4 是标准 H_∞ 鲁棒控制问题的框图，其中 $K(s)$ 是控制器，$P(s)$ 是包括被控对象和加权函数的增广被控对象，如式(7.25)所示：

$$
\begin{aligned}
\dot{x} &= Ax + B_1 w + B_2 u \\
z &= C_1 x + D_{11} w + D_{12} u \\
y &= C_2 x + D_{21} w + D_{22} u
\end{aligned}
\tag{7.25}
$$

式中，x 为增广被控对象的 n 维状态向量；A 为增广被控对象的 $n \times n$ 维状态矩阵；B_1 为增广被控对象的 $n \times r$ 维扰动输入矩阵；w 为增广被控对象的 r 维外部输入向量；B_2 为增广被控对象的 $n \times m$ 维控制输入矩阵；u 为增广被控对象的 m 维控制向量；z 为增广被控对象的 p 维评价向量；y 为增广被控对象的 q 维输出向量；C_1、C_2、D_{11}、D_{12}、D_{21}、D_{22} 分别为适当维数的矩阵。

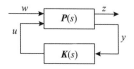

图 7.4　标准 H_∞ 控制问题

增广被控对象 $P(s)$ 也常描述为如下形式：

$$P(s) = \begin{bmatrix} P_{11} & P_{12} \\ P_{21} & P_{22} \end{bmatrix}$$

则从 w 到 z 的闭环传递函数为

$$T_{zw}(s) = \mathrm{LFT}_l(P(s), K(s)) = P_{11} + P_{12}K(I - P_{22})^{-1}P_{21} \tag{7.26}$$

它是 $K(s)$ 的下线性分式变换（LFT）。

标准最优 H_∞ 控制问题就是求一正则控制器 $u = Ky$，使得闭环系统内部稳定，并使得 w 到 z 的传递函数 $T_{zw}(s)$ 最小，即求解最小化问题：

$$\min \| T_{zw}(s) \|_\infty = \gamma_0 \tag{7.27}$$

式（7.27）表示最优 H_∞ 控制问题，若给定 $\gamma > 0$，将式（7.27）变为

$$\| T_{zw}(s) \|_\infty < \gamma \tag{7.28}$$

式（7.28）为次优 H_∞ 控制问题。

2. 鲁棒稳定性

对于范数有界的 $\varDelta$，有

$$P_\varDelta = \mathrm{LFT}_u(\varDelta, P)，\quad z = \mathrm{LFT}_l(P_\varDelta, K)w \tag{7.29}$$

如果控制器 K 使得闭环传递函数矩阵 $\mathrm{LFT}_u(\varDelta, P)$ 稳定，则称闭环系统满足鲁棒稳定性。

3. 鲁棒性能

鲁棒性能指的是在系统被控对象模型存在不确定性的情况下，控制器的设计应使得闭环系统内部稳定且满足特定的性能条件。

对于范数有界的 $\varDelta$，如果控制器 K 使得 $\mathrm{LFT}_u(\varDelta, P)$ 稳定，且满足

$$|\mathrm{LFT}_l(P_\varDelta, K)|_\infty \leqslant 1 \tag{7.30}$$

则称闭环系统满足鲁棒性能。

4. 混合灵敏度设计方法

H_∞ 混合灵敏度设计方法是在系统的最低灵敏度问题与鲁棒稳定性问题的基础上建立的[33]。系统的灵敏度是指系统的输出对外部扰动的敏感性，反映了系统抑制外部扰动对闭环系统稳态精度的影响能力；而鲁棒稳定性则是指稳定健壮性，即当存在模型摄动时，系统保持稳定的能力。灵敏度与鲁棒稳定性是相互矛盾的。若要求灵敏度低（误差小），则会降低鲁棒稳定性；若要求鲁棒稳定性强，则会使灵敏度增大（误差大）。实际应用中，需要采用混合灵敏度方法进行折中处理[34]。

H_∞ 鲁棒控制理论中的混合灵敏度设计方法作为一种鲁棒性设计方法，能弥补现代控制理论对数学模型的过分依赖，在设计过程中考虑了对象模型的不确定性，兼顾了系统的瞬态性能、抗干扰能力及鲁棒性，既可抑制干扰对控制误差的影响，又有一定的鲁棒稳定性，可抑制对象不确定性对系统的影响[35]。它基于频率特性的回路整形原理，采用加权函数对干扰抑制和鲁棒性能等要求进行处理从而得到增广被控对象，对此增广被控对象设计反馈控制器 $K(s)$，使得闭环系统内部稳定且 $\|T_{zw}(s)\|_\infty < 1$，即混合灵敏度设计问题可最终转化为一个标准 H_∞ 鲁棒控制器设计问题。增广被控对象的混合灵敏度设计问题可用图 7.5 所示的系统来表述。

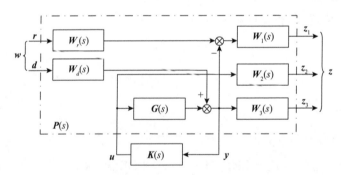

图 7.5　增广被控对象的混合灵敏度设计问题

图 7.5 中 u 为控制信号，y 为输出信号，d 为噪声信号和干扰信号，$z = [z_1, z_2, z_3]^T$ 为设计需要而定义的评价信号，$W_1(s)$ 为抑制噪声和干扰对控制误差的影响而引入的加权函数，$W_2(s)$ 为抑制控制输入过大而引入的加权函数，$W_3(s)$ 为满足鲁棒稳定性而引入的加权函数，$P(s)$ 为增广的对象模型。

定义：

$$\begin{cases} S = (I + GK)^{-1} \\ R = K(I + GK)^{-1} \\ T = GK(I + GK)^{-1} \end{cases} \tag{7.31}$$

式中，S 为灵敏度函数；T 为补灵敏度函数；I 为单位矩阵；G 为被控对象传递函数；K 为反馈控制器。

混合灵敏度设计问题就是寻找正则有理的控制器 $K(s)$，使图 7.5 所示的控制系统闭环稳定，且满足：

$$\| \boldsymbol{T}_{zw}(s) \|_{\infty} \overset{\Delta}{=} \begin{bmatrix} \boldsymbol{W}_1 \boldsymbol{S} \\ \boldsymbol{W}_2 \boldsymbol{R} \\ \boldsymbol{W}_3 \boldsymbol{T} \end{bmatrix}_{\infty} \leqslant 1 \tag{7.32}$$

5. H_{∞} 鲁棒控制器的设计

1）输出反馈设计的 Riccati 方程解法

对于标准 H_{∞} 控制问题，采用输出反馈设计的 Riccati 方程求解时，必须使增广被控对象式（7.25）满足以下 4 个假设条件。

（1）$(\boldsymbol{A}, \boldsymbol{B}_1)$ 和 $(\boldsymbol{A}, \boldsymbol{B}_2)$ 为可稳定对，$(\boldsymbol{C}_1, \boldsymbol{A})$ 和 $(\boldsymbol{C}_2, \boldsymbol{A})$ 为可检测对；

（2）$\boldsymbol{D}_{12}^{\mathrm{T}}[\boldsymbol{C}_1, \boldsymbol{D}_{12}] = [\boldsymbol{0}, \boldsymbol{I}]$，$\boldsymbol{D}_{21}[\boldsymbol{D}_{21}^{\mathrm{T}}, \boldsymbol{B}_1^{\mathrm{T}}] = [\boldsymbol{I}, \boldsymbol{0}]$；

（3）$\boldsymbol{D}_{11} = \boldsymbol{0}$ 且 $\boldsymbol{D}_{22} = \boldsymbol{0}$；

（4）$\boldsymbol{G}_{12}(s)$ 和 $\boldsymbol{G}_{21}(s)$ 在虚轴上无零点。

有以下定理成立：

定理 7.1 设增广被控对象 $\boldsymbol{P}(s)$ 满足条件（1）～（4），则存在控制器 $\boldsymbol{K}(s)$ 使得如图 7.4 所示系统内部稳定且 $\| \boldsymbol{T}_{zw}(s) \|_{\infty} < 1$ 的充要条件是以下条件成立。

（1）Riccati 方程

$$\boldsymbol{A}^{\mathrm{T}} \boldsymbol{X} + \boldsymbol{X} \boldsymbol{A} + \boldsymbol{X}(\boldsymbol{B}_1 \boldsymbol{B}_1^{\mathrm{T}} - \boldsymbol{B}_2 \boldsymbol{B}_2^{\mathrm{T}}) \boldsymbol{X} + \boldsymbol{C}_1^{\mathrm{T}} \boldsymbol{C}_1 = \boldsymbol{0} \tag{7.33}$$

具有半正定解 $\boldsymbol{X} \geqslant \boldsymbol{0}$，使得 $\boldsymbol{A} + (\boldsymbol{B}_1 \boldsymbol{B}_1^{\mathrm{T}} - \boldsymbol{B}_2 \boldsymbol{B}_2^{\mathrm{T}}) \boldsymbol{X}$ 为稳定矩阵。

（2）Riccati 方程

$$\boldsymbol{A} \boldsymbol{Y} + \boldsymbol{Y} \boldsymbol{A}^{\mathrm{T}} + \boldsymbol{Y}(\boldsymbol{C}_1^{\mathrm{T}} \boldsymbol{C}_1 - \boldsymbol{C}_2^{\mathrm{T}} \boldsymbol{C}_2) \boldsymbol{Y} + \boldsymbol{B}_1 \boldsymbol{B}_1^{\mathrm{T}} = \boldsymbol{0} \tag{7.34}$$

具有半正定解 $\boldsymbol{Y} \geqslant \boldsymbol{0}$，使得 $\boldsymbol{A}^{\mathrm{T}} + (\boldsymbol{C}_1^{\mathrm{T}} \boldsymbol{C}_1 - \boldsymbol{C}_2^{\mathrm{T}} \boldsymbol{C}_2) \boldsymbol{Y}$ 为稳定矩阵。

（3）$\lambda_{\max}(\boldsymbol{X} \boldsymbol{Y}) < 1$。 $\tag{7.35}$

如果条件（1）～（3）成立，对于增广被控对象式（7.25），H_{∞} 标准设计问题的解由式（7.36）给定：

$$\boldsymbol{K}(s) = \begin{bmatrix} \boldsymbol{A} + \boldsymbol{B}_1 \boldsymbol{B}_1^{\mathrm{T}} \boldsymbol{X} - \boldsymbol{Z}^{-1} \boldsymbol{L} \boldsymbol{C}_2 + \boldsymbol{B}_2 \boldsymbol{F} & -\boldsymbol{Z}^{-1} \boldsymbol{L} \\ -\boldsymbol{F} & \boldsymbol{0} \end{bmatrix} \tag{7.36}$$

式中，$\boldsymbol{F} = -\boldsymbol{B}_2^{\mathrm{T}} \boldsymbol{X}$；$\boldsymbol{L} = \boldsymbol{Y} \boldsymbol{C}_2^{\mathrm{T}}$；$\boldsymbol{Z} = \boldsymbol{I} - \boldsymbol{X} \boldsymbol{Y}$。

2)线性矩阵不等式(LMI)解法

虽然 Riccati 方法能够为非正则条件下求解 H_∞ 设计问题提供一种行之有效的设计方法，但是毕竟改变了原有的设计目标。LMI 设计方法不需要 Riccati 解法中假设条件[S2]～[S4]，其基本思路是利用 H_∞ 范数条件与关于系统状态空间实现的 LMI 之间的等价性，求出 H_∞ 设计问题的解[36]。

20 世纪 90 年代初，随着求解凸优化问题内点法的提出，LMI 受到控制界的关注，并被应用到系统和控制的各个领域[37]。许多控制问题可以转化为一个 LMI 问题。由于有了求解凸优化问题的内点法，这些问题可以得到有效解决。

考虑系统式(7.25)，设满足如下假设条件。

(1) (A, B_2) 可稳定；

(2) (C_2, A) 可检测。

设有理控制器 θ 满足式(7.37)：

$$\begin{cases} \dot{x}_k = A_k x_k + B_k y \\ u = C_k x_k + D_k y \end{cases} \tag{7.37}$$

式中，x_k 为控制器的状态变量；A_k 为控制器的状态转移矩阵；B_k 为控制器的控制矩阵；y 为增广系统输出信号；C_k 为控制器的状态输出矩阵；D_k 为控制器的控制输出矩阵，一般情况下 $D_k = 0$。

求得从扰动 w 到输出 z 的闭环传递函数为

$$T_{zw}(s) = C_{cl}(sI - A_{cl})B_{cl} + D_{cl} \tag{7.38}$$

等价于闭环系统：

$$\begin{bmatrix} \dot{x}_{cl} \\ z \end{bmatrix} = \begin{bmatrix} A_{cl} & B_{cl} \\ C_{cl} & D_{cl} \end{bmatrix} \begin{bmatrix} x_{cl} \\ w \end{bmatrix} \tag{7.39}$$

式中，$x_{cl} = [x, x_k]^T$ 为闭环系统状态变量；

$$A_{cl} = \begin{bmatrix} A + B_2 D_k C_2 & B_2 C_k \\ B_k C_2 & A_k \end{bmatrix}$$

$$B_{cl} = \begin{bmatrix} B_1 + B_2 D_k D_{21} \\ B_k D_{21} \end{bmatrix} \tag{7.40}$$

$$C_{cl} = [C_1 + D_{12} D_k C_2 \quad D_{12} C_k]$$

$$D_{cl} = D_{11} + D_{12} D_k D_{21}$$

将有界实引理用于这个闭环系统，可得该系统的 γ 次优 H_∞ 鲁棒控制器存在的充要条件是下面的 LMI 存在正定解 x_{cl}。

$$\begin{bmatrix} A_{cl}^{\mathrm{T}}X_{cl} + X_{cl}A_{cl} & X_{cl}B_{cl} & C_{cl}^{\mathrm{T}} \\ B_{cl}^{\mathrm{T}}X_{cl} & -\gamma I & D_{cl}^{\mathrm{T}} \\ C_{cl} & D_{cl} & -\gamma I \end{bmatrix} < 0 \tag{7.41}$$

将控制器系数集中表示为

$$\theta \triangleq \begin{bmatrix} A_k & B_k \\ C_k & D_k \end{bmatrix} \tag{7.42}$$

则控制器 θ 可解的充分必要条件是存在对称矩阵 X、Y，满足如下 LMI。

$$\begin{bmatrix} N_R & 0 \\ 0 & I \end{bmatrix}^{\mathrm{T}} \begin{bmatrix} AX + XA^{\mathrm{T}} & XC_1^{\mathrm{T}} & B_1 \\ C_1X & -\gamma I & D_{11} \\ B_1^{\mathrm{T}} & D_{11}^{\mathrm{T}} & -\gamma I \end{bmatrix} \begin{bmatrix} N_R & 0 \\ 0 & I \end{bmatrix} < 0 \tag{7.43}$$

$$\begin{bmatrix} N_S & 0 \\ 0 & I \end{bmatrix} \begin{bmatrix} A^{\mathrm{T}}Y + YA & YB_1 & C_1^{\mathrm{T}} \\ B_1^{\mathrm{T}}Y & -\gamma I & D_{11}^{\mathrm{T}} \\ C_1 & D_{11} & -\gamma I \end{bmatrix} \begin{bmatrix} N_S & 0 \\ 0 & I \end{bmatrix}^{\mathrm{T}} < 0 \tag{7.44}$$

$$\begin{bmatrix} X & I \\ I & Y \end{bmatrix} \geqslant 0 \tag{7.45}$$

式中，$N_R = \begin{bmatrix} B_2^{\mathrm{T}}, D_{12}^{\mathrm{T}} \end{bmatrix}_\perp$；$N_S = \begin{bmatrix} C_2, D_{21} \end{bmatrix}_\perp$。以上三个线性矩阵不等式是基于 LMI 的控制问题中 H_∞ 的主要公式。

7.2.2　基于 H_∞ 混合灵敏度的 HOV 控制器设计

H_∞ 鲁棒控制理论的混合灵敏度设计方法既能抑制外界干扰对误差的影响，又能抑制对象模型不确定性对系统的影响，因此采用它来设计 HOV 的控制器[2]。我们对图 7.6 增加加权函数，可得到图 7.5 所示的混合灵敏度问题。

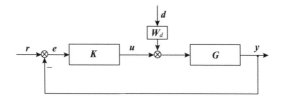

图 7.6　HOV 单位反馈控制系统图

1. 控制系统开环特性

7000 米载人潜水器控制系统不但应具有良好的稳定性,而且还应具有良好的快速性和较小的稳态误差。7000 米载人潜水器开环系统的带宽很窄,导致系统阶跃响应十分缓慢。以水平面内艏向角为例,依据水下机器人动力学模型可推出其传递函数:

$$G_h(s) = \frac{(m - Y_{\dot{v}})s - Y_v}{s(A_2 s^2 + A_1 s + A_0)} \tag{7.46}$$

式中,m 为 HOV 的质量;$Y_{(\cdot)}$、$N_{(\cdot)}$ 为 7000 米载人潜水器的水动力系数;

$$A_2 = (m - Y_{\dot{v}})(I_z - N_{\dot{r}}) - Y_{\dot{r}} N_{\dot{v}}$$

$$A_1 = -N_r(m - Y_{\dot{v}}) - Y_v(I_z - N_{\dot{r}}) + Y_{\dot{r}} N_v + N_{\dot{v}} Y_r$$

$$A_0 = Y_v N_r - Y_r N_v$$

将 HOV 的水动力系数代入,可得

$$G_h(s) = \frac{5.227 \times 10^{-6} s + 2.092 \times 10^{-7}}{s(s^2 + 0.1361\,s + 0.003946\,)} \tag{7.47}$$

根据艏向角传递函数绘制出开环系统的波特图(图 7.7),从中可以看出幅值裕度大于 150dB,相角裕度约 90°。系统的截止频率为 $10^{-4.27}$ rad/s,导致系统的上升时间、调节时间很长,在快速性上无法满足要求(图 7.8)。同时由于系统的水

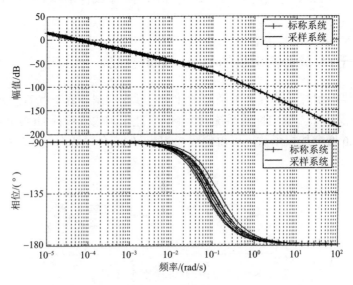

图 7.7　HOV 艏向角开环系统波特图(见书后彩图)

动力系数存在一定的不确定性，系统的单位阶跃响应受到一定的影响。因此对 HOV 控制系统提出性能指标 ξ、η、ζ 和 ψ。本章曲线对比图中的采样系统表示对该不确定系统的采样结果曲线。以下如不特殊说明，均对艏向角进行 H_∞ 鲁棒控制器设计。

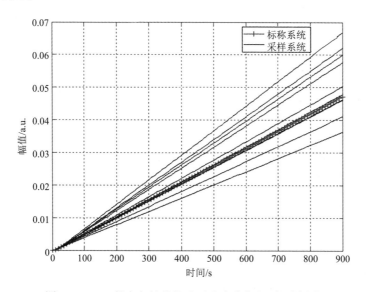

图 7.8　HOV 艏向角的单位阶跃响应曲线（见书后彩图）

2. 控制系统性能要求

为了使 HOV 控制系统满足稳定性和快速性方面的要求，并且对 HOV 模型的不确定性起到一定的抑制作用，本章采用混合灵敏度鲁棒控制设计方法，使控制系统在 ξ、η、ζ 和 ψ 四个自由度达到下述指标：①所设计的控制器应使得闭环系统鲁棒稳定；②要求系统的响应速度快，为此闭环系统应具有 0.05rad/s 以上的频带宽度；③抑制传感器等高频噪声不确定性信号对控制系统的影响，应使补灵敏度函数在 10rad/s 以上的增益小于−40dB；④系统应满足鲁棒性能。

3. 加权函数的设计

采用 H_∞ 理论进行鲁棒控制器设计的核心在于加权函数的设计，加权函数的选取对设计起着决定性的作用。引进加权函数是为了使构造的优化问题在数学上更容易处理，从优化角度来说，系统的鲁棒稳定性和鲁棒性能取决于加权函数的设计。加权函数的设计是 H_∞ 理论在实际应用中的一个难题[38-43]。

在 HOV 控制器设计中，性能加权函数 $W_1(s)$、控制器输出加权函数 $W_2(s)$、模型摄动加权函数 $W_3(s)$、跟踪输入加权函数 $W_r(s)$ 和扰动输入加权函数 $W_d(s)$ 的设计可根据 HOV 系统性能要求来决定。总的来讲，上述加权函数的设计需满足以下要求。

(1)为了保证加权函数的引入不影响系统本体的稳定性，一般要求加权函数稳定且是最小相位的，即 $W_i \in RH_\infty$，且 $W_i^{-1} \in RH_\infty$。

(2)由于 H_∞ 鲁棒控制器的阶数等于被控对象与加权函数阶数之和，因此，为了便于控制器的实际运用，得到低阶次控制器，在保证设计要求的前提下，应尽可能采用低阶次的加权函数。

各加权函数的设计需遵循下述原则。

(1)性能加权函数 $W_1(s)$ 也称为灵敏度加权函数。它反映系统跟踪性能和扰动抑制性能，直接影响控制系统的最终性能。在截止频率以下的低频段，为了有效地抑制扰动的影响和精确地跟踪输入信号，$W_1(s)$ 的直流增益 k_1 尽可能大，b_1 要小于期望截止频率 ω_c 2～3 个频程，a_1 则要略大于 ω_c。对超出系统截止频率的高频段，则无严格要求。因此，一般 $W_1(s)$ 应具有积分特性或低通特性。

$$W_1(s) = k_1 \frac{\dfrac{s}{a_1}+1}{\dfrac{s}{b_1}+1} \tag{7.48}$$

(2)控制器输出加权函数 $W_2(s)$ 应覆盖被控对象的不确定性，应具有高通性质。

(3)模型摄动加权函数 $W_3(s)$ 一般称为补灵敏度加权函数。它反映了对模型参数摄动的抑制能力。设计该加权函数时，在截止频率 ω_c 以下低频段的增益一般较低，在高频段上应尽量抬高摄动加权函数的增益以抑制高频信号的影响。因此，$W_3(s)$ 的直流增益 k_3 不能太大，a_3 与 a_1 选取原则一样，需略大于 ω_c，b_3 要大于期望截止频率 ω_c 1～2 个频程。

$$W_3(s) = k_3 \frac{\dfrac{s}{a_3}+1}{\dfrac{s}{b_3}+1} \tag{7.49}$$

(4)跟踪输入加权函数 $W_r(s)$ 和扰动输入加权函数 $W_d(s)$ 的设计分别根据跟踪信号和扰动信号的性质，$W_r(s)$ 通常选为常值或者低通滤波器，$W_d(s)$ 通常选为常值或者高通滤波器。

经过反复研究和验证，HOV 在 ξ、η、ζ 和 ψ 四个自由度选择的加权函数分别为

$$W_{1x}(s) = 20 \frac{\frac{s}{0.2}+1}{\frac{s}{0.001}+1}, \quad W_{3x}(s) = 0.6 \frac{\frac{s}{0.2}+1}{\frac{s}{100}+1}$$

$$W_{1y}(s) = 15 \frac{\frac{s}{0.2}+1}{\frac{s}{0.001}+1}, \quad W_{3y}(s) = 0.45 \frac{\frac{s}{0.2}+1}{\frac{s}{100}+1}$$

$$W_{1z}(s) = 4 \frac{\frac{s}{0.1}+1}{\frac{s}{0.001}+1}, \quad W_{3z}(s) = 0.4 \frac{\frac{s}{0.1}+1}{\frac{s}{100}+1}$$

$$W_{1h}(s) = 10 \frac{\frac{s}{0.2}+1}{\frac{s}{0.001}+1}, \quad W_{3h}(s) = 0.6 \frac{\frac{s}{0.2}+1}{\frac{s}{100}+1}$$

4. 基于 H_∞ 混合灵敏度的 HOV 控制器设计

H_∞ 鲁棒控制器设计的主要步骤:

(1)建立系统数学模型;

(2)根据系统性能要求选择适当的加权函数,构造增广被控对象;

(3)对系统进行 H_∞ 鲁棒控制器的综合设计;

(4)系统性能评价。

其中,第(2)步和第(3)步是一个反复试验的过程,改变系统设定的加权函数,求取次优鲁棒控制器。系统性能评价就是对设计出的各项性能是否满足要求进行验证。如果设计满足性能要求则设计完成,如果不满足,则返回第(2)步和第(3)步重复进行设计,直到性能满足要求为止。

将 HOV 在纵向速度为 1kn 时作为平衡点展开,建立其线性状态空间模型。由于系统阶次较高($n=12$),再加上六个自由度上的扰动输入、传感器噪声等输入、鲁棒性能输出、控制量输出、鲁棒稳定性输出和测量输出信号,增广的 HOV 被控对象将是个非常庞大的状态空间系统。因此这里采用各自由度独立设计鲁棒控制器方法。以艏向角为例,选取 $W_{1h}(s)$ 和 $W_{3h}(s)$ 加权函数,得到增广被控对象状态空间矩阵 $\boldsymbol{P}_h$。

$$\boldsymbol{P}_h = \begin{bmatrix} W_{1h} & -W_{1h}G_h \\ 0 & W_{3h}G_h \\ 1 & -G_h \end{bmatrix} \tag{7.50}$$

得到的 $\boldsymbol{P}_h$ 为 5 个状态、2 输入 3 输出的状态空间系统。

$$\boldsymbol{P}_h = \begin{bmatrix} \boldsymbol{A} & \boldsymbol{B} \\ \boldsymbol{C} & \boldsymbol{D} \end{bmatrix} \tag{7.51}$$

式中，

$$\boldsymbol{A} = \begin{bmatrix} -0.01 & 0 & 0 & -0.001194 & -0.0003823 \\ 0 & -100 & 0 & 1.711 & 0.5479 \\ 0 & 0 & -0.1361 & -0.06314 & 0 \\ 0 & 0 & 0.0625 & 0 & 0 \\ 0 & 0 & 0 & 0.125 & 0 \end{bmatrix}$$

$$\boldsymbol{B} = \begin{bmatrix} 0.1115 & 0 \\ 0 & 0 \\ 0 & 0.007813 \\ 0 & 0 \\ 0 & 0 \end{bmatrix}$$

$$\boldsymbol{C} = \begin{bmatrix} 0.08922 & 0 & 0 & -0.0005353 & -0.0001714 \\ 0 & -187.3 & 0 & 3.212 & 1.028 \\ 0 & 0 & 0 & -0.01071 & -0.003428 \end{bmatrix}$$

$$\boldsymbol{D} = \begin{bmatrix} 0.05 & 0 \\ 0 & 0 \\ 1 & 0 \end{bmatrix}$$

对系统 $\boldsymbol{P}_h$ 进行 H_∞ 鲁棒控制器综合设计，得到与 $\boldsymbol{P}_h$ 相同阶次的 H_∞ 鲁棒控制器 $\boldsymbol{K}_h$，其在 HOV7000 半物理仿真系统中采用离散化后的状态空间形式：

$$\boldsymbol{K}_h = \begin{bmatrix} \boldsymbol{A}_k & \boldsymbol{B}_k \\ \boldsymbol{C}_k & \boldsymbol{D}_k \end{bmatrix} \tag{7.52}$$

式中，

$$\boldsymbol{A}_k = \begin{bmatrix} 0.2796 & 3.116 & 1.405 & -294.5 & 138 \\ 0.06832 & 0.6463 & -0.1585 & 33.14 & -15.53 \\ 0.0224 & -0.07113 & 0.9613 & 9.021 & -4.227 \\ -0.0004599 & 0.004704 & 0.002279 & 0.4961 & 0.2347 \\ 0.0003811 & -0.00093 & -0.0004065 & 0.4995 & -0.501 \end{bmatrix}$$

$$\boldsymbol{B}_k = \begin{bmatrix} 78.39 & -8.824 & -2.402 & -0.3033 & -0.05853 \end{bmatrix}^{\mathrm{T}}$$

$$\boldsymbol{C}_k = \begin{bmatrix} -226.6 & 1013 & 45707 & -9.616\times10^4 & 4.506\times10^4 \end{bmatrix}$$

$$\boldsymbol{D}_k = \begin{bmatrix} 2.56\times10^4 \end{bmatrix}$$

其传递函数为

$$K_h(z) = \frac{25599.6572\,(z+1)\,(z-1)\,(z-0.9917)\,(z-0.9813)\,(z+0.04099)}{(z+0.8755)\,(z-0.8195)\,(z-0.9918)\,(z-0.9998)\,(z+0.05326)} \quad (7.53)$$

控制器特征多项式的根分别为

$$\begin{bmatrix} -0.8755 & -0.0533 & 0.8195 & 0.9998 & 0.9918 \end{bmatrix}$$

这些根均位于单位圆内,因此所设计的控制器稳定。在该控制器作用下,得到的鲁棒性指标为

$$\gamma = 0.6$$

所选取的性能加权函数 $W_1(s)$ 、模型摄动加权函数 $W_3(s)$ 、灵敏度函数 $\boldsymbol{S}$ 、补灵敏度函数 $\boldsymbol{T}$ 、被控对象 $\boldsymbol{G}$ 、闭环系统 $\boldsymbol{L} = \boldsymbol{K}_h \boldsymbol{G}$ 的奇异值如图 7.9 所示,其中灵敏度函数 $\boldsymbol{S}$ 、补灵敏度函数 $\boldsymbol{T}$ 、被控对象 $\boldsymbol{G}$ 、闭环系统 $\boldsymbol{L}$ 均包含 10 组对不确定性线性水动力系数具有 30%摄动随机采样构成的系统。下面对设计的控制系统进行鲁棒性分析。

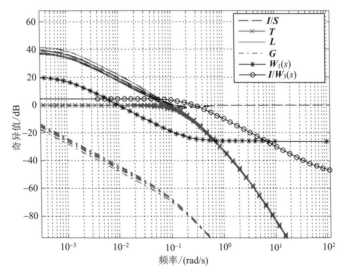

图 7.9　设计控制器前后系统的奇异值(见书后彩图)

7.2.3　系统鲁棒性分析

系统的鲁棒性分析包括系统的鲁棒稳定性、鲁棒性能及性能指标的验证。首先对系统的鲁棒稳定性进行分析。

1. 鲁棒稳定性分析

加入设计的 H_∞ 鲁棒控制器后，7000 米载人潜水器艏向角开环系统的幅值裕度在 0.925rad/s 时为 31.4dB，相角裕度在 0.0849rad/s 时为 72.5°，表明所设计的闭环控制系统稳定，如图 7.10 所示。

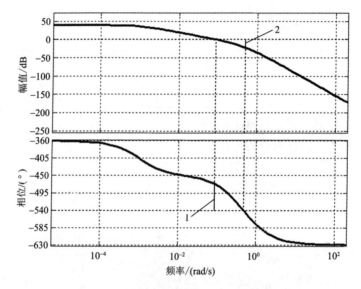

图 7.10　标称闭环系统的幅值裕度和相角裕度
1-幅值为 0 时对应的相角裕度；2-相位为 –540° 时对应的幅值裕度

2. 鲁棒性能分析

灵敏度函数 *S* 为反映闭环系统鲁棒性能的度量函数。设 7000 米载人潜水器的线性水动力系数具有 30% 的摄动，采用蒙特卡罗法随机采集 10 组数据，对系统的鲁棒性能进行分析，如图 7.11、图 7.12 所示。从该两图中曲线可知：无论是在频域（图 7.11）还是在时域（图 7.12），所设计鲁棒控制器具有很好的跟踪性能。

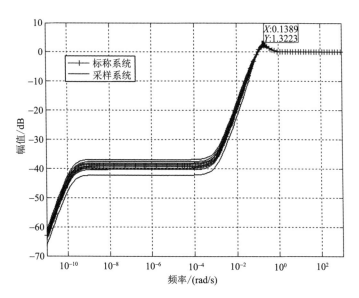

图 7.11　灵敏度函数的幅频特性（见书后彩图）

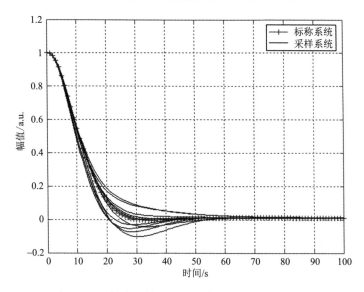

图 7.12　灵敏度函数的抗阶跃扰动特性（见书后彩图）

从图 7.11 可以看出，灵敏度函数在频率为 0.1389rad/s 时具有最大增益 1.3223。此时的各不确定性水动力系数分别为

$$N_r = -0.0113, \quad N_{\dot{r}} = -0.0054$$

$$N_v = -8.7100 \times 10^{-4}, \quad N_{\dot{v}} = -0.0024$$

$$X_{\dot{u}} = -0.0255, \quad X_{uu} = -0.0490$$

$$Y_r = 0.0128, \quad Y_{\dot{r}} = -0.0013$$

$$Y_v = -0.1116, \quad Y_{\dot{v}} = -0.0762$$

$$Z_w = -0.1075, \quad Z_{\dot{w}} = -0.1413$$

该组不确定性数据组合为最坏情况,此时系统的抗阶跃扰动能力如图 7.13 所示。

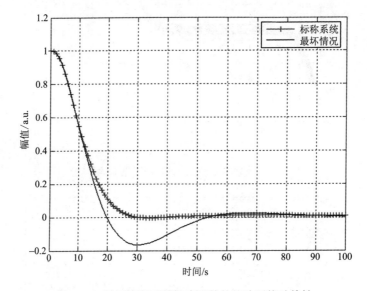

图 7.13　最坏情况下灵敏度函数的抗阶跃扰动特性

3. 性能指标验证

从图 7.9 可以看出,所设计的控制器能够使水下机器人的带宽不小于 0.05rad/s,在 10rad/s 时的干扰抑制能力不大于–40dB。满足 7.2.2 节对 H_∞ 鲁棒控制的性能要求。

从图 7.14～图 7.16 可以看出,所设计的鲁棒控制器满足:

$$\| W_1 S \|_\infty \leqslant 1$$

$$\| W_3 T \|_\infty \leqslant 1$$

$$\| W_1 S + W_3 T \|_\infty \leqslant 1$$

可以使水下机器人的鲁棒稳定性、鲁棒性能满足要求。

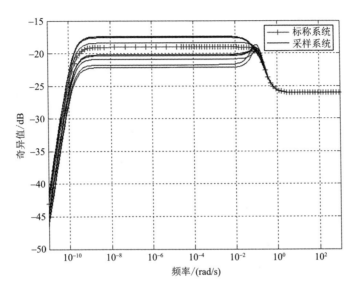

图 7.14　W_1S 的奇异值(见书后彩图)

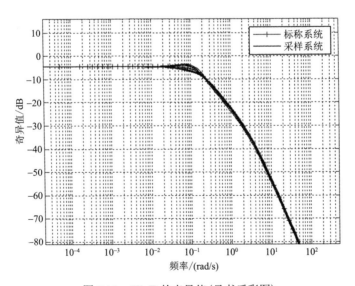

图 7.15　W_3T 的奇异值(见书后彩图)

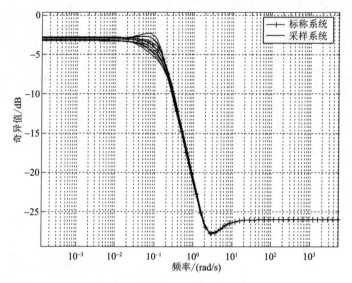

图 7.16　$W_1S + W_3T$ 的奇异值(见书后彩图)

　　因此,所设计的鲁棒控制器可使闭环系统稳定、满足鲁棒性能,并达到了上节所提出的性能指标。下节将在 HOV7000 半物理仿真系统上进行试验验证。

7.2.4　半物理仿真系统试验验证

　　在 HOV7000 半物理仿真系统上对设计的 H_∞ 鲁棒控制器的验证包括系统四自由度阶跃响应试验,四自由度动力定位试验以及与 PID 控制的对比试验。

　　1. 阶跃响应试验

　　分别对 7000 米载人潜水器的北向位移、东向位移、深度和艏向角四自由度进行 H_∞ 鲁棒控制试验。首先利用 MATLAB 中 H_∞ 鲁棒控制工具箱对控制器参数进行设计,然后将调试好的控制器参数加入 7000 米载人潜水器控制软件,在 HOV7000 半物理仿真系统上再次进行试验。北向位移、东向位移、深度、艏向角四自由度"归一化"后的阶跃响应曲线及相应的控制曲线如图 7.17~图 7.20 所示。从各阶跃响应曲线可以看出,东向位移控制量存在高频振荡,易引起执行机构的磨损,在实际控制系统中应避免。

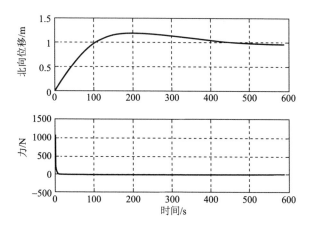

图 7.17　北向位移阶跃响应及控制曲线

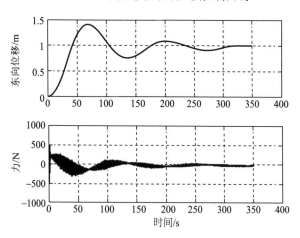

图 7.18　东向位移阶跃响应及控制曲线

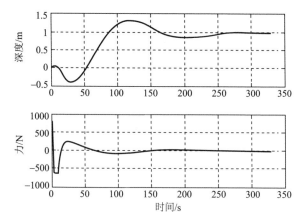

图 7.19　深度阶跃响应及控制曲线

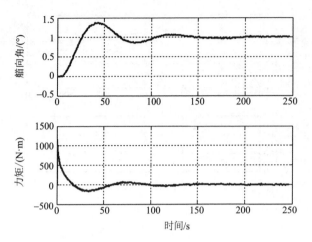

图 7.20　艏向角阶跃响应及控制曲线

2. 动力定位试验

在 HOV7000 半物理仿真系统上进行的动力定位试验中，水下机器人的初始位姿为北向位移 0m、东向位移 0m、深度 10m 和艏向角 0°，期望的位姿为北向位移 0.5m、东向位移 0.5m、深度 11m 和艏向角 10°。从图 7.21～图 7.24 可以看出，在系统稳定后施加一定的干扰，7000 米载人潜水器仍然可以恢复为期望的位姿。

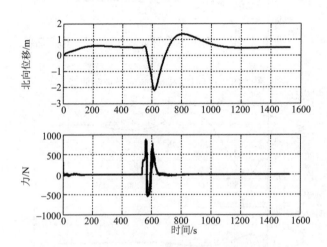

图 7.21　动力定位中北向位移响应及控制曲线

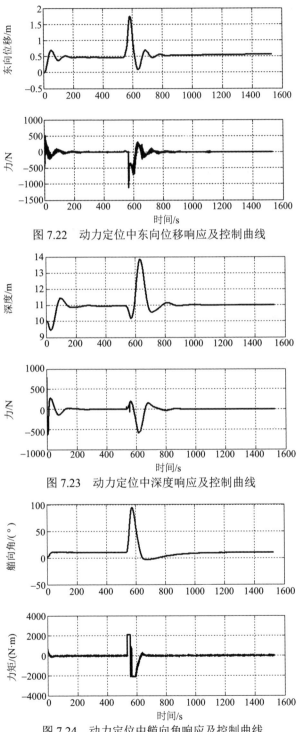

图 7.22　动力定位中东向位移响应及控制曲线

图 7.23　动力定位中深度响应及控制曲线

图 7.24　动力定位中艏向角响应及控制曲线

3. 控制算法的对比试验

这里采用HOV7000半物理仿真系统上调试好的PID控制算法与H_∞鲁棒控制算法进行对比。确保所涉及的 PID 控制参数和H_∞鲁棒控制的目标均在使系统满足稳定性和快速性的同时，使 7000 米载人潜水器具有尽量小的超调量。由于载体动力学模型式(2.44)的线性水动力系数N_r是影响系统转向性能的关键所在，且该系数减小时易引起系统的不稳定，因此将N_r分别减小 33.33%、90%和 150%进行对比试验。从图 7.25 和图 7.26 可以看出，当N_r减小 150%，即$N_r = N_{r0}(1-150\%)$时，采用 PID 控制的 HOV 出现临界振荡，而采用H_∞鲁棒控制的 HOV 仍具有良好的控制性能。

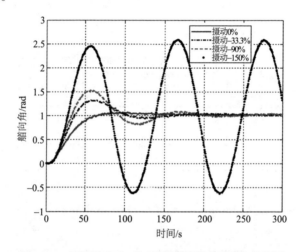

图 7.25　参数摄动时 PID 控制效果比较(见书后彩图)

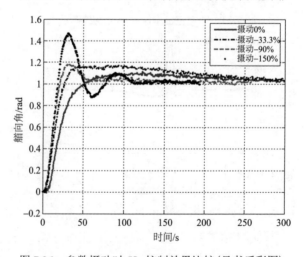

图 7.26　参数摄动时H_∞控制效果比较(见书后彩图)

7.3 基于结构奇异值 μ 的水下机器人鲁棒控制

H_∞ 设计方法虽然将鲁棒性直接反映在系统的设计指标中,不确定性反映在相应的加权函数上,但它在"最坏情况"下的控制却导致了不必要的保守性;另外 H_∞ 优化控制方法仅仅针对鲁棒稳定性而言,忽略了对鲁棒性能的要求[44,45]。产生上述问题的主要原因在于, H_∞ 设计方法是以非结构化不确定性和小增益定理为设计框架的[46]。因此鲁棒多变量反馈系统设计方法一直存在的困难,不能够在统一框架下同时处理性能指标与鲁棒稳定性的折中问题[47]。与 H_∞ 同时期发展的 μ 理论则考虑到了结构化的不确定性问题,它不但能有效地、无保守性地判断"最坏情况"下摄动的影响,而且当存在不同表达形式的结构化不确定性情况时,能分析控制系统的鲁棒稳定性和鲁棒性能问题[48-50]。

下面采用结构奇异值 μ 鲁棒控制方法,达到既可抑制传感器噪声和外界海流的干扰,又可兼顾系统的鲁棒稳定性的目的。

7.3.1 结构奇异值 μ 鲁棒控制基础理论

1. 标准结构奇异值问题

图 7.27 中传递函数矩阵 $M \in C^{n \times n}$,包括对象的标称模型、控制器和不确定性的加权函数[51]。摄动块 Δ 是一个块对角矩阵,它仅仅包含各种类型的不确定性摄动。图 7.27 还反映了系统的摄动块 Δ 是如何与有限维的线性定常系统 M 相互联系的。 M 中标称系统的输入 v 包括所有外部输入信号,即需要跟踪的参考指令信号、扰动及传感器噪声和反馈控制输入。 M 的输出 u 包括所有需要满足稳定性和性能指标的受控对象输出和反馈到控制器的传感器信号[52]。 Δ 结构是根据实际问题的不确定性和系统所要求的性能指标来确定的,它属于矩阵集合 $\Delta(s)$ 。这个集合描述了包含下面三个部分的块对角结构[53,54]:

(1)摄动块的个数;

(2)每个摄动子块的类型;

(3)每个摄动子块的维数。

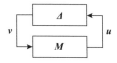

图 7.27 结构奇异值标准问题

在这里,考虑两类摄动块-重复标量(repeated scalar)摄动块和不确定性全块

(full blocks)。前者表示被控对象的参数不确定性，后者表示被控对象的动态不确定性。令非负整数 S 和 F 分别表示重复标量摄动块和不确定性全块的个数，正整数 $r_1,\cdots,r_S$ 和 $m_1,\cdots,m_F$ 为这些摄动块的维数，并且有第 i 个重复标量摄动块的维数为 $r_i \times r_i$，第 j 个全块的维数为 $m_j \times m_j$。

定义 7.1 块结构 $\underline{\varDelta}$ 定义为

$$\underline{\varDelta} = \{\varDelta \mid \varDelta = \mathrm{diag}[\delta_1 \boldsymbol{I}_{r_1},\cdots,\ \delta_S \boldsymbol{I}_{r_S},\ \varDelta_1,\cdots,\ \varDelta_F]\} \tag{7.54}$$

式中，$\delta_i \in C$；$\varDelta_j \in C^{m_j \times m_j}$；$\sum_{i=1}^{S} r_i + \sum_{j=1}^{F} m_j = n$。通常还需要定义 $\underline{\varDelta}$ 的范数边界子集 $B_{\underline{\varDelta}}$，即

$$B_{\underline{\varDelta}} = \{\varDelta \in \underline{\varDelta} : \bar{\sigma}(\varDelta) \leqslant 1\} \tag{7.55}$$

则 μ 的定义可陈述如下。

定理 7.2 矩阵 $\boldsymbol{M} \in C^{n \times n}$ 的 μ 定义如下：

$$\mu_{\underline{\varDelta}}(\boldsymbol{M}) = \frac{1}{\min\{\sigma_{\max}(\varDelta) \mid \varDelta \in \underline{\varDelta},\ \det(\boldsymbol{I} - \boldsymbol{M}\varDelta) = 0\}} \tag{7.56}$$

若 $\underline{\varDelta}$ 为空集，则 $\mu_{\underline{\varDelta}}(\boldsymbol{M}) = 0$。这里 $\sigma_{\max}(\varDelta)$ 为 $\varDelta$ 的最大奇异值。$\mu_{\underline{\varDelta}}(\boldsymbol{M})$ 可解释为图 7.27 所示反馈系统的稳定裕度的上确界的倒数[55]。

2. 鲁棒稳定性

结构奇异值 μ 作为鲁棒性分析的有效工具，其显著作用主要体现在频域分析上。应用结构奇异值 μ，可以使系统的鲁棒稳定性和鲁棒性能的分析统一起来，采用统一的框架来处理。对于该结构式不确定性系统，有如下的鲁棒稳定性定理。

定理 7.3（小 μ 定理） 如图 7.27 所示闭环系统中，$\boldsymbol{M} \in C^{n \times n}$，$\varDelta(s) \in B_{\underline{\varDelta}}(s)$，则该系统鲁棒稳定的充要条件为

$$\mu = \sup_{\omega \in R} \mu_{\underline{\varDelta}}[\boldsymbol{M}(\mathrm{j}\omega)] < 1 \tag{7.57}$$

上述定理中，假定标称系统 $\boldsymbol{M}(s)$ 为稳定的，并不失一般性。因为对于不稳定的标称被控对象总可以预先用一反馈控制器 $\boldsymbol{K}(s)$ 使其闭环稳定，从而构成稳定的 $\boldsymbol{M}(s)$。

3. 鲁棒性能

在系统分析中，稳定性是控制系统的基本指标，因此，对含有不确定性的系统，鲁棒稳定是首要条件。但是，稳定性并不是控制系统的唯一指标，我们更感兴趣的是在满足系统鲁棒稳定的同时，达到预定的系统性能。下面分析控制系统

在结构不确定性作用下的鲁棒性能问题。

考虑图 7.27 所示系统是带有一个摄动块的单变量系统，该系统的 r 为输入信号，d 为外部干扰信号，e 为误差信号，y 为输出，Δ 为乘性扰动。不失一般性，令 $\|\Delta\|_\infty \leqslant 1$，$W_2(s)$ 为加权函数，易得该系统闭环鲁棒稳定的充要条件为

$$\left\|W_2 T\right\|_\infty = \left\|W_2 GK(I+GK)^{-1}\right\|_\infty < 1 \tag{7.58}$$

对系统噪声信号 d 的抑制，作为系统性能指标，要求满足：

$$\left\|W_1 S_\Delta\right\|_\infty = \left\|W_1(I+G(I+W_2\Delta)K)^{-1}\right\|_\infty < 1 \tag{7.59}$$

式中，$S_\Delta = (I+G(I+W_2\Delta)K)^{-1}$；$W_1(s)$ 为加权函数。

如果系统同时满足式（7.58）和式（7.59），则称系统具有鲁棒性能。综合式（7.58）和式（7.59），易得系统满足鲁棒性能的充要条件为

$$\left\||W_1 S| + |W_2 T|\right\|_\infty < 1 \tag{7.60}$$

式中，$T = GK(I+KG)^{-1}$；$S = (I+KG)^{-1}$。

定理 7.4（主环定理）

$$\mu_\Delta(M) < 1 \Leftrightarrow \begin{cases} \mu_{\Delta_1}(M_{11}) < 1 \\ \max_{\Delta_1 \in B_{\Delta_1}} \mu_{\Delta_2}\left[\mathrm{LFT}_u(M,\Delta_1)\right] < 1 \end{cases} \tag{7.61}$$

式中，

$$\mathrm{LFT}_u(M,\Delta) = M_{22} + M_{21}\Delta(I-M_{11}\Delta)^{-1}M_{12} \tag{7.62}$$

4. 结构奇异值 μ 控制器设计方法

用 μ 综合处理方法，可以非常有效地处理结构不确定性，图 7.28 表示一般控制器综合问题。

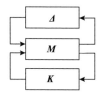

图 7.28　带有控制器的结构奇异值问题

这里，K 可以是状态反馈，也可以是输出反馈；M 为广义标称对象；Δ 为结构式不确定性，满足 $\Delta \in \underline{\Delta}$，$\bar{\sigma}(\Delta(\mathrm{j}\omega)) < 1$，$\forall \omega \in R$。由小 μ 定理得该系统鲁棒稳定的充要条件如下：

（1）K 可以反馈镇定 M ；

（2）

$$\mu_\Delta(M(K)) < 1 , \quad \forall \omega \in R \tag{7.63}$$

式中，$M(K)$ 可表示成 M 和 K 的下线性分式变换形式 $\mathrm{LFT}_l(M,K)$。则上述两条件等价为

$$\begin{cases} \mathrm{LFT}_l(M,K) \in RH_\infty \\ \mu_\Delta(\mathrm{LFT}_l(M,K)) < 1, \ \forall \omega \in R \end{cases} \tag{7.64}$$

μ 综合设计的目的就是寻找正则控制器 K，使式（7.64）成立。对于结构不确定性问题，式（7.64）可变为

$$\begin{cases} \mathrm{LFT}_l(M,K) \in RH_\infty \\ \inf_{D \in D} \bar{\sigma}(D\mathrm{LFT}_l(M,K)D^{-1}) < 1 \end{cases} \tag{7.65}$$

由式（7.65）可以看出，其把 μ 综合问题转成带有标度矩阵 $D(s)$ 的 μ 综合问题。其中 $D(s)$ 可以选择为稳定的最小相位阵，且满足

$$D(s)\Delta(s) = \Delta(s)D(s) \tag{7.66}$$

即可。实际上，可以选择

$$D(s) = \mathrm{diag}[d_1 I, \cdots, d_{F-1} I, I], \quad d_i(s), d_i^{-1}(s) \in \mathrm{RH}_\infty \tag{7.67}$$

由式（7.65），通过反复求解 K 和 D，则可以最终解出 μ 综合问题。这种方法称为 $D\text{-}K$ 迭代算法。

下面介绍 $D\text{-}K$ 迭代算法。

考虑性能最优问题，则 μ 综合问题由式（7.65）可转化为

$$\min_{K\text{稳定}} \inf_{D \in D} \| D\mathrm{LFT}_l(M,K)D^{-1} \|_\infty \tag{7.68}$$

若 D 固定，则

$$\min_{K\text{稳定}} \| D\mathrm{LFT}_l(M,K)D^{-1} \|_\infty \tag{7.69}$$

显然是一个标准 H_∞ 控制问题。

当 K 固定，则

$$\inf_{D \in D} \| D\mathrm{LFT}_l(M,K)D^{-1} \|_\infty \tag{7.70}$$

为一个关于 D 的凸优化问题。

由式（7.69）和式（7.70）可知最优化 μ 综合问题的 D 迭代的基本思想是：先固定 D，获得最小化的 K；再固定 K，获得最小化的 D；再固定 D，求最小化的

$\boldsymbol{K}$；然后反过来求 $\boldsymbol{D}$。依此类推，最后求得最优的 $\boldsymbol{D}$ 和 $\boldsymbol{K}$。

总结起来，$\boldsymbol{K}$ 迭代算法如下(图 7.29)。

(1)选择初始标度矩阵 $\boldsymbol{D}(s)$；

(2)固定 $\boldsymbol{D}(s)$，求式(7.69)的 H_∞ 控制问题，得到控制器 $\boldsymbol{K}(s)$；

(3)固定 $\boldsymbol{K}(s)$，求式(7.70)的凸优化问题，得标度矩阵 $\boldsymbol{D}(s)$，记作 $\tilde{\boldsymbol{D}}(s)$；

(4)比较 $\boldsymbol{D}(s)$ 和 $\tilde{\boldsymbol{D}}(s)$，若二者充分接近，则迭代结束，所得 $\boldsymbol{K}(s)$ 为最优控制器；否则，改为继续步骤(2)。

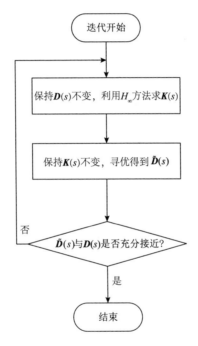

图 7.29　控制器的计算流程

7.3.2　基于结构奇异值 μ 的 HOV 控制器设计

1. 控制系统性能要求

结构奇异值鲁棒控制比 H_∞ 鲁棒控制性能优越,结构奇异值 μ 控制方法[2]主要达到下述指标：①在保证各自由度控制力/力矩大小的同时使得闭环系统鲁棒稳定；②要求闭环系统应具有 0.1rad/s 以上的通频带宽；③抑制传感器的噪声不确定信号对控制误差的影响，应使补灵敏度函数在 10rad/s 以上的增益小于–50dB；④系统应具备鲁棒性能。

2. 加权函数的设计

采用结构奇异值 μ 理论进行鲁棒控制器设计的核心与 H_∞ 鲁棒控制器设计相似，也在于加权函数的设计。经过反复研究和试验，系统各加权函数分别为

$$W_{1x}(s) = 18\frac{\frac{s}{0.3}+1}{\frac{s}{0.001}+1}, \quad W_{3x}(s) = 0.2\frac{\frac{s}{0.3}+1}{\frac{s}{100}+1}$$

$$W_{1y}(s) = 20\frac{\frac{s}{0.2}+1}{\frac{s}{0.001}+1}, \quad W_{3y}(s) = 0.2\frac{\frac{s}{0.2}+1}{\frac{s}{100}+1}$$

$$W_{1z}(s) = 24\frac{\frac{s}{0.2}+1}{\frac{s}{0.001}+1}, \quad W_{3z}(s) = 0.1\frac{\frac{s}{0.2}+1}{\frac{s}{100}+1}$$

$$W_{1h}(s) = 60\frac{\frac{s}{0.2}+1}{\frac{s}{0.001}+1}, \quad W_{3h}(s) = 0.18\frac{\frac{s}{0.2}+1}{\frac{s}{100}+1}$$

从上述设计的加权函数可以看出，基于结构奇异值的鲁棒性能加权函数 W_{1*} 的直流分量比 H_∞ 鲁棒控制的直流分量大，而 W_{3*} 的直流分量比 H_∞ 鲁棒控制的直流分量小，这也反映出结构奇异值鲁棒控制的鲁棒性能和鲁棒稳定性比 H_∞ 鲁棒控制好。

3. 控制器设计

μ 控制设计的主要步骤与 H_∞ 鲁棒控制器设计步骤基本相同。经分析可得，系统广义对象可表示为包括 5 个状态、3 个输出、2 个输入的矩阵 P_h：

$$P_h = \begin{bmatrix} A & B \\ C & D \end{bmatrix} \tag{7.71}$$

式中，

$$A = \begin{bmatrix} -0.001 & 0 & 0 & 0 & -0.223 \\ 0 & -100 & 0 & 0 & 79.92 \\ 0 & 0 & -0.04005 & -0.2467 & 0 \\ 0 & 0 & 0.0004091 & -0.096 & 0 \\ 0 & 0 & 0 & 0 & 0 \end{bmatrix}$$

$$\boldsymbol{B} = \begin{bmatrix} 0.223 & 0 & 0 & 0 & 0 \\ 0 & 0 & -3.226 \times 10^{-7} & 5.227 \times 10^{-6} & 0 \end{bmatrix}^{\mathrm{T}}$$

$$\boldsymbol{C} = \begin{bmatrix} 0.2667 & 0 & 0 & 0 & -0.3 \\ 0 & -112.4 & 0 & 0 & 90 \\ 0 & 0 & 0 & 0 & -1 \end{bmatrix}$$

$$\boldsymbol{D} = \begin{bmatrix} 0.3 & 0 \\ 0 & 0 \\ 1 & 0 \end{bmatrix}$$

对系统矩阵进行 μ 综合，得到与广义系统同阶次的控制器 $\boldsymbol{K}$，离散化后的状态空间表示为

$$\boldsymbol{K}_h = \begin{bmatrix} \boldsymbol{A}_k & \boldsymbol{B}_k \\ \boldsymbol{C}_k & \boldsymbol{D}_k \end{bmatrix} \tag{7.72}$$

式中，

$$\boldsymbol{A}_k = \begin{bmatrix} 0.9998 & -4.972 \times 10^{-16} & 2.95 \times 10^{-18} & -9.902 \times 10^{-13} & -1.084 \times 10^{-11} \\ 0.005566 & 7.061 \times 10^{-5} & -5.761 \times 10^{-7} & 0.1324 & 0.7897 \\ -0.006414 & -4.902 \times 10^{-5} & 0.992 & -0.02759 & 0.01087 \\ 0.07298 & 0.0004205 & -7.541 \times 10^{-6} & 0.7401 & -0.1236 \\ 0.007663 & 9.263 \times 10^{-5} & -7.929 \times 10^{-7} & 0.1732 & 0.987 \end{bmatrix}$$

$$\boldsymbol{B}_k = \begin{bmatrix} 1.097 & 0.001989 & -0.003311 & 0.04204 & 0.002871 \end{bmatrix}^{\mathrm{T}}$$

$$\boldsymbol{C}_k = \begin{bmatrix} 3278 & 434.9 & -3.522 & -1.034 \times 10^4 & -5883 \end{bmatrix}$$

$$\boldsymbol{D}_k = [0]$$

其传递函数为

$$K_h(z) = \frac{3145.3463\,(z+1.992 \times 10^{-7})\,(z-0.9813)\,(z-0.9917)\,(z-1)}{z\,(z-0.9998)\,(z-0.992)\,(z^2-1.727z+0.7519)} \tag{7.73}$$

控制器特征多项式的根分别为

$$\begin{bmatrix} 0.9998 & 0.8636+0.0781\mathrm{i} & 0.8636+0.0781\mathrm{i} & 0 & 0.992 \end{bmatrix}$$

均位于单位圆以内，因此所设计的控制器稳定。在该控制器作用下，得到的鲁棒性指标为

$$\gamma = 0.485$$

所选取的性能加权函数 $\boldsymbol{W}_1(s)$、模型摄动加权函数 $\boldsymbol{W}_3(s)$、灵敏度函数 $\boldsymbol{S}$、补

灵敏度函数 T、被控对象 G、闭环系统 $L = K_h G$ 的奇异值如图 7.30 所示，其中灵敏度函数 S、补灵敏度函数 T、被控对象 G、闭环系统 L 包括 10 组随机采集的不确定性线性水动力系数具有 30% 摄动构成的系统。

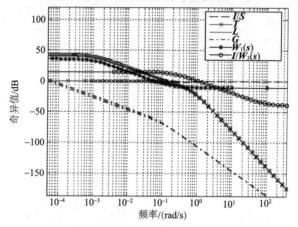

图 7.30　设计控制器前后系统的奇异值(见书后彩图)

7.3.3　控制系统性能分析

1. 鲁棒稳定性分析

在控制回路加入设计的结构奇异值鲁棒控制器后，7000 米载人潜水器艏向角开环系统的幅值裕度在 0.849rad/s 时为 20.8dB，相角裕度在 0.128rad/s 时为 77°，如图 7.31 所示。

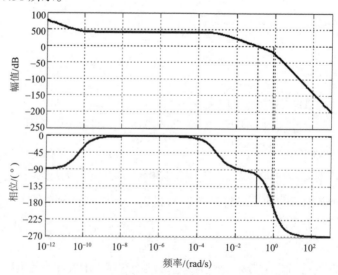

图 7.31　标称闭环系统的幅值裕度和相角裕度

2. 鲁棒性能分析

灵敏度函数 **S** 为反映闭环系统鲁棒性能的度量函数。设 7000 米载人潜水器的本体动力学模型[式(2.39)~式(2.44)]线性水动力系数具有 30%的摄动，采用蒙特卡罗法随机采集 10 组数据，对系统的鲁棒性能进行分析，如图 7.32 和图 7.33 所示。从图中曲线可知：无论是在频域(图 7.32)还是在时域(图 7.33)，所设计的鲁棒控制器具有很好的跟踪性能。

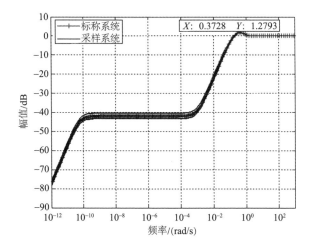

图 7.32　灵敏度函数的幅频特性(见书后彩图)

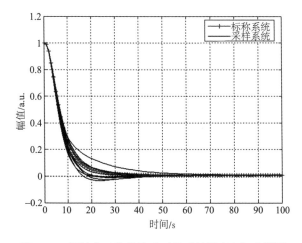

图 7.33　灵敏度函数的抗阶跃扰动特性(见书后彩图)

从图 7.32 可以看出，灵敏度函数在频率为 0.3728rad/s 时具有最大增益 1.2793。此时的各不确定性水动力系数分别为

$$N_r = -0.0113, \quad N_{\dot{r}} = -0.0029$$

$$N_v = -4.6900\times10^{-4}, \quad N_{\dot{v}} = -0.0024$$
$$Y_r = 0.0238, \quad Y_{\dot{r}} = -0.0024$$
$$Y_v = -0.1116, \quad Y_{\dot{v}} = -0.0762$$

该组不确定性数据组合为最坏情况,此时系统的抗阶跃扰动能力如图 7.34 所示。仿真结果表明采用结构奇异值鲁棒控制的抗干扰能力要比 H_∞ 鲁棒控制抗干扰能力强。

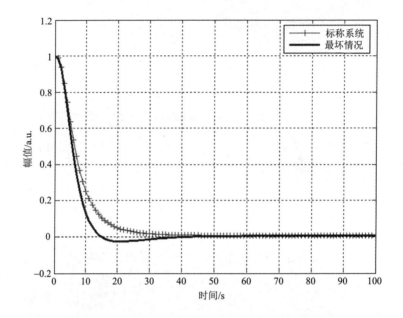

图 7.34 最坏情况下灵敏度函数的抗阶跃扰动特性

3. 性能指标验证

从图 7.30 可以看出,所设计的控制器能够使水下机器人的带宽不小于 0.1 rad/s,在 10 rad/s 时的干扰抑制能力不大于−50dB。满足对结构奇异值鲁棒控制的性能要求。

从图 7.35～图 7.37 可以看出,所设计的鲁棒控制器满足:

$$\|\boldsymbol{W}_1\boldsymbol{S}\|_\infty \leqslant 1$$
$$\|\boldsymbol{W}_3\boldsymbol{T}\|_\infty \leqslant 1$$
$$\|\boldsymbol{W}_1\boldsymbol{S} + \boldsymbol{W}_3\boldsymbol{T}\|_\infty \leqslant 1$$

可以使水下机器人的鲁棒稳定性、鲁棒性能满足要求。

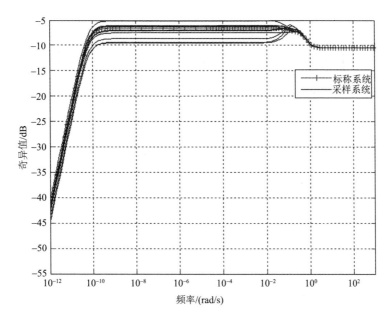

图 7.35 W_1S 的奇异值(见书后彩图)

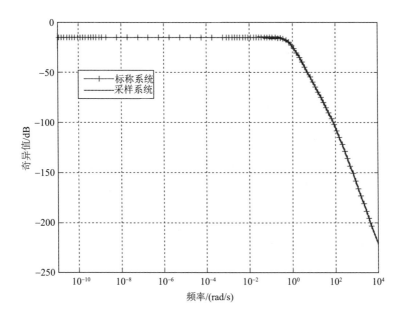

图 7.36 W_3T 的奇异值

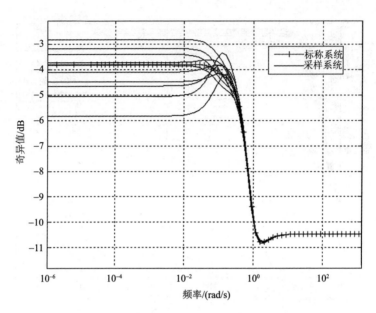

图 7.37 $W_1S + W_3T$ 的奇异值(见书后彩图)

因此,所设计的鲁棒控制器达到了提出的频域性能指标。下节将在 HOV7000 半物理仿真系统上进行时域性能验证。

7.3.4 半物理仿真系统试验验证

1. 阶跃响应试验

关于阶跃响应,分别对 7000 米载人潜水器的北向位移、东向位移、深度和艏向角四自由度进行鲁棒控制试验。首先利用 MATLAB 中结构奇异值鲁棒控制工具箱对控制器参数进行设计,然后将设计好的控制器加入 7000 米载人潜水器控制软件,在 HOV7000 半物理仿真系统上进行试验。北向位移、东向位移、深度、艏向角各自由度"归一化"后的阶跃响应曲线及相应的控制曲线如图 7.38~图 7.41 所示。从各条曲线可以看出,在系统运行稳定后加入一定的干扰,所设计的控制器可克服干扰,保持系统的稳定。

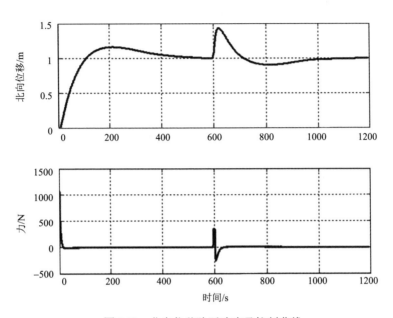

图 7.38 北向位移阶跃响应及控制曲线

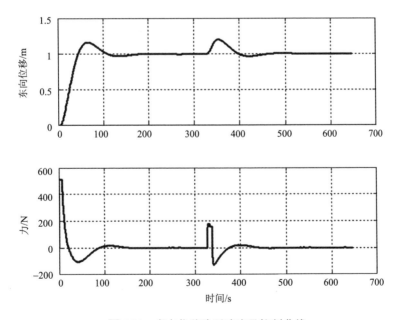

图 7.39 东向位移阶跃响应及控制曲线

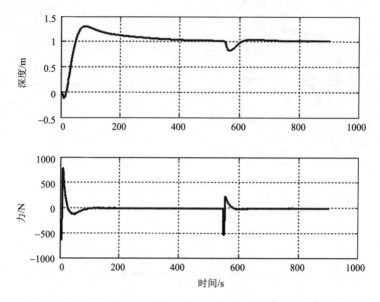

图 7.40　深度阶跃响应及控制曲线

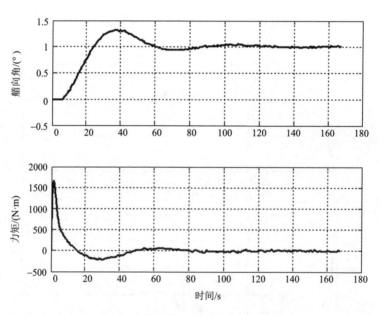

图 7.41　艏向角阶跃响应及控制曲线

2. 动力定位试验

在 HOV7000 半物理仿真系统上进行的动力定位试验中，水下机器人的初始位姿为北向位移 0m、东向位移 0m、深度 10m 和艏向角 0°，期望的位姿为北向位移 0.5m、东向位移 0.5m、深度 11m 和艏向角 10°。从图 7.42～图 7.45 可以看出，在系统稳定后 1000s 时施加一定的干扰，7000 米载人潜水器仍然可以恢复为期望的位置和姿态，体现了很强的鲁棒性。

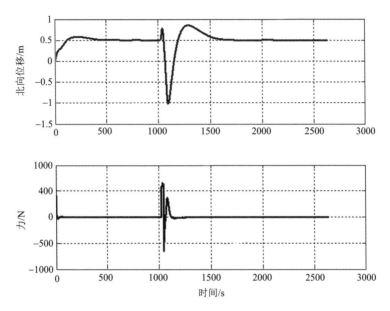

图 7.42　动力定位中北向位移响应及控制曲线

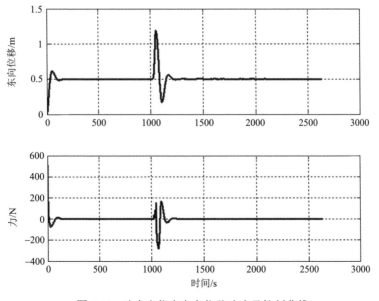

图 7.43　动力定位中东向位移响应及控制曲线

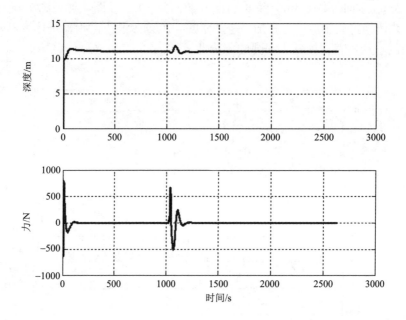

图 7.44　动力定位中深度响应及控制曲线

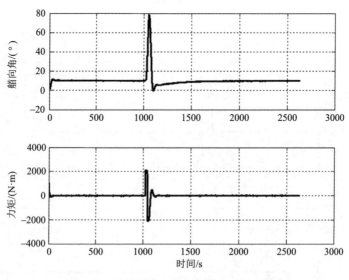

图 7.45　动力定位中艏向角响应及控制曲线

3. 控制算法的对比试验

本节采用 HOV7000 半物理仿真系统上调试好的 PID 控制算法 (图 7.25)、H_∞

鲁棒控制算法(图 7.26)与结构奇异值 μ 鲁棒控制算法进行对比。从图 7.46 可以看出,当 N_r 减小 150%时,采用 PID 控制的 HOV 出现临界振荡,而采用结构奇异值 μ 鲁棒控制仍具有良好的控制性能,而且结构奇异值 μ 鲁棒控制效果要优于 H_∞ 鲁棒控制效果。

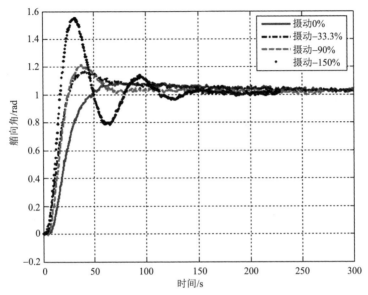

图 7.46　参数摄动时结构奇异值控制效果比较

7.4　本章小结

　　针对水下机器人高精度控制面临的水下机器人动力学模型、复杂海洋环境(海流、波、浪、涌等)、传感器、控制器和执行机构等不确定性难题,本章首先研究基于 MLQG 控制算法的水下机器人动力定位控制方法,并利用数值仿真技术研究了存在海流扰动和参数时变情况下的动力定位试验结果,验证了 MLQG 控制算法对克服有界的零均值白噪声的参数摄动和外界扰动具有很强的鲁棒性。

　　其次研究了基于混合灵敏度的水下机器人 H_∞ 鲁棒控制方法,利用半物理仿真技术研究了水下机器人阶跃响应和动力定位时的鲁棒控制。结果表明,基于 H_∞ 混合灵敏度的鲁棒控制可以克服外界不确定性扰动的影响,使系统具有一定的鲁棒稳定性和鲁棒性能。

　　最后研究了基于结构奇异值的水下机器人鲁棒控制方法,并利用半物理仿真技术研究了水下机器人阶跃响应和动力定位时的鲁棒控制。结果表明,与基于 H_∞ 混合灵敏度的鲁棒控制算法相比,基于结构奇异值 μ 的鲁棒控制算法能更好地克服外界不确定性扰动的影响，使系统具有更好的鲁棒稳定性和鲁棒性能。

参 考 文 献

[1] 刘开周, 董再励, 孙茂相. 一类全方位移动机器人的不确定扰动数学模型[J]. 机器人. 2003, 25(5): 399-403.

[2] 刘开周. 水下机器人多功能仿真平台及其鲁棒性控制研究[D]. 沈阳: 中国科学院沈阳自动化研究所, 2006.

[3] Liu K Z, Wang X H, Feng X S. The design and development of simulator system—for manned submersible vehicle [C]. Proceedings of the 2004 IEEE International Conference on Robotics and Biomimetics, 2004: 294-299.

[4] Aguilar-López R, Maya-Yescas R. State estimation for nonlinear systems under model uncertainties: a class of sliding-mode observers [J]. Journal of Process Control, 2005, 15(3): 363-370.

[5] Polyak B T, Nazin S A, Durieu C, et al. Ellipsoidal parameter or state estimation under model uncertainty [J]. Automatica, 2004, 40(7): 1171-1179.

[6] Damm T. State-feedback H_∞-type control of linear systems with time-varying parameter uncertainty [J]. Linear Algebra and Its Applications, 2002(351-352): 185-210.

[7] Kim M S, Shin J H, Hong S G, et al. Designing a robust adaptive dynamic controller for nonholonomic mobile robots under modeling uncertainty and disturbances [J]. Mechatronics, 2003, 13(5): 507-519.

[8] Lim C W, Park Y J, Moon S J. Robust saturation controller for linear time-invariant system with structured real parameter uncertainties [J]. Journal of Sound and Vibration, 2006, 294(1-2): 1-14.

[9] Tsubouchi T, Rude M. Motion planning for mobile robots in a time-varying environment [J]. Journal of Robotics and Mechatronics, 1996, 8(1): 15-24.

[10] Ozawa M. Uncertainty relations for noise and disturbance in generalized quantum measurements [J]. Annals of Physics, 2004, 311(2): 350-416.

[11] Ribo M, Pinz A. A comparison of three uncertainty calculi for building sonar-based occupancy grids [J]. Robotics and Autonomous Systems, 2001, 35(3-4): 201-209.

[12] Blondel V D, Tsitsiklis J N. A survey of computational complexity results in systems and control [J]. Automatica, 2000, 36(9): 1249-1274.

[13] Francois G, Srinivasan B, Bonvin D. Use of measurements for enforcing the necessary conditions of optimality in the presence of constraints and uncertainty [J]. Journal of Process Control, 2005, 15(6): 701-712.

[14] 邢志伟. 复杂海洋环境下水下机器人控制问题研究[D]. 沈阳: 中国科学院沈阳自动化研究所, 2003.

[15] 陈洪海. 自治水下机器人控制方法研究及滑模模糊控制的应用研究[D]. 沈阳: 中国科学院沈阳自动化研究所, 2002.

[16] Astrom K J, Wittenmark B. Adaptive Control[M]. 2nd. Beijing: Science Press, 2003.

[17] 李言俊, 张科. 系统辨识理论及应用[M]. 北京: 国防工业出版社, 2003.

[18] Sotomayor O A Z, Park S W, Garcia C. Multivariable identification of an activated sludge process with subspace-based algorithms [J]. Control Engineering Practice, 2003, 11(8): 961-969.

[19] Shimura T, Amirani Y, Sawa T, et al. A basic research on the improvement of propulsion maneuvering system and the automatic motion control of SHINKAI6500 [C]. Proceedings of the MTS/ IEEE Oceans 2002, 2002: 1332-1338.

[20] Narasimhan M, Singh S N. Adaptive optimal control of an autonomous underwater vehicle in the dive plane using dorsal fins [J]. Ocean Engineering, 2006, 33(3-4): 404-416.

[21] 蒋新松, 封锡盛. 水下机器人[M]. 沈阳: 辽宁科学技术出版社, 2000.

[22] 符曦. 系统最优化及控制[M]. 北京: 机械工业出版社, 1995: 240-253.

[23] 刘开周, 郭威, 王晓辉, 等. 一类载人潜水器的改进 LQG 控制研究[J]. 系统仿真学报, 2006, 18(s2): 847-850.

[24] 方崇智, 萧德云. 过程辨识[M]. 北京: 清华大学出版社, 1995.

[25] 路遥. 复杂地形环境下的自治水下机器人控制问题研究[D]. 沈阳: 中国科学院沈阳自动化研究所, 2000.

[26] 韩曾晋. 自适应控制[M]. 北京: 清华大学出版社, 1995.

[27] 季东. 基于 LMI 的纳米级热驱动部件鲁棒控制研究[D]. 杭州: 浙江大学, 2006.

[28] 卜劭华. 液压伺服驱动位置系统的鲁棒控制[D]. 秦皇岛: 燕山大学, 2001.

[29] 陈晓天. 基于 LMI 的大型空间网状天线反射面在轨精度控制研究[D]. 西安: 西安电子科技大学, 2002.

[30] 付丽强. 磁力轴承的鲁棒控制和神经网络控制[D]. 福州: 福州大学, 2001.

[31] 李洁. 机(舰)载目标真值测量设备伺服系统研究[D]. 长春: 中国科学院长春光学精密机械与物理研究所, 2003.

[32] 刘国刚. 综合飞行/推进控制关键技术研究[D]. 南京: 南京航空航天大学, 2002.

[33] 马志勇. H_∞ 鲁棒控制的分析方法及应用[C]. 中科院自动化研究所自动化与信息技术发展战略研讨会暨 2003 年学术年会, 2003: 230-234.

[34] 孙仕成. 滑翔制导炸弹 BTT/STT 组合控制自动驾驶仪设计[D]. 南京: 南京理工大学, 2016.

[35] 刘照. 汽车电动助力转向系统动力学分析与控制方法研究[D]. 武汉: 华中科技大学, 2004.

[36] 张兰珍. 新型控制算法在中储式磨煤机控制系统中的应用研究[D]. 保定: 华北电力大学, 2008.

[37] 姜勇, 刘艳伟, 董再励, 等. 基于 LMI 全方位移动机器人 H_∞ 鲁棒控制[J]. 控制工程, 2005, 12(2): 170-173.

[38] 金洪亮. 基于混合灵敏度函数的 H_∞ 控制器参数模糊优化研究[D]. 保定: 华北电力大学, 2001.

[39] 穆向阳. H_∞ 控制系统理论与应用研究[D]. 西安: 西北工业大学, 2001.

[40] 罗彤. 星间光通信 ATP 中捕获跟踪技术研究[D]. 西安: 电子科技大学, 2004.

[41] 王进华. 混合 H_2/H_∞ 鲁棒控制理论及应用研究[D]. 西安: 西北工业大学, 2000.

[42] 张泰. 越野汽车液力变矩器和机械自动变速系统的控制理论与试验[D]. 长春: 吉林大学, 2004.

[43] 赵浩泉, 封锡盛, 刘开周. 基于混合灵敏度的水下机器人鲁棒控制研究[J]. 仪器仪表学报, 2007, 28(s8): 606-609.

[44] 史忠科. 鲁棒控制理论[M]. 北京: 国防工业出版社, 2003.

[45] 刘鑫. 铁路功率调节器的鲁棒控制器设计[D]. 湘潭: 湘潭大学, 2017.

[46] 高枫. 具有控制器摄动的鲁棒控制性能研究[D]. 北京: 北京机械工业学院, 2006.

[47] 林进全. 基于 Robust 控制的纳米级热驱动部件系统研究[D]. 杭州: 浙江大学, 2006.

[48] 徐见源. 非线性动态逆在飞行器姿态控制中的应用研究[D]. 天津: 中国民用航空学院, 2004.

[49] 曾庆华. 基于多学科综合与优化的 MAV 飞行控制器设计方法研究[D]. 长沙: 国防科学技术大学, 2003.

[50] 李中健. 大包线飞行控制系统鲁棒设计研究[D]. 西安: 西北工业大学, 2000.

[51] 甘永梅. 不确定性系统鲁棒控制理论及应用的研究[D]. 西安: 西北工业大学, 1999.

[52] 史丽楠. 再入滑翔飞行器控制系统鲁棒性能评估方法研究[J]. 航天控制, 2015, 33(2): 44-49.

[53] 许军. 大展弦比飞翼式无人机气动弹性研究[D]. 西安: 西北工业大学, 2016.

[54] 熊超. 汽车四轮转向鲁棒控制方法研究及应用[D]. 重庆: 重庆交通大学, 2011.

[55] 齐潘国. 飞行模拟器液压操纵负荷系统力感模拟方法研究[D]. 哈尔滨: 哈尔滨工业大学, 2009.

附　　录

附录Ⅰ　符号表

符号	含义	备注
A_R	舵板面积	第5章
C_n、C_x、C_y	舵板法向力无因次系数，舵板的阻力系数，舵板的升力系数	第5章
C	包含离心力和科里奥利力的矩阵	第6章
C_A	附加科里奥利力和向心力矩阵	第2章
D	螺旋桨直径	第2章
D	黏性力矩阵	第6章
D_k	P_k的平方根	第7章
D^w、D^v	w_k、v_k的方差	第6章
E_a	电枢电势	第2章
$E\text{-}\xi\eta\zeta$	地面坐标系（定系）	第2章
F_F	水动力	第2章
Fr	弗劳德数	第2章
G	包含重力和浮力的矩阵	第6章
G	被控对象	第7章
H	水下机器人所处位置海面到海底深度	第2章
H_∞	基于混合灵敏度H_∞范数的鲁棒控制	第7章
I_a	电枢电流	第2章
I_x、I_y、I_z	水下机器人在$O\text{-}xyz$坐标系下绕x、y、z轴的转动惯量	第2章
J	进速比	第2章

符号	含义	备注
J_k	指标函数	第7章
J_m	电机总转动惯量	第2章
$\boldsymbol{J}$、$\boldsymbol{J}_1$、$\boldsymbol{J}_2$	从运动坐标系 $O\text{-}xyz$ 到地面坐标系 $E\text{-}\xi\eta\zeta$ 的转换矩阵	第2章
K、M、N	力矩在 $O\text{-}xyz$ 坐标系下的投影，分别为横倾力矩、纵倾力矩和偏航力矩	第2章
K_{ij}	附加质量系数	第2章
K_p、K_i、K_d	PID 控制器的控制参数	第4章
K_T	推力系数	第2章
K_{ij}	力矩系数	第2章
$\boldsymbol{K}_g$	最优状态反馈增益	第7章
$\boldsymbol{K}_h$	控制器	第7章
L	水下机器人的长度	第2章
L_a	电机电枢电路内的总电感	第2章
L_w	波长	第2章
$\boldsymbol{L}$	闭环系统	第7章
M	电机产生的电磁转矩	第2章
M_L	电机轴上的反向力矩	第2章
M_x、M_y、M_z	在 $O\text{-}xyz$ 坐标系下水下机器人转动三自由度的控制力矩	第2章
$\boldsymbol{M}$	惯性矩阵	第6章
$\boldsymbol{M}$	传递函数矩阵，包括对象的标称模型、控制器和不确定性的加权函数	第7章
$\boldsymbol{M}_A$	附加质量矩阵	第2章
N	电枢绕组有效导体数	第2章
$O\text{-}xyz$	运动坐标系(动系)	第2章
P、B	重力、浮力	第2章
P_0	水下机器人本体重力	第2章
P_b	流体压力	第5章
P_i	各种载荷的重力	第2章
$\boldsymbol{P}$	增广被控对象	第7章
$\boldsymbol{P}_k$	协方差矩阵	第7章
$\boldsymbol{P}_x$、$\boldsymbol{P}_y$	向量 x、y 的方差	第6章

符号	含义	备注
$\boldsymbol{Q}^w$、$\boldsymbol{Q}^v$	系统过程噪声方差和测量噪声方差	第6章
R_a	电机电枢电路内的总电阻	第2章
Re	雷诺数	第2章
$\boldsymbol{S}$	方差 $\boldsymbol{P}$ 的 Cholesky 因子	第6章
$\boldsymbol{S}$	灵敏度函数	第7章
$\boldsymbol{S}_k$	新息方差	第6章
T	螺旋桨产生的推力	第2章
ΔT	发射信号与回波信号之间的时延	第5章
T_s	采样周期	第6章
T_x、T_y、T_z	在 $O\text{-}xyz$ 坐标系下水下机器人平动三自由度的控制力	第2章
$\boldsymbol{T}$	补灵敏度函数	第7章
U	电机电枢电压	第2章
V	水下机器人的速度	第5章
V_A	螺旋桨的进速	第2章
V_E、V_N	载体航行速度在正东方向和正北方向的分量	第2章
V_F、V_R	多普勒计程仪测得载体相对水底的前向速度和横向速度	第2章
W	流场的复势	第2章
W_1、W_2、W_3、W_r、W_d	加权函数	第7章
X 、Y 、Z	力在 $O\text{-}xyz$ 坐标系下的投影，分别称为纵向力、横向力、垂向力	第2章
$X_{(\bullet)}$、$Y_{(\bullet)}$、$Z_{(\bullet)}$	分别为纵向、横向、垂向三自由度上的水动力系数	第2章
a	电枢绕组的支路数	第2章
b_k^i	推进器 i 的效率损失因子	第6章
c	水中声速	第5章
c_p	平面进行波相速度	第2章
d	水下机器人所处深度	第2章
$\boldsymbol{d}$	噪声信号和干扰信号	第7章
$\boldsymbol{e}$	误差信号	第7章
f_s、f_r	发射信号频率，回波信号频率	第5章

符号	含义	备注
g	重力加速度	第 2 章
h	稳心高	第 2 章
h	积分步长	第 3 章
h	水下机器人距离水底的高度	第 5 章
k	波数	第 2 章
k_p、k_e、k_m	比例系数	第 2 章
m	源强[式(2.58)~式(2.65),式(2.68)~式(2.74)]	第 2 章
m	水下机器人的质量[除式(2.58)~式(2.65)、式(2.68)~式(2.74)外]	第 2 章
n	螺旋桨转速	第 2 章
p_b	压力	第 2 章
p_m	电机的极对数	第 2 章
p、q、r	角速度在 $O\text{-}xyz$ 坐标系下的投影,分别为横滚、纵倾、转艏角速度	第 2 章
p_c、q_c、r_c	海流在 $O\text{-}xyz$ 坐标系下的投影,分别为横滚、纵倾、转艏角速度分量	第 2 章
p_r、q_r、r_r	水下机器人在 $O\text{-}xyz$ 坐标系下相对海流的横滚、纵倾、转艏角速度分量	第 2 章
$\boldsymbol{q}$	状态向量	第 6 章
r	极径	第 2 章
$\boldsymbol{r}$	输入信号	第 7 章
t	推力减额	第 2 章
u、v、w	航速 $\boldsymbol{v}$ 在 $O\text{-}xyz$ 坐标系下的投影,分别为纵向、横向、垂向速度	第 2 章
u_c、v_c、w_c	海流在 $O\text{-}xyz$ 坐标系下的投影,分别为纵向、横向、垂向速度分量	第 2 章
u_i、u_o	分别为控制电压和电机两端电压	第 2 章
u_r、v_c、w_c	水下机器人在 $O\text{-}xyz$ 坐标系下相对海流的纵向、横向、垂向速度分量	第 2 章
$\boldsymbol{u}$	控制向量	第 7 章
v_0	均匀流流速	第 2 章
$\boldsymbol{v}_k$	新息	第 6 章
w_i^m	加权系数	第 6 章
$\boldsymbol{w}$	外部输入向量	第 7 章
$\boldsymbol{w}_k$、$\boldsymbol{v}_k$	系统方程和观测方程中的零均值白噪声	第 6 章
$\boldsymbol{w}_{k\theta}$	为参数模型的系统噪声	第 6 章

续表

符号	含义	备注
$\boldsymbol{w}_k^a$	增广系统的噪声矢量	第 6 章
$\boldsymbol{x}$	状态向量	第 7 章
$\bar{\boldsymbol{x}}$	向量 $\boldsymbol{x}$ 的均值	第 6 章
x_g、y_g、z_g	重心在 $O\text{-}xyz$ 坐标系下的纵坐标、横坐标、铅垂坐标	第 2 章
x_c、y_c、z_c	浮心在 $O\text{-}xyz$ 坐标系下的纵坐标、横坐标、铅垂坐标	第 2 章
$\boldsymbol{y}$	输出向量	第 7 章
$\bar{\boldsymbol{y}}$	向量 $\boldsymbol{y}$ 的均值	第 6 章
z_{cur}	指定经度、纬度和深度坐标点的海流大小	第 2 章
$\boldsymbol{z}$	评价向量	第 7 章
$\boldsymbol{\Delta}$	摄动块	第 7 章
Ψ	流场的流函数	第 2 章
Ω	电机转速	第 2 章
α	攻角	第 2 章
δ_{sh}、δ_{sv}	艉水平舵角位移、艉垂直舵角位移	第 2 章
η	波高	第 2 章
η_0	螺旋桨的敞水效率	第 2 章
$\boldsymbol{\eta}$、$\boldsymbol{\eta}_1$、$\boldsymbol{\eta}_2$	水下机器人在 $E\text{-}\xi\eta\zeta$ 坐标系下的位置及姿态向量	第 2 章
θ	极角	第 2 章
$\boldsymbol{\theta}_k$	k 时刻的未知/时变参数矢量	第 6 章
λ	控制 Sigma 点到均值距离的尺度常数	第 6 章
λ_{ij}	附加质量	第 2 章
μ	基于结构奇异值的鲁棒控制	第 7 章
$\boldsymbol{v}$、$\boldsymbol{v}_1$、$\boldsymbol{v}_2$	水下机器人在 $O\text{-}xyz$ 坐标系下的速度及角速度	第 2 章
ξ、η、ζ	水下机器人在 $E\text{-}\xi\eta\zeta$ 坐标系下的纵向位移、横向位移和垂向位移	第 2 章
ξ_w	波面偏离静水面的高度	第 2 章
ξ_{ai}	第 i 个单元规则波的波幅	第 2 章
ρ	水体密度	第 2 章
ρ	遗忘因子	第 7 章
τ	水下机器人所受外力/力矩	第 2 章

符号	含义	备注
$\boldsymbol{\tau}_{AM}$	流体惯性力	第 2 章
$\boldsymbol{\tau}_G$	重力和浮力产生的力和力矩	第 2 章
$\boldsymbol{\tau}_T$	推进力/力矩	第 2 章
$\boldsymbol{\tau}_v$	流体黏性力	第 2 章
$\boldsymbol{\chi}_i$	向量 $\boldsymbol{x}$ 的 Sigma 点	第 6 章
φ	当地纬度	第 5 章
φ 、 θ 、 ψ	水下机器人在地面坐标系 $E\text{-}\xi\eta\zeta$ 下的横倾角、纵倾角、艏向角	第 2 章
φ_d	磁极下的磁通量	第 2 章
ω	角频率	第 2 章
ω_c	截止频率	第 7 章
ω_f	伴流分数	第 2 章
ϕ	流场的速度势	第 2 章
ϕ	发射信号波束与水下机器人中垂线的夹角	第 5 章
$(\cdot)_i$	矩阵 $(\cdot)$ 的第 i 列	第 6 章
ddiag($\cdot$)	与矩阵 $(\cdot)$ 对角线元素相同的对角矩阵	第 6 章
qr{}	矩阵 $(\cdot)$ 的 QR 分解	第 6 章
tr($\cdot$)	矩阵 $(\cdot)$ 的迹	第 6 章
vdiag($\cdot$)	矩阵 $(\cdot)$ 的主对角线元素组成的向量	第 6 章

附录Ⅱ　中英文缩写对照表

缩略语	英文全称	中文表达
3DS	3 dimension subsystem	三维子系统
AAA	assistant accident analysis	辅助事故分析
AAR	after action review	事后再现
ANN	artificial neural network	人工神经网络
API	application program interface	应用程序接口

续表

缩略语	英文全称	中文表达
ATC	air traffic control	空中交通管制
AUKF	adaptive unscented Kalman filter	自适应无色卡尔曼滤波
AUV	autonomous underwater vehicle	自主水下机器人
BSP	binary space partitioning	二叉空间划分
CAD	computer aided design	计算机辅助设计
CAT	continuous adaptive terrain	连续适应地形
COM	component object model	通用对象模型
CPU	central processing unit	中央处理器
CTD	conductivity temperature and depth system	温盐深测量仪
DAC	digital-to-analog conversion	数模转换
DARPA	Defense Advanced Research Projects Agency	国防高级研究计划局
DED	digital elevation data	数字高程数据
DEM	digital elevation model	数字高程模型
DI	digital input	数字输入
DIS	distributed interaction simulation	分布式交互仿真
DLL	dynamic link library	动态链接库
DMA	direct memory access	直接存储器访问
DNA	deoxyribonucleic acid	脱氧核糖核酸
DO	digital output	数字输出
DTIN	Delaunay triangulated irregular network	Delaunay 不规则三角网
DTTCGSFD	Delaunay triangle-based terrain considering of grid, sparse, feature data	考虑网格、稀疏、特征数据的 Delaunay 三角地形
DVL	Doppler log	多普勒计程仪
EKF	extended Kalman filter	扩展卡尔曼滤波
ESD	electrostatic discharge	静电放电
ESRI	Environmental Systems Research Institute, Inc.	环境系统研究所公司
FIFO	first in first out	先进先出
GE	Google Earth	谷歌地球
GIS	geographic information system	地理信息系统

续表

缩略语	英文全称	中文表达
GPS	global positioning system	全球定位系统
GUI	grapical user interface	图形用户界面
HIL	hardware in loop	硬件在回路
HOV	human occupied vehicle	载人潜水器
JAMSTEC	Japan Agency for Marine-Earth Science and Technology	日本海洋-地球科技研究所
KF	Kalman filter	卡尔曼滤波
KML	Keyhole markup language	Keyhole 标记语言
LAUV	long-range AUV	远程自主水下机器人
LFT	linear fractional transformation	线性分式变换
LMI	linear matrix inequality	线性矩阵不等式
LOD	levels of detail	细节层次
LQG	linear quadratic Gaussian problem	线性二次型高斯问题
MFC	Microsoft foundation classes	微软基础类库
MIMO	multiple input multiple output	多输入多输出
MLQG	modified linear quadratic Gaussian problem	改进的线性二次型高斯问题
MR	mission rehearsal	任务回顾
MS	multimedia simulation	多媒体仿真
NPS	Naval Postgraduate School	海军研究生院
OOS	object-oriented simulation	面向对象仿真
PC	personal computer	个人计算机
PID	proportion integral differential	比例-积分-微分
PWM	pulse width modular	脉宽调制
ROV	remotely operated vehicle	遥控水下机器人
RS	remote sensing	遥感
SCS	Society for Computer Simulation	计算机仿真学会
SGI	Silicon Graphics	硅图公司
SISO	single input single output	单输入单输出
SS	scene simulation	视景仿真
STL	stereo lithography	光固化立体造型术
SUT	scaled unscented transformation	比例无色变换

续表

缩略语	英文全称	中文表达
TCM	tilt-compensated compass	倾角补偿的电子罗盘
TCMC	Technical Committee on Model Credibility	模型可信性技术委员会
TCP	transmission control protocol	传输控制协议
TIN	triangulated irregular network	不规则三角网
TTL	transistor-transistor logic	晶体管-晶体管逻辑
TSP	team software process	团队软件过程
UDP	user datagram protocol	用户数据报协议
UGV	unmanned ground vehicle	地面机器人
UKF	unscented Kalman filter	无色卡尔曼滤波
UNESCO	United Nations Educational, Scientific and Cultural Organization	联合国教科文组织
URL	uniform resource locator	统一资源定位系统
UT	unscented transform	无色变换
UUV	unmanned underwater vehicle	无人潜水器
UVW	underwater virtual world	水下虚拟世界
VHF	very high frequency	甚高频
VRML	virtual reality modeling language	虚拟现实建模语言
VS	visual simulation	可视仿真
VSGR	Vega scene graph renderer	Vega 场景图形渲染器
VSGS	Vega scene graph library	Vega 场景图形库
VSGU	Vega scene graph utility	Vega 场景图形工具
VVA	verification, validation and accreditation	校核、验证和确认
WHOI	Woods Hole Oceanographic Institution	伍兹霍尔海洋研究所
XML	extensible markup language	可扩展标识语言

索　引

$\mathscr{A}$

AUKF ···························· 89

$\mathscr{B}$

伴流分数 ························ 27
半物理仿真 ······················ 7
闭环系统 ························ 181
避碰声呐 ························ 95
辨识模型 ························ 173
补灵敏度函数 ···················· 183

$\mathscr{C}$

采样篮 ·························· 119
舱内气压 ························ 119
插值 ···························· 37
敞水性能曲线 ···················· 27
超短基线 ························ 85
初始误差 ························ 59
垂直舵 ·························· 28

$\mathscr{D}$

电子海图 ························ 38
动力定位 ························ 119
动力学模型 ······················ 4
多普勒计程仪 ···················· 41
多输入多输出 ···················· 170
舵机负载模拟器 ·················· 139

舵机负载模型 ···················· 138
DED ···························· 40
Delaunay 三角化 ················ 38
DEM ···························· 38
DIS ····························· 9

$\mathscr{E}$

二次型高斯问题 ·················· 172
二氧化碳浓度 ···················· 119
EKF ···························· 89

$\mathscr{F}$

仿真精度 ························ 58
分布式交互仿真 ···················· 9
浮力 ···························· 30
辅助滤波器 ······················ 155

$\mathscr{G}$

故障诊断 ························ 93
惯导 ···························· 130
Google Earth ···················· 76

$\mathscr{H}$

海底地形 ························ 38
海浪 ···························· 43
海流 ···························· 37
汇 ······························ 44
混合灵敏度 ······················ 180

J

机理建模法 ················· 5

机械手 ····················· 119

计算效率 ··················· 58

加权函数 ··················· 180

接口协议 ··················· 119

结构奇异值 ················· 201

截断误差 ··················· 59

局部路径规划 ··············· 108

均匀流 ····················· 44

K

可调压载水舱 ··············· 119

扩展卡尔曼滤波 ············· 89

L

离散事件系统 ··············· 2

离散相似法 ················· 63

联合估计 ··················· 143

灵敏度函数 ················· 183

流体惯性力 ················· 32

流体黏性力 ················· 30

龙格-库塔法 ··············· 62

鲁棒控制 ··················· 172

鲁棒稳定性 ················· 181

鲁棒性能 ··················· 181

路径规划 ··················· 108

滤波算法 ··················· 2

螺旋桨 ····················· 26

LQG ······················· 173

M

模糊控制 ··················· 2

模糊 PID 控制 ············· 113

模拟退火算法 ··············· 66

模型 ······················· 4

模型参数摄动 ··············· 188

模型摄动加权函数 ··········· 188

MATLAB ··················· 67

MultiGen Creator ··········· 80

N

拟合 ······················· 24

O

欧拉法 ····················· 61

耦合性 ····················· 170

P

抛载 ······················· 33

平方根 LQG ··············· 178

平方根 UKF ··············· 163

PID 控制 ·················· 113

PWM ······················· 24

Q

曲面拟合 ··················· 54

曲线拟合 ··················· 53

全局路径规划 ··············· 108

全局搜索 ··················· 65

全物理仿真 ················· 7

QR 分解 ··················· 164

R

人工神经网络 ··············· 65

人工势场法 ················· 108

Riccati 方程 ··············· 176

S

舍入误差 ··················· 59

摄像机 ····················· 95

深度传感器 ················· 132

神经网络 ··················· 2

实时仿真 ··················· 7

使命规划 ··················· 107

视景仿真 ··················· 10

视觉传感器 …………………… 51

势流理论 ……………………… 44

收敛性 ………………………… 153

数论 …………………………… 54

数学模型 ……………………… 4

数字仿真 ……………………… 11

数值积分法 …………………… 61

水动力 ………………………… 17

水平舵 ………………………… 28

水声通信机 …………………… 96

水下机器人 …………………… 1

四阶龙格-库塔法 …………… 59

随机建模 ……………………… 41

Simulink ……………………… 71

T

梯形法 ………………………… 61

推进器负载模拟器 …………… 136

推进器故障建模 ……………… 147

推力减额 ……………………… 26

U

UKF …………………………… 143

UT …………………………… 144

V

Vega Prime …………………… 78

Visual Studio ………………… 74

W

卫星定位信号模拟器 ………… 125

稳定性 ………………………… 58

无色变换 ……………………… 144

无色卡尔曼滤波 ……………… 89

物理模型 ……………………… 5

X

系统 …………………………… 2

系统辨识 ……………………… 2

新息 …………………………… 154

线性波 ………………………… 37

相似建模法 …………………… 6

性能加权函数 ………………… 187

Y

压载水箱 ……………………… 119

氧气浓度 ……………………… 119

遥控水下机器人 ……………… 1

液压源 ………………………… 119

遗传算法 ……………………… 58

蚁群算法 ……………………… 58

应急处理 ……………………… 107

应急浮标 ……………………… 120

应急控制 ……………………… 93

应急抛载 ……………………… 119

优先级 ………………………… 64

源 ……………………………… 44

远程自主水下机器人 ………… 94

运动传感器 …………………… 41

Z

载人潜水器 …………………… 1

在线路径规划 ………………… 107

照明灯 ………………………… 95

直流电机数学模型 …………… 25

姿态传感器 …………………… 17

自动定高 ……………………… 114

自动定深 ……………………… 100

自动定向 ……………………… 100

自适应 UKF ………………… 143

自主水下机器人 ……………… 14

纵倾调节 ……………………… 119

最小二乘LQG ……………… 178

最优控制 ……………………… 171

彩　　图

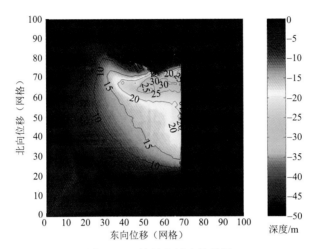

图 2.7　双线性内插法效果图

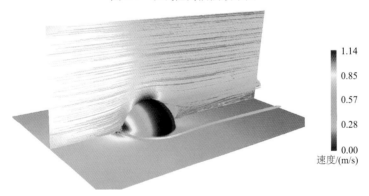

图 2.15　水动力软件计算海流值

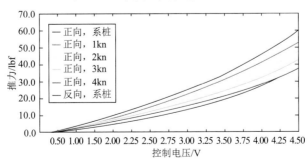

图 2.17　流速、控制电压与推力关系曲线
1lbf≈4.45N

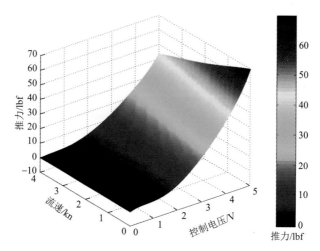

图 2.18 控制电压、流速与推力间的曲面模型

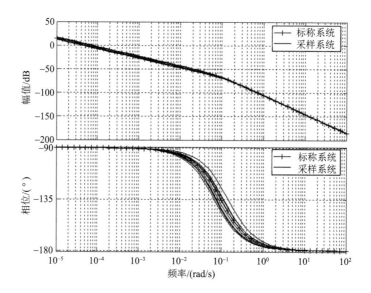

图 7.7 HOV 艏向角开环系统波特图

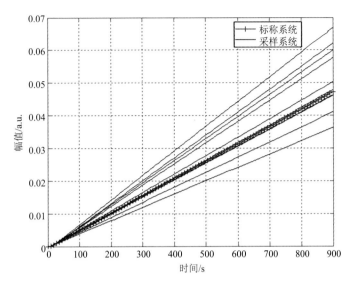

图 7.8 HOV 艏向角的单位阶跃响应曲线

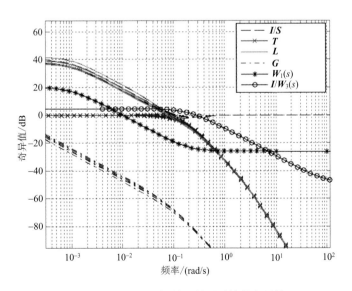

图 7.9 设计控制器前后系统的奇异值

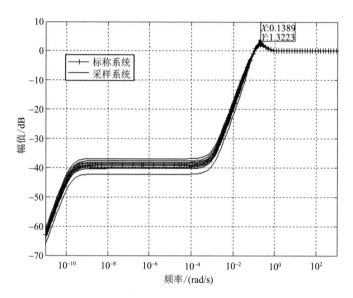

图 7.11　灵敏度函数的幅频特性

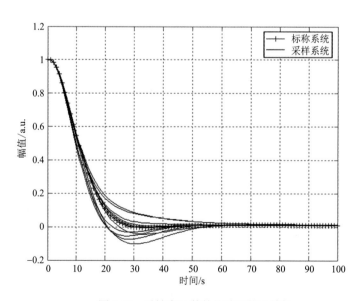

图 7.12　灵敏度函数的抗阶跃扰动特性

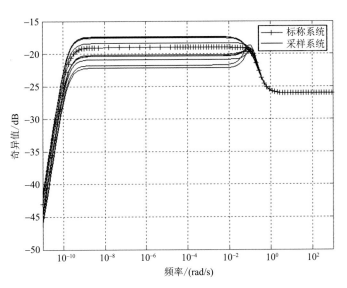

图 7.14 W_1S 的奇异值

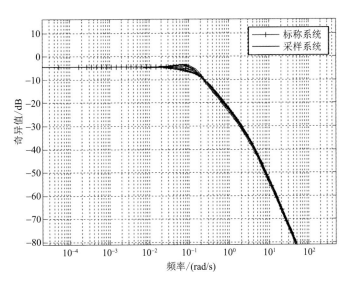

图 7.15 W_3T 的奇异值

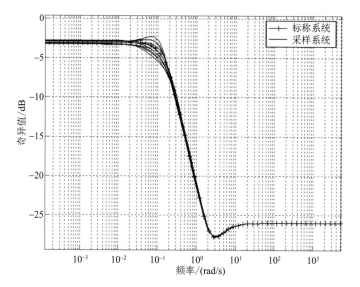

图 7.16 $W_1S + W_3T$ 的奇异值

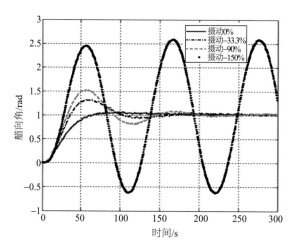

图 7.25 参数摄动时 PID 控制效果比较

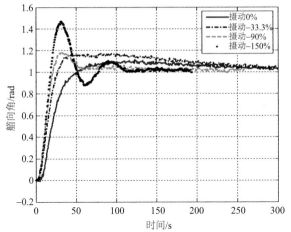

图 7.26 参数摄动时 H_∞ 控制效果比较

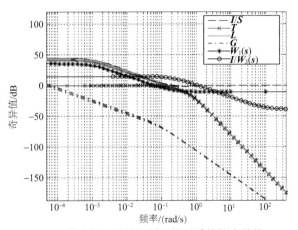

图 7.30 设计控制器前后系统的奇异值

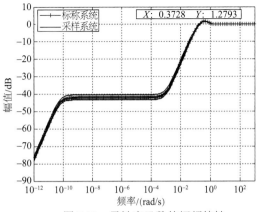

图 7.32 灵敏度函数的幅频特性

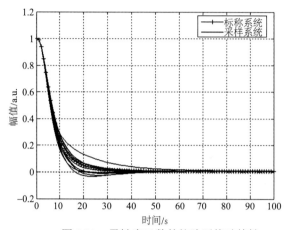

图 7.33　灵敏度函数的抗阶跃扰动特性

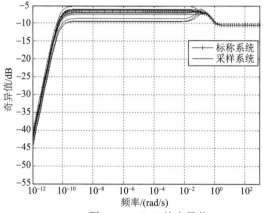

图 7.35　W_1S 的奇异值

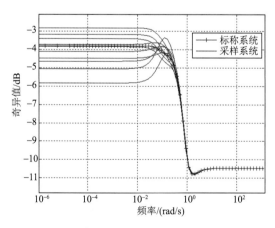

图 7.37　$W_1S + W_3T$ 的奇异值